高等教育"十三五"规划教材

计算机图形图像技术

主 编 王志喜 王润云

副主编 龚 波 曹步青

中国矿业大学出版社

内 容 提 要

本书系统地介绍了计算机图形学基本原理、OpenGL 程序设计、数字图像处理基础技术和 OpenCV 程序设计等相关基础知识。主要内容包括：计算机图形学和数字图像处理概述，基本图元的绘制和 OpenGL 中的基本图元，图形变换的基本方法和 OpenGL 中的图形变换，三维场景的真实感绘制和 OpenGL 中的真实感图形，样条物体的建立和 OpenGL 中的样条物体，数字图像的基础运算和 OpenCV 的核心功能，图像变换的基础知识和 OpenCV 中的图像变换，图像增强的常用方法和 OpenCV 中的图像增强，图像分析的常用技术和 OpenCV 中的图像分析。

本书注重理论知识与实际应用的紧密结合，内容精炼、讲解详细、逻辑严密、通俗易懂，既可作为计算机科学与技术以及相关专业高等院校计算机图形图像技术的教材，也可作为计算机图形学和数字图像处理的技术培训与自学用书。

图书在版编目(CIP)数据

计算机图形图像技术/王志喜，王润云主编. 一徐州：中国矿业大学出版社，2018.1

ISBN 978-7-5646-3828-3

Ⅰ. ①计…　Ⅱ. ①王…②王…　Ⅲ. ①计算机图形学—高等学校—教材　Ⅳ. ①TP391.411

中国版本图书馆 CIP 数据核字(2017)第 322579 号

书　　名	计算机图形图像技术	
主　　编	王志喜　王润云	
责任编辑	仓小金	
出版发行	中国矿业大学出版社有限责任公司	
	（江苏省徐州市解放南路　邮编 221008）	
营销热线	(0516)83885307　83884995	
出版服务	(0516)83885767　83884920	
网　　址	http://www.cumtp.com　**E-mail**:cumtpvip@cumtp.com	
印　　刷	徐州中矿大印发科技有限公司	
开　　本	787×1092　1/16　**印张** 16.5　**字数** 412 千字	
版次印次	2018 年 1 月第 1 版　2018 年 1 月第 1 次印刷	
定　　价	35.00 元	

（图书出现印装质量问题，本社负责调换）

前　言

"计算机图形图像技术"是计算机科学与技术等专业的主干课程。

本书是一本有关计算机图形图像技术的教学用书,系统地介绍了计算机图形学基本原理、OpenGL 程序设计、数字图像处理基础技术和 OpenCV 程序设计等相关基础知识。主要内容包括:计算机图形学和数字图像处理概述,基本图元的绘制和 OpenGL 中的基本图元,图形变换的基本方法和 OpenGL 中的图形变换,三维场景的真实感绘制和 OpenGL 中的真实感图形,样条物体的建立和 OpenGL 中的样条物体,数字图像的基础运算和 OpenCV 的核心功能,图像变换的基础知识和 OpenCV 中的图像变换,图像增强的常用方法和 OpenCV 中的图像增强,图像分析的常用技术和 OpenCV 中的图像分析。

本书主要有下列特色。

(1) 系统地介绍了计算机图形学基本原理、OpenGL 程序设计、数字图像处理基础技术和 OpenCV 程序设计等相关基础知识。目前,讲授这 4 个方面的内容一般需要 2～4 本教材,没有将这几个方面的内容作为一个整体系统地讲解,内容比较凌乱,不够连贯。

(2) 精心选择了教学内容。充分考虑学生的现有基础,选取最能体现计算机图形图像技术基本原理和基础技术的核心内容作为教学内容,避免教学内容成为计算机图形图像技术相关理论的堆砌。精心设计了实验,使学员能够使用一种程序设计语言实现一些图形图像技术的基本算法,能够使用 OpenGL 和 OpenCV 编写一些三维图形程序和图像处理程序。

(3) 符合学员实际情况。本教材主要介绍最能体现计算机图形图像技术基本原理和基础技术的核心内容,将相关扩展知识和一些难于掌握的专题作为选修内容,以供确实对计算机图形图像技术有兴趣的学员学习。实验内容主要介绍如何使用 OpenGL 图形软件包和 OpenCV 图像处理软件包编制图形程序和图像处理程序,并且提供含有必要提示的实验题目。

(4)有较丰富的例题。通过例题的讲解,使学员能够熟悉和理解计算机图形图像技术的基本概念、基本原理和基础技术,大大降低了学员的学习难度。

(5)提供了一些简易的图形程序和图像处理程序。这些程序是编者在多年的教学过程中积累起来的,难度不大,提供给学员学习,可以帮助学员克服畏难情绪。

(6)有精心编写的练习题。这些练习题都不是背诵性质的,主要检查学员对基本概念、基本原理和基本算法的掌握情况。

限于编者水平,书中难免存在疏漏之处,恳请广大读者多提宝贵意见,编者将不胜感激,尽力回报。编者联系邮箱为 zhixiwang@163.com。

编　者

2017 年 7 月

目　　录

第 1 章　计算机图形学概述 ··· 1
　1.1　计算机图形学研究的对象和内容 ······························ 1
　1.2　计算机图形学的部分应用领域 ································· 2
　1.3　用 Dev-C++开发 OpenGL 应用 ······························ 4
　1.4　练习题 ·· 7

第 2 章　基本图元的显示 ··· 8
　2.1　显示器的工作原理 ··· 8
　2.2　DDA 画线算法 ·· 10
　2.3　中点画线算法 ··· 11
　2.4　多边形区域的填充 ··· 14
　2.5　练习题 ·· 15

第 3 章　OpenGL 的基本图元 ·· 16
　3.1　OpenGL 编程概述 ·· 16
　3.2　一个简单的 OpenGL 程序 ···································· 19
　3.3　基本图元的定义 ·· 21
　3.4　基本图元的属性 ·· 27
　3.5　反走样 ·· 31
　3.6　练习题 ·· 33

第 4 章　二维图形变换 ··· 35
　4.1　二维基本变换 ··· 35
　4.2　二维反射和旋转 ·· 37
　4.3　二维变换的复合 ·· 40
　4.4　二维观察流程及规范化变换 ·································· 44
　4.5　线段的裁剪 ·· 47
　4.6　多边形的裁剪 ··· 49
　4.7　练习题 ·· 51

第 5 章　三维图形变换 ··· 53
　5.1　三维物体的多边形表示 ·· 53

5.2　三维基本变换 ·· 54

5.3　三维反射和旋转 ·· 56

5.4　三维变换的复合 ·· 59

5.5　三维观察流水线和三维观察变换 ···························· 65

5.6　投影的类型与观察体的设置 ································· 67

5.7　投影变换 ·· 70

5.8　规范化变换 ·· 73

5.9　裁剪 ··· 77

5.10　练习题 ··· 79

第 6 章　OpenGL 中的图形变换 ··································· 81

6.1　顶点变换的步骤和常用的变换函数 ······················ 81

6.2　视图造型变换 ··· 82

6.3　投影变换 ·· 84

6.4　OpenGL 中图形变换的例子 ································· 86

6.5　练习题 ·· 93

第 7 章　三维场景的真实感绘制 ·································· 95

7.1　概述 ··· 95

7.2　深度缓冲器算法 ·· 95

7.3　光源 ··· 98

7.4　基本光照模型 ··· 99

7.5　多边形面绘制算法 ·· 103

7.6　练习题 ·· 105

第 8 章　OpenGL 的真实感图形 ·································· 106

8.1　光照处理 ·· 106

8.2　光照处理的几个例子 ··· 110

8.3　融合 ··· 116

8.4　纹理 ··· 118

8.5　练习题 ·· 125

第 9 章　插值样条和逼近样条 ···································· 126

9.1　柔性物体与样条方法 ··· 126

9.2　三次样条插值 ··· 129

9.3　Bézier 曲线和曲面 ··· 132

9.4　Bézier 曲线和曲面的 OpenGL 实现 ····················· 135

9.5　B-样条曲线和曲面 ·· 141

9.6　B-曲线和曲面的 OpenGL 实现 ···························· 145

9.7　练习题 ……………………………………………………………… 151

第 10 章　数字图像处理概述 ……………………………………………… 153
　10.1　数字图像处理的研究内容及应用 …………………………………… 153
　10.2　图像和图像处理的含义 ……………………………………………… 154
　10.3　图像数据 ……………………………………………………………… 154
　10.4　OpenCV 简介 ………………………………………………………… 157
　10.5　用 Dev-C++ 开发 OpenCV 应用 …………………………………… 159
　10.6　练习题 ………………………………………………………………… 162

第 11 章　OpenCV 核心功能 …………………………………………… 163
　11.1　OpenCV GUI 命令 …………………………………………………… 163
　11.2　OpenCV 基础数据结构 ……………………………………………… 169
　11.3　OpenCV 数组的基础操作 …………………………………………… 174
　11.4　OpenCV 矩阵的基础操作 …………………………………………… 180
　11.5　OpenCV 图像的基础操作 …………………………………………… 181
　11.6　OpenCV 绘图命令 …………………………………………………… 184
　11.7　练习题 ………………………………………………………………… 190

第 12 章　OpenCV 数组的基础运算 …………………………………… 191
　12.1　数组元素的算术逻辑运算 …………………………………………… 191
　12.2　数学函数 ……………………………………………………………… 194
　12.3　统计 …………………………………………………………………… 195
　12.4　线性代数 ……………………………………………………………… 196
　12.5　练习题 ………………………………………………………………… 198

第 13 章　图像变换 ……………………………………………………… 199
　13.1　颜色空间转换 ………………………………………………………… 199
　13.2　仿射变换 ……………………………………………………………… 202
　13.3　傅立叶变换 …………………………………………………………… 207
　13.4　离散余弦变换 ………………………………………………………… 213
　13.5　练习题 ………………………………………………………………… 216

第 14 章　图像增强 ……………………………………………………… 217
　14.1　灰度空间变换 ………………………………………………………… 217
　14.2　图像平滑处理方法 …………………………………………………… 220
　14.3　图像锐化处理方法 …………………………………………………… 223
　14.4　形态学操作 …………………………………………………………… 228
　14.5　频谱变换技术 ………………………………………………………… 230

14.6　练习题 ··· 235

第 15 章　图像分析 ·· 237

15.1　图像的灰度直方图 ··· 237

15.2　图像的二值化 ··· 243

15.3　边缘检测 ··· 246

15.4　轮廓检测 ··· 248

15.5　模板匹配 ··· 252

15.6　练习题 ··· 255

参考文献 ·· 256

第 1 章　计算机图形学概述

1.1　计算机图形学研究的对象和内容

1.1.1　计算机图形学的研究对象

1. 图形的含义

计算机图形学的研究对象是图形。广义的图形是指能够在人的视觉系统中形成视觉印象的客观对象。所以,以下所列都可以称为图形。

- 人眼看到的自然景物。
- 用摄像机、照相机等获得的照片和图片。
- 用绘图机或绘图工具绘制的工程图、设计图和方框图。
- 各种人工美术绘画、雕塑品。
- 用数学方法描述的图形(包括几何图形、代数方程、分析表达式或列表所确定的图形)。

2. 图形的构成要素

- 几何要素:刻画形状的点、线、面、体等。
- 非几何要素:反映物体表面属性和材质的灰度、颜色等。

例如,方程 $x+y=1$ 确定的图形由满足这个方程并具有一定颜色信息的点构成。

3. 图形的表示方法

一般来说,在计算机中有下列两种表示图形的方法:

① 参数法。用图形的形状参数和属性参数来表示图形。形状参数是指描述图形的方程或分析表达式的系数、线段的端点坐标或多边形的顶点坐标等。属性参数包括颜色和线型等。参数法描述的图形叫作参数图或简称为图形。

② 点阵法。通过列出图形中所有的点来表示图形。点阵法描述的图形叫作像素图或图像。点阵法强调的是"图形由哪些点组成,每个点具有怎样的颜色"。

1.1.2　计算机图形学的研究内容

1. 图形的输入

如何开发和利用图形输入设备及相关软件把图形输入到计算机中,以便进行各种处理。

2. 图形的处理

对图形进行变换(如几何变换、投影变换)和运算(如图形的并、交、差等运算)等各种处理。

3．图形的生成和输出

如何将图形的特定表示形式转换成图形输出系统便于接受的表示形式,并将图形在显示器或打印机等输出设备上输出。

1.1.3　计算机图形学与相关学科的关系

与计算机图形学密切相关的学科主要有图像处理、计算几何、计算机视觉和模式识别等。它们之间的关系如图 1-1 所示。

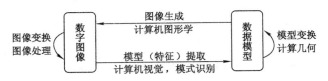

图 1-1　计算机图形学与相关学科的关系

- 计算机图形学着重讨论怎样将数据模型变成数字图像。
- 图像处理着重研究图像的压缩存储和去除噪音等问题。
- 模式识别重点讨论如何从图像中提取数据和模型。
- 计算几何着重研究数据模型的建立、存储和管理。

随着技术的发展和应用的深入,这些学科的界限越来越模糊,各学科相互渗透、融合。一个较完善的应用系统通常综合利用了各个学科的相关技术。

1.2　计算机图形学的部分应用领域

1.2.1　计算机辅助设计与制造

计算机辅助设计与制造是计算机图形学在工业界应用最重要、最成功的领域,广泛应用于飞机、汽车、船舶的外形设计,超大规模集成电路(VLSI)设计以及建筑、服装、印染和玩具设计等领域。

应用 CAD 系统进行设计,不仅可以获得产品的精确表示和显示结果,还可以在计算机中建立对象的数据模型,对它进行各种性能的分析计算,设计人员可以根据计算结果对产品设计进行修改。

应用 CAD 系统进行设计,可以将制造过程与设计结果联系起来,设计结果直接传送至后续工艺进行加工处理,大大缩短了设计周期,降低了设计成本。

1.2.2　科学计算可视化

科学计算可视化就是利用计算机图形生成技术,将科学及工程计算中的计算数据和测量数据等以图形的形式显示出来,使人们能观察到用常规手段难以观察到的自然规律和自然现象。

目前,可视化技术已广泛应用于流体力学、有限元分析、医学、天气预报、海洋和空间探测等领域,用于生成宇宙飞船表面的气流、雷暴雨的数值模型、金属内部断裂的传递研究、空气薄层的流体密度的图形、数据集的交叉切片、蛋白质建模、分子结构的立体视图、海平面模型、空气污染情况等。

1.2.3　虚拟现实

1. 含义

虚拟现实技术就是利用计算机生成一个逼真的三维虚拟环境,通过自然技能使用传感设备与虚拟环境相互作用的新技术。

虚拟现实技术与传统的模拟技术完全不同,它将模拟环境、视景系统和仿真系统合三为一,利用头盔显示器、图形眼镜、数据衣服、立体声耳机、数据手套及脚踏板等传感装置,把操作者与计算机生成的三维虚拟环境连接在一起。

2. 应用范围

虚拟现实技术的应用范围很广,包括航空航天、建筑、医疗、娱乐、教育等领域。例如,建筑设计师可以运用虚拟现实技术向客户提供三维虚拟模型,外科医生可以在三维虚拟的病人身上施行一种新的外科手术。

1.2.4　计算机艺术

1. 用计算机软件从事艺术创作

可用于艺术创作的软件很多,如二维平面的画笔程序(如 CorelDraw、Photoshop、PaintShop)、专门的图表绘制软件(如 Visio)、三维建模和渲染软件包(如 3DMAX、Maya)以及一些专门生成动画的软件(如 Alias、Softimage)等。

2. 优点

上述软件不仅提供多种风格的画笔画刷,而且提供多种多样的纹理贴图,甚至能对图像进行雾化,变形等操作。很多功能是一个传统艺术家无法实现也不可想象的。

3. 缺点

传统艺术的一些效果是上述软件不能达到的,比如钢笔素描的效果,中国毛笔书法的效果等,而且在传统绘画中有许多个人风格化的效果也是上述软件无法企及的。

4. 非真实感绘制

在真实感计算机图形学如火如荼发展的同时,模拟艺术效果的非真实感绘制(NPR,Non-Photorealistic Rendering)也在逐渐发展。钢笔素描是非真实感绘制的一个重要内容,目前仍然是一个非常活跃的研究领域。由于钢笔素描与传统的图形学绘制方法差别很大,所以研究难度很大。

1.2.5　计算机动画

1. 计算机动画的含义

计算机动画是指用绘制程序生成一系列景物画面,其中当前帧画面是对前一帧画面的部分修改。

计算机动画是计算机图形学和艺术相结合的产物,它综合利用计算机科学、艺术、数学、物理学和其他相关学科的知识在计算机上生成绚丽多彩的连续画面,给人们提供了一个充分展示个人想象力和艺术才能的新天地。

2. 计算机动画的应用范围

计算机动画不仅可以应用于电影特技、商业广告、电视片头、动画片、游艺场所,还可以应用于计算机辅助教育、军事、飞行模拟等。

1.2.6　图形用户接口

用户接口是人们使用计算机的第一观感。一个友好的图形化的用户界面能够大大提高软件的易用性。

20世纪80年代,X-Window标准的提出,苹果公司图形化操作系统的推出以及微软公司Windows操作系统的普及,标志着计算机图形学已经全面融入到了计算机的方方面面。操作系统和应用软件中的图形和动画比比皆是,程序直观易用。很多软件几乎可以不看说明书,而根据图形或动画的提示就可以使用这些软件。

1.3　用 Dev-C++ 开发 OpenGL 应用

计算机图形学经过几十年的发展,已经达到了比较高的水平,目前已经有很多种图形软件开发技术。利用这些开发技术,编写图形程序就容易多了,不必从底层开始,而只需将精力集中到图形程序本身。

1.3.1　OpenGL 概述

OpenGL(Open Graphics Lib)是一套三维图形处理库,也是该领域事实上的工业标准。

OpenGL独立于硬件、操作系统和窗口系统,能运行于不同操作系统的各种计算机,并能在网络环境下以客户/服务器模式工作,是专业图形处理、科学计算等高端应用领域的标准图形库。

以OpenGL为基础开发的应用程序可以十分方便地在各种平台间移植;OpenGL与C/C++紧密接合,便于实现图形的相关算法,并可保证算法的正确性和可靠性;OpenGL使用简便,效率高。

1.3.2　OpenGL 的常用组成部分

目前,OpenGL常用的组成部分主要有以下三部分。

① OpenGL核心库(GL)。包含OpenGL最基本的命令函数,提供几何模型的建立、坐标变换、光照效果、纹理映射和雾化等操作。

② OpenGL实用库(GLU)。利用低层OpenGL命令编写的一些执行特殊任务的函数,如纹理映射、坐标变换、NURBS曲线曲面等。

③ OpenGL实用函数工具包(GLUT)。包括窗口操作函数、回调函数、创建复杂三维物体函数、菜单函数、程序运行函数等。

在Dev-C++中,libopengl32.a、libglu32.a、libglut32.a分别表示opengl库、实用库和实用函数工具包,相应的头文件分别是gl.h、glu.h和glut.h。

1.3.3　开发环境的准备

1. 开发环境的下载和安装

① Dev-C++的下载和安装。Dev-C++原始版本为Bloodshed Dev-C++,最高版本号为4.9.9.2,4.9.9.2以后的版本为Orwell Dev-C++。Orwell Dev-C++的下载地址为"http://orwelldevcpp.blogspot.com/"。下载完成后直接运行安装程序,按照提示完成安装。

② GLUT的下载和安装。OpenGL和GLU是Windows的标准组成部分,libopengl32.a、libglu32.a已经集成到了Dev-C++中,而GLUT需要另外下载安装。

· 下载。从互联网上搜索并下载文件 glut.3.7.6＋.DevPak。

· 安装。首先从 Tools 菜单中选择 Package Manager 打开 Dev-C++ Package Manager。然后在 Dev-C++ Package Manager 中单击 Install 按钮,选取文件 glut.3.7.6＋.DevPak 即可按照提示完成安装。

2. 编译器设置

① 设置方法。从 Tools 菜单中选择 Compiler Options 打开 Compiler Options,在 Compiler Options 中完成编译器设置。

② 语言支持。后续章节中有很多程序使用到了 C99 和 C11 新增的特性,可以使用选项－std＝c11 使得编译器支持 C99 和 C11(如图 1-2 所示)。

③ 链接库。在 Dev-C++ 中编译 OpenGL 应用程序需要的静态链接库包括 libopengl32.a、libglu32.a、libglut32.a、libwinmm.a 和 libgdi32.a,可以使用选项-lopengl32、-lglu32、-lglut32、-lwinmm 和-lgdi32 设置这些链接库文件(如图 1-2 所示)。

④ 可执行文件路径。首先从 Directories 页中选择 Binaries,然后将编译和运行应用程序所需要的可执行文件的路径添加到列表中,最后调整这些路径的顺序(如图 1-3 所示)。

图 1-2　语言支持和链接库设置

图 1-3　可执行文件路径设置

⑤ 链接库文件路径。首先从 Directories 页中选择 Libraries,然后将编译应用程序所需要的链接库文件的路径添加到列表中,最后调整这些路径的顺序(如图 1-4 所示)。

⑥ C Include 文件路径。首先从 Directories 页中选择 C Includes,然后将编译应用程序所需要的 C Include 文件的路径添加到列表中,最后调整这些路径的顺序(如图 1-5 所示)。

⑦ C++ Include 文件路径。首先从 Directories 中选择 C++ Includes,然后将编译应用程序所需要的 C++ Include 文件的路径添加到列表中,最后调整这些路径的顺序(如图 1-6 所示)。

⑧ 编译器文件。在 Programs 页中指定编译器各主要组成文件的文件名(如图 1-7 所示)。

3. 使用方法

在完成开发环境的安装和编译器的设置以后,使用 Dev-C++ 开发 OpenGL 应用的方法非常简单,打开 Dev-C++ 集成开发环境,创建一个空白源程序文件,编写源程序、编译、调试、

图 1-4　链接库文件路径设置

图 1-5　C Include 文件路径设置

图 1-6　C++ Include 文件路径设置

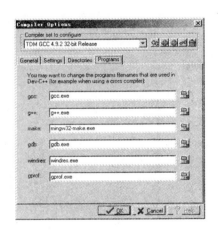

图 1-7　编译器文件路径设置

运行。

1.3.4　一个简单的 OpenGL 程序

可利用下列程序绘制一个填充的白色矩形。运行结果如图 1-8 所示。相关函数在后续章节说明。

图 1-8　一个简单例子

```
// FirstOpenGL.c
#include <GL/glut.h>
void Paint() // 对象的描述
{       glClear(GL_COLOR_BUFFER_BIT); // 清除颜色缓冲区
        glRectf(-0.8,-0.6,0.8,0.6); // 定义矩形 (-0.8,-0.6)～(0.8,0.6)
        glFlush(); // 强制 OpenGL 命令序列在有限的时间内完成执行
}
int main()
{       // 设置程序窗口的显示模式(单缓存,RGBA 颜色模式,默认值)
        glutInitDisplayMode(GLUT_SINGLE | GLUT_RGBA);
        glutInitWindowPosition(100,100); // 设置程序窗口在屏幕上的位置
        glutInitWindowSize(200,200); // 设置程序窗口在屏幕上的大小
        glutCreateWindow("First OpenGL!"); // 设置窗口的标题
        glutDisplayFunc(Paint); // 指定场景绘制循环函数,必须
        glutMainLoop(); // 开始循环执行 OpenGL 命令
}
```

1.4　练习题

请查阅教材和互联网完成。

1-1　第一届 ACM SIGGRAPH 会议是哪一年在哪里召开的?

1-2　计算机图形学之父是谁?

1-3　列举一些计算机图形学的应用领域(至少 5 个)。

1-4　简要介绍计算机图形学的研究内容。

1-5　简要说明计算机图形学与相关学科的关系。

1-6　简要介绍几种计算机图形学的相关开发技术。

1-7　图形的构成要素有哪些?

1-8　计算机图形学的最高奖以哪位科学家的名字命名,该奖第一届和第二届获得者分别是哪些科学家?

第 2 章　基本图元的显示

2.1　显示器的工作原理

这里只介绍刷新式光栅扫描彩色 CRT 显示器。

2.1.1　刷新式 CRT

1. CRT 的基本工作原理

CRT 的基本工作原理如图 2-1 所示。由电子枪发出的电子束，通过聚焦系统和偏转系统，射向屏幕上的指定位置。屏幕上涂覆荧光层，在电子束冲击的每个位置，荧光层发出一个小亮点。

2. 什么是刷新

由于荧光层的亮度衰减很快，必须采用某种方法保持屏幕图像。一般采用的办法是快速控制电子束反复重画图像，这就是刷新。

3. 电子枪的工作原理

电子枪的工作原理如图 2-2 所示。通过给灯丝加电来加热阴极，引起受热的电子沸腾出阴极表面。带负电荷的自由电子在高正电压（由加速阳极产生）的作用下加速冲向荧光屏。

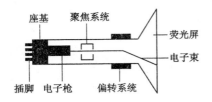

图 2-1　CRT 的基本工作原理

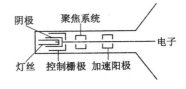

图 2-2　电子枪的工作原理

4. CRT 几个基本部件的作用

- 加速阳极。产生用于加速电子的高正电压。
- 控制栅极。控制电子束的强度。
- 聚焦系统。控制电子束在轰击荧光屏时汇聚成一点。
- 偏转系统。控制电子束的偏转。
- 荧光屏。当电子束的能量转移到荧光层，就在屏幕上生成亮点。

5. 刷新式 CRT 的几个性能指标

• 余辉时间。CRT 电子束移走以后,荧光层继续发光多少时间。一般定义成从屏幕发光到衰减为原亮度十分之一的时间。

• 分辨率。CRT 可以无重叠显示的最多点数。更精确的定义是 CRT 在水平和垂直方向上单位长度可绘制的点数。

• 纵横比。在屏幕两个方向生成同等长度的线段所需垂直点数与水平点数的比值。

• 刷新速率。每秒钟刷新多少帧,现在一般为 60～80 帧。

2.1.2　光栅扫描显示器

1. 工作原理

如图 2-3 所示,电子束横向扫描屏幕,一次一行,从顶部到底部依次进行。当电子束横向沿每一行移动时,通过电子束的强度不断变化来建立亮点的图案。

2. 刷新缓冲器

图形的定义保存在称为刷新缓冲器(也可称为帧缓冲器)的存储器中。该存储器保存一组对应屏幕所有点的强度值。每次开始刷新时,从刷新缓冲器中取出强度值,并在屏幕上逐行画出。

2.1.3　彩色 CRT 显示器

1. 工作原理

利用能发射不同颜色光的荧光层的组合来显示彩色图形。

2. 彩色生成技术

有穿透法和荫罩法 2 种生成彩色的技术,这里只介绍目前占主导地位的荫罩法。如图 2-4 所示,对每个像素位置,荫罩 CRT 有三个彩色荧光点,分别发射红光、绿光和蓝光。三个电子枪与每个彩色点一一对应,而荫罩栅格位于紧靠荧光层的屏幕之后。三支电子束偏转后聚焦为一组,发射到荫罩上。荫罩上有与荧光点对齐的一系列小孔,三支电子束通过荫罩上的小孔,激活一个点三角形,在屏幕上显示一个小的彩色亮点。改变三支电子束的强度等级,可改变荫罩 CRT 的显示颜色。

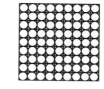

图 2-3　光栅扫描　　　　　　　　图 2-4　荫罩法生成彩色

3. 亮度范围

• 依赖于光栅系统的能力。

• 简单黑白系统,1 位/像素。

• 高质量彩色系统,24 位/像素(红绿蓝各 8 位)。

2.1.4　坐标系统

1. 屏幕坐标

假定扫描线从屏幕底部从 0 开始顺序编号,像素沿每条扫描线从左至右从 0 开始编号。

2．底层程序

- setpixel(x,y)。使用当前属性绘制像素(x,y)。
- getpixel(x,y)。获取像素(x,y)的属性值。

3．显示线段

计算两指定端点之间的中间位置,输出设备直接按指令在端点间的这些位置填充。

2.2　DDA 画线算法

水平的、垂直的和斜率为±1的线段很容易绘制,本章不讨论这些线段。

2.2.1　算法推导

设线段的左右两个端点为(x_L,y_L)和(x_R,y_R),则斜率为 $m=(y_R-y_L)/(x_R-x_L)$。注意,这里的坐标值都是非负整数。

从左至右计算线段的中间位置(x_k,y_k)。假设(x_k,y_k)已经确定,则下一步需要确定(x_{k+1},y_{k+1})。

- 若$|m|<1$,取 $x_{k+1}=x_k+1$,则由$(y_{k+1}-y_k)/(x_{k+1}-x_k)=m$ 可得 $y_{k+1}=y_k+m$。
- 若$m>1$,取 $y_{k+1}=y_k+1$,则由$(y_{k+1}-y_k)/(x_{k+1}-x_k)=m$ 可得 $x_{k+1}=x_k+1/m$。
- 若$m<-1$,取 $y_{k+1}=y_k-1$,则由$(y_{k+1}-y_k)/(x_{k+1}-x_k)=m$ 可得 $x_{k+1}=x_k-1/m$。

当(x_k,y_k)确定以后,就可以绘制像素$([x_k],[y_k])$了。其中,$[x]$表示与 x 最接近的整数。

【注】　当 $0<m<1$ 时,若取 $y_{k+1}=y_k+1$,则$x_{k+1}=x_k+1/m$,可能出现$[x_{k+1}]>[x_k]+1$的情况,从而漏掉像素$([x_k]+1,[y_k])$。例如,在图 2-5 所示的线段绘制中,这样做就会漏掉像素(22,12)和(26,15)。其他情况可类似讨论。

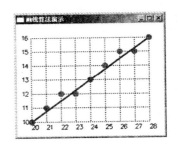

图 2-5　画线算法演示

2.2.2　算法描述

1．$|m|<1$

① 输入两个端点,将左端点保存在(x_0,y_0)中。

② 计算 m。

③ 从 $k=0$ 开始,对每个 x_k,绘制$([x_k],[y_k])$,并作如下计算。
$$x_{k+1}=x_k+1,\ y_{k+1}=y_k+m$$

④ 重复步骤③,直到 $x_{k+1}>x_R$。

2．$m>1$

① 输入两个端点,将左端点保存在(x_0,y_0)中。

② 计算 $1/m$。

③ 从 $k=0$ 开始,对每个 y_k,绘制$([x_k],[y_k])$,并作如下计算。
$$x_{k+1}=x_k+1/m,\ y_{k+1}=y_k+1$$

④ 重复步骤③,直到 $x_{k+1}>x_R$。

3. $m<-1$

① 输入两个端点,将左端点保存在(x_0,y_0)中。

② 计算 $1/m$。

③ 从 $k=0$ 开始,对每个 y_k,绘制($[x_k]$,$[y_k]$),并作如下计算。

$$x_{k+1}=x_k-1/m,y_{k+1}=y_k-1$$

④ 重复步骤③,直到 $x_{k+1}>x_R$。

2.2.3　举例

使用 DDA 算法绘制端点为$(20,10)$和$(28,16)$的线段。

$$\Delta x=8,\Delta y=6,m=0.75$$
$$x_0=20,y_0=10$$
$$x_1=21,y_1=y_0+m=10.75\approx11$$
$$x_2=22,y_2=y_1+m=11.5\approx12$$
$$x_3=23,y_3=y_2+m=12.25\approx12$$
$$x_4=24,y_4=y_3+m=13$$
$$x_5=25,y_5=y_4+m=13.75\approx14$$
$$x_6=26,y_6=y_5+m=14.5\approx15$$
$$x_7=27,y_7=y_6+m=15.25\approx15$$
$$x_8=28,y_8=y_7+m=16$$

绘制结果如图 2-5 所示。

2.2.4　优缺点

1. 优点

只有加法,没有乘法。

2. 缺点

• 耗时。需要取整和浮点数运算。

• 误差积累。使用了浮点数增量的累加。

2.3　中点画线算法

2.3.1　算法推导

这里只介绍 $0<m<1$ 的情况,其他情况可以通过对称的方法做相应修改得到。

如图 2-6 所示,假设已经确定(x_k,y_k),则下一点 $p_{k+1}(x_{k+1},y_{k+1})$ 只能是 $A(x_k+1,y_k)$ 或 $B(x_k+1,y_k+1)$。

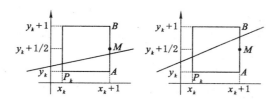

图 2-6　中点画线算法推导

设 M 为 AB 的中点,若 M 在直线上方,则 A 离直线较近,故下一点为 A;否则,下一点为 B。

设线段的左右两个端点为 (x_L, y_L) 和 (x_R, y_R),由

$$\frac{y - y_L}{x - x_L} = \frac{y_R - y_L}{x_R - x_L}$$

可得直线的隐式方程为 $f(x, y) = -(y_R - y_L)x + (x_R - x_L)y + (y_R x_L - x_R y_L) = 0$。为了方便,记 $a = -(y_R - y_L), b = (x_R - x_L), c = (y_R x_L - x_R y_L)$。

平面上的点 (x, y) 与直线的相对位置可用 $f(x, y)$ 的符号检测。

$$f(x, y) \begin{cases} > 0, & (x, y) \text{ Upside Line} \\ = 0, & (x, y) \text{ On Line} \\ < 0, & (x, y) \text{ Downside Line} \end{cases}$$

取 $p_k = 2f(x_k + 1, y_k + 1/2) = 2a(x_k + 1) + 2b(y_k + 1/2) + 2c$,即 AB 中点 M 的函数值的 2 倍。

- 若 $p_k > 0$,M 在直线上方,下一点为 $A(x_k + 1, y_k)$。
- 若 $p_k \leqslant 0$,M 在直线下方,下一点为 $B(x_k + 1, y_k + 1)$。

寻找 p_{k+1} 与 p_k 的关系

$$p_k = 2a(x_k + 1) + 2b(y_k + 1/2) + 2c$$
$$p_{k+1} = 2a(x_{k+1} + 1) + 2b(y_{k+1} + 1/2) + 2c$$
$$p_{k+1} - p_k = 2a + 2b(y_{k+1} - y_k)$$

由此,可得如下递推关系

- 若 $p_k > 0$,则 $p_{k+1} - p_k = 2a$,即 $p_{k+1} = p_k + 2a$。
- 若 $p_k \leqslant 0$,则 $p_{k+1} - p_k = 2a + 2b$,即 $p_{k+1} = p_k + (2a + 2b)$。

计算 p_0

$$p_0 = 2f(x_0 + 1, y_0 + 1/2) = 2a(x_0 + 1) + 2b(y_0 + 1/2) + 2c$$
$$= 2(ax_0 + by_0 + c) + 2a + b = 2f(x_0, y_0) + 2a + b = 2a + b$$

2.3.2 算法描述

线段的几种情况如图 2-7 所示。

1. $0 < m < 1$

① 输入两个端点,将左端点保存在 (x_0, y_0) 中。

② 计算 $a = -(y_R - y_L), b = x_R - x_L, 2a, 2a + 2b, p_0 = 2a + b$。

③ 从 $k = 0$ 开始,对每个 x_k,绘制 (x_k, y_k),并进行下列检测。

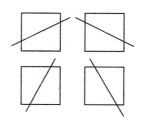

图 2-7　线段的几种情况

- 若 $p_k > 0$,则下一点为 $(x_k + 1, y_k)$,且 $p_{k+1} = p_k + 2a$。
- 若 $p_k \leqslant 0$,则下一点为 $(x_k + 1, y_k + 1)$,且 $p_{k+1} = p_k + (2a + 2b)$。

④ 重复步骤③,直到 $x_{k+1} > x_R$。

2. $-1 < m < 0$

① 输入两个端点,并将端点的 y 坐标反号。

② 将新的左端点保存在 (x_0, y_0) 中。

③ 计算 $a=-(y_R-y_L)$，$b=x_R-x_L$，$2a$，$2a+2b$，$p_0=2a+b$。

④ 从 $k=0$ 开始，对每个 x_k，绘制 $(x_k,-y_k)$，并进行下列检测。

- 若 $p_k>0$，则下一点为 (x_k+1,y_k)，且 $p_{k+1}=p_k+2a$。
- 若 $p_k\leqslant0$，则下一点为 (x_k+1,y_k+1)，且 $p_{k+1}=p_k+(2a+2b)$。

⑤ 重复步骤④，直到 $x_{k+1}>x_R$。

3. $m>1$

① 输入两个端点，并交换端点的 x 坐标和 y 坐标。

② 将新的左端点保存在 (x_0,y_0) 中。

③ 计算常量 $a=-(y_R-y_L)$，$b=x_R-x_L$，$2a$，$2a+2b$，$p_0=2a+b$。

④ 从 $k=0$ 开始，对每个 x_k，绘制 (y_k,x_k)，并进行下列检测。

- 若 $p_k>0$，则下一点为 (x_k+1,y_k)，且 $p_{k+1}=p_k+2a$。
- 若 $p_k\leqslant0$，则下一点为 (x_k+1,y_k+1)，且 $p_{k+1}=p_k+(2a+2b)$。

⑤ 重复步骤④，直到 $x_{k+1}>x_R$。

4. $m<-1$

① 输入两个端点以后，将端点的 y 坐标反号，并交换新端点的 x 坐标和 y 坐标。

② 将新的左端点保存在 (x_0,y_0) 中。

③ 计算常量 $a=-(y_R-y_L)$，$b=x_R-x_L$，$2a$，$2a+2b$，$p_0=2a+b$。

④ 从 $k=0$ 开始，对每个 x_k，绘制 $(y_k,-x_k)$，并进行下列检测。

- 若 $p_k>0$，则下一点为 (x_k+1,y_k)，且 $p_{k+1}=p_k+2a$
- 若 $p_k\leqslant0$，则下一点为 (x_k+1,y_k+1)，且 $p_{k+1}=p_k+(2a+2b)$

⑤ 重复步骤④，直到 $x_{k+1}>x_R$。

2.3.3 举例

使用中点画线算法绘制端点为 $(20,10)$ 和 $(28,16)$ 的线段。

$a=-6$，$b=8$，$2a=-12$，$(2a+2b)=4$

k	(x_k,y_k)	p_k
0	$(20,10)$	$2a+b=-4$
1	$(21,11)$	$p_0+(2a+2b)=0$
2	$(22,12)$	$p_1+(2a+2b)=4$
3	$(23,12)$	$p_2+2a=-8$
4	$(24,13)$	$p_3+(2a+2b)=-4$
5	$(25,14)$	$p_4+(2a+2b)=0$
6	$(26,15)$	$p_5+(2a+2b)=4$
7	$(27,15)$	$p_6+(2a+2b)=-8$
8	$(28,16)$	

绘制结果如图 2-5 所示。

2.3.4 优点

消除了乘法和取整运算。

2.4 多边形区域的填充

2.4.1 扫描线算法的一般步骤

扫描线多边形填充算法是最常用的多边形区域填充算法。如图 2-8 所示,扫描线多边形填充算法的一般步骤如下。

① 对每条穿过多边形的扫描线,确定扫描线与多边形的交点(不考虑水平边)。

② 在交点表中将交点从左至右存储(只需存储 x 坐标)。

③ 将每对交点之间的点(不含交点)设置为指定颜色。

2.4.2 顶点处扫描线交点的处理方法

· 如果两相交边都位于扫描线的下侧(如图 2-9 中的顶点 B),则不将该交点存入交点表。

· 如果两相交边都位于扫描线的上侧(如图 2-9 中的顶点 C),则将该交点存入交点表 2 次。

· 如果两相交边位于扫描线的两侧(如图 2-9 中的顶点 E),则将该交点存入交点表 1 次。

· 可以通过在交点表中不存储每条边的高端点来实现。

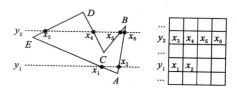

图 2-8 扫描线算法

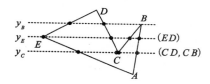

图 2-9 顶点处扫描线交点的处理方法

2.4.3 计算交点的 x 坐标

对于多边形的每一条边,使用整数增量的方法从下往上计算出每个交点的整数坐标。

1. 方法

设 $q=\Delta x \text{ idiv } \Delta y, r=|\Delta x-q\Delta y|, \varepsilon=\text{sgn}(\Delta x)$。

① 计数器 $k=0$[①];在交点表中存储低端点。

② 每当移向一条新的扫描线时,$k=k+2r$。

③ 若 $k<\Delta y$,则 $x=x+q$;否则,$x=x+(q+\varepsilon), k=k-2\Delta y$;在交点表中存储获得的交点。

④ 重复②、③,直到边界的高端点(不存储每条边的高端点)。

2. 举例说明

边 $(7,2)\sim(1,7)$ 的计算过程如下

---

① k 用于累加 $|\Delta x/\Delta y|$ 的小数部分,为了避免小数计算,使用 $k=k+2r$ 累加,$k<\Delta y$ 表示和小于 0.5,$k=k-2\Delta y$ 表示和减少 1。

$$\Delta x = -6, \Delta y = 5, 2\Delta y = 10$$
$$q = -1, r = 1, \varepsilon = -1$$
$$2r = 2, q + \varepsilon = -2$$
$$y = 2, k = 0, x = 7$$
$$y = 3, k = 2, x = x - 1 = 6$$
$$y = 4, k = 4, x = x - 1 = 5$$
$$y = 5, k = 6, x = x - 2 = 3, k = 6 - 10 = -4$$
$$y = 6, k = -2, x = x - 1 = 2$$

计算结果如图 2-10 所示。

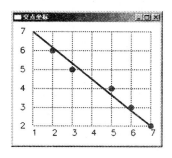

图 2-10　交点坐标

2.5　练习题

2-1　假设 RGB 光栅系统的设计采用 8×10 英寸的屏幕,每个方向的分辨率为每英寸 100 个像素。如果每个像素使用 8 位,存放在帧缓冲器中,则帧缓冲器至少需要多大存储容量(字节数)?

2-2　假设计算机字长为 32 位,传输速率为 1 MIPS(每秒百万条指令)。300 DPI(每英寸点数)的激光打印机,页面大小为 8.5×11 英寸,要填满帧缓冲器至少需要多长时间?

2-3　考虑分辨率为 1024×768 的光栅系统。若刷新速率为每秒 60 帧,则每秒应访问多少像素,每个像素的访问时间至少是多少?

2-4　假设某真彩色(24 位)RGB 光栅系统有 1024×768 像素的帧缓冲器,则该系统可以有多少种不同的彩色选择(强度级),在任一时刻至多可以显示多少种不同的颜色?

2-5　分辨率为 1024×768 的高质量彩色系统(32 位)至少需要多少 MB 帧缓冲器?

2-6　使用 DDA 算法绘制端点为(5,6)和(13,12)的线段。

2-7　使用中点画线算法绘制端点为(5,6)和(13,12)的线段。

2-8　使用整数增量的方法计算边(0,1)~(11,6)与各扫描线交点的 x 坐标。

第 3 章　OpenGL 的基本图元

3.1　OpenGL 编程概述

3.1.1　OpenGL 的相关库

1. 相关库简介

① OpenGL 核心库（GL）。包含 OpenGL 最基本的命令函数，提供了如何建立几何模型、进行坐标变换、产生光照效果、进行纹理映射和雾化等操作。

② OpenGL 实用库（GLU）。利用低层 OpenGL 命令编写的一些执行特殊任务的例程，如纹理映射、坐标变换、NURBS 曲线曲面等。

③ OpenGL 的 X-Window 系统扩充（GLX）。在使用 X-Window 的机器上，提供一种建立 OpenGL 现场，并把它与可绘窗口关联起来的方法。

④ OpenGL 的 Windows 系统扩充（WGL）。在使用 Windows 的机器上，提供一种建立 OpenGL 现场，并把它与可绘窗口关联起来的方法。

⑤ OpenGL Programming Guide 辅助库（AUX）。建立了一系列简单而又较完整的编程例子，例如初始化窗口、监控输入以及绘制一些三维几何体等函数。

⑥ OpenGL 实用函数工具包（GLUT）。主要包括窗口操作函数、回调函数、创建复杂三维物体函数、菜单函数、程序运行函数等。

2. 相关库的存在形式

在 Windows 中，相关的库以动态链接库的形式存在。在 Dev-C++ 中，libopengl32.a、libglu32.a、libglaux.a、libglut32.a 分别表示 opengl 库、实用库、辅助库和实用函数工具包，相应的头文件是 gl.h、glu.h、glaux.h 和 glut.h。

3.1.2　基本语法

本书只讨论 C 版本的 OpenGL 语法。

1. 函数名前缀

基本函数使用 gl 作为函数名的前缀，如 glClearColor()；实用函数使用 glu 作为函数名的前缀，如 gluOrtho2D()；实用工具包函数使用 glut 作为函数名的前缀，如 glutInit()。

2. 常量名前缀

基本常量的名字以 GL_开头，如 GL_LINE_LOOP；实用常量的名字以 GLU_开头，如 GLU_FILL；实用工具包的名字以 GLUT_开头，如 GLUT_RGB。

3. 函数名后缀

一组功能相同或相近的函数的函数名使用不同的后缀以支持不同的数据类型和格式，如 glEvalCoord2f( )、glEvalCoord2d( ) 和 glEvalCoord2dv( ) 等，其中 2 表示有 2 个参数，f、d 分别表示参数的类型是 GLfloat 和 GLdouble，v 表示参数以向量形式出现。

【注】　这样一组函数在一般的教科书或说明书中通常写成 glEvalCoord * ( ) 或 glEvalCoord{12}{df}[v]( ) 的形式，实际上代表下列 8 个函数，读者需要习惯这种书写格式。

```
void glEvalCoord1d(GLdouble u);
void glEvalCoord1dv(const GLdouble *u);
void glEvalCoord1f(GLfloat u);
void glEvalCoord1fv(const GLfloat *u);
void glEvalCoord2d(GLdouble u,GLdouble v);
void glEvalCoord2dv(const GLdouble *u);
void glEvalCoord2f(GLfloat u,GLfloat v);
void glEvalCoord2fv(const GLfloat *u);
```

4. 特殊类型名

OpenGL 定义了一些特殊的类型名，如 GLint 和 GLfloat。其实就是 32 位 C 语言中的 float 和 int 等类型。在 gl.h 中可以看到类似如下的定义，一些基本的数据类型都有类似的定义。

……

```
typedef int GLint;
```

……

```
typedef float GLfloat;
```

……

3.1.3　状态机制

1. 状态机制

OpenGL 的工作方式是一种状态机制，它可以进行各种状态或模式设置，这些状态或模式在重新改变之前一直有效。例如，当前颜色是一个状态变量，在这个状态改变之前，待绘制的每个像素都使用该颜色。

2. 状态设置

许多状态变量可以通过 glEnable( ) 或 glDisable( ) 来设置成有效或无效状态，如光照、深度检测等。在设置成有效状态之后，绝大部分状态变量都有一个默认值，例如，光照有默认的光照效果，深度检测有默认的检测方法。

3.1.4　程序的基本结构

OpenGL 程序的基本结构可分为三个部分。

1. 初始化

主要用于设置一些 OpenGL 的状态开关，如颜色模式的选择，是否作光照处理、进行深度检测等。这些状态一般都用函数 glEnable( )，glDisable( ) 来设置，其中，表示某个特定的状态。

2．设置投影方式和观察体

主要有 glViewport()、glOrtho()、glFrustum()、gluPerspective()和 gluOrtho2D()等函数，这里主要介绍 glViewport()函数，其他几个函数在后续章节中介绍。

① 什么是视口。视口是程序窗口中的一个矩形绘图区，如图 3-1 所示。在屏幕上打开一个窗口时，自动将视口设置为整个程序窗口的大小。可以定义一个比程序窗口小的视口。也可以在一个程序窗口中定义多个视口，达到分屏显示的目的。

② 定义视口。使用函数 glViewport()定义视口。

图 3-1　视口

【函数原型】　void glViewport(int left,int bottom,int width,int height);

【功能】　设置视口在程序窗口中的位置和大小。

【参数】

• (left,bottom)：视口左下角在程序窗口中的坐标。

• (width,height)：视口的宽和高。

【说明】　坐标原点位于程序窗口左下角，以像素为单位。默认视口为(0,0,W,H)，其中 W、H 分别表示程序窗口的宽和高。

3．构造对象的数学描述

OpenGL 的主要部分，使用 OpenGL 的库函数构造几何物体对象的数学描述，包括点、线、面的位置和拓扑关系，几何变换和光照处理等。

4．C 源程序基本框架

```c
// Frame.c
#include <GL/glut.h>
void init()
{   /*初始化。主要用于设置一些状态开关，如颜色模式，光照处理，
        光源特性，深度检验，裁剪等。
        使用默认值时无须定义该函数。
    * /
}
void Reshape(int w,int h)
{   /*设置投影方式和观察体。主要使用 glViewport()、glOrtho()、
        glFrustum()、gluPerspective()和 gluOrtho2D()等函数。
        使用默认值时无须定义该函数。
    */
}
void Paint()
{   /*  构造对象的数学描述。是 OpenGL 的主要部分，
        使用 OpenGL 的库函数构造几何物体对象的数学描述，
```

　　　　包括点、线、面的位置和拓扑关系,几何变换和光照处理等。
　　* /
}
int main()
{　init();// 使用默认值时不是必需的
　　glutCreateWindow("窗口标题");// 创建窗口,设置窗口的标题
　　glutReshapeFunc(Reshape);
　　// 注册窗口变化回调函数,使用默认值时无须指定
　　glutDisplayFunc(Paint);// 指定场景绘制循环函数,必需
　　glutMainLoop();// 开始循环执行 OpenGL 命令
}

3.2　一个简单的 OpenGL 程序

3.2.1　源程序和运行结果

　　下列程序绘制了一个填充的白色三角形。运行结果如图 3-2 所示。

图 3-2　一个简单例子

```
// Simple.C
#include <GL/glut.h>
void Reshape(int w,int h)
{    glViewport(0,0,w,h); // 使用默认值,无须定义该函数
}
void Paint() // 对象的描述
{    glClear(GL_COLOR_BUFFER_BIT); // 清除颜色缓冲区
    glBegin(GL_TRIANGLES); // 开始定义三角形
    {    glVertex2f(-0.95,-0.95); // 指定二维顶点坐标
        glVertex2f(0.95,-0.95);
        glVertex2f(0,0.95); // 默认的 2 维坐标值范围是 (-1,-1)- - (1,1)
    }
    glEnd(); // 结束三角形的定义
    glFlush(); // 强制 OpenGL 命令序列在有限的时间内完成执行
}
```

```
int main()
{     // 设置程序窗口的显示模式(单缓存,RGBA 颜色模式,默认值)
      glutInitDisplayMode(GLUT_SINGLE | GLUT_RGBA);
      glutInitWindowPosition(100,100); // 设置程序窗口在屏幕上的位置
      glutInitWindowSize(200,200); // 设置程序窗口在屏幕上的大小
      glutCreateWindow("一个简单例子"); // 设置窗口的标题
       // 指定窗口变化回调函数,使用默认值时无需指定
      glutReshapeFunc(Reshape);
      glutDisplayFunc(Paint); // 指定场景绘制循环函数,必须
      glutMainLoop(); // 开始循环执行 OpenGL 命令
}
```

3.2.2   相关函数说明

1. glutInitDisplayMode()

【函数原型】 void glutInitDisplayMode(unsigned int mode);

【功能】 设置程序窗口的显示模式。

【参数】 常用的 mode 值是对下列值作逐位"或"(OR)运算。

• GLUT_RGBA 表示使用 RGBA 颜色模型,GLUT_INDEX 表示使用索引颜色模型。

• GLUT_SINGLE 表示使用单显示缓冲区,GLUT_DOUBLE 表示使用双显示缓冲区。

• GLUT_DEPTH 表示使用深度缓存。

例如,如果需要使用带深度缓存的 RGBA 方式的双缓存程序窗口,则可以写成

GLUT_DOUBLE | GLUT_RGBA | GLUT_DEPTH

默认值是 GLUT_RGBA | GLUT_SINGLE,即使用 RGBA 颜色方式的单缓存窗口。

2. RGBA 颜色模式

RGBA 颜色模式用 Red、Green、Blue、Alpha 四个分量表示颜色。其中,Alpha 是一个和透明程度有关的量,取值范围是[0,1]。默认情况下,Alpha=1,表示物体是不透明的。

3. glutInitWindowPosition()

【函数原型】 void glutInitWindowPosition(int x,int y);

【功能】 设置程序窗口在屏幕上的位置(以像素为单位)。

【说明】 屏幕坐标系的原点在屏幕左上角。窗口位置的默认值由窗口系统决定。

4. glutInitWindowSize()

【函数原型】 void glutInitWindowSize(int width,int height);

【功能】 设置程序窗口在屏幕上的大小(以像素为单位)。

【说明】 默认值为(300,300)。

5. glutMainLoop()

【函数原型】 void glutMainLoop(void);

【功能】 开始循环执行 OpenGL 命令。

6. glutCreateWindow()

【函数原型】 int glutCreateWindow(const char *title);

【功能】　创建程序窗口,同时指定窗口标题。

7. glutDisplayFunc()

【函数原型】　`void glutDisplayFunc(void (*func)(void));`

【功能】　指定自定义的场景绘制循环函数。

【参数】　func 是自定义的场景绘制循环函数的名字,其函数原型为 void func(void)。

8. glVertex2f()

【函数原型】　`void glVertex2f(GLfloat x,GLfloat y);`

【功能】　指定二维顶点坐标。

【说明】　默认情况下,2 维坐标值的范围是(−1,−1)～(1,1)。

3.3　基本图元的定义

OpenGL 的基本图元有点、线和多边形。从根本上看,OpenGL 绘制的所有复杂三维物体都是由一系列基本图形元素构成的,曲线、曲面分别是由一系列直线段、多边形近似得到的。

3.3.1　绘图准备

在开始绘制新图形前,屏幕上可能已经有一些图形,必须清除这些内容,以免影响绘制效果。可以使用下列函数。

1. 指定背景颜色

【函数原型】　`void glClearColor(float red,float green,float blue,float alpha);`

【功能】　指定当前背景颜色。

【参数】　(red,green,blue,alpha)为 RGBA 颜色值。

【说明】　默认为黑色,即参数值全为 0。

2. 清除缓冲区

【函数原型】　`void glClear(GLbitfield mask);`

【功能】　清除指定的缓冲区(设置为预先指定的值)。

【参数】　标识要清除的缓冲区,使用按位或运算组合。

【说明】　共有 4 个标识,最常用的标志是 GL_COLOR_BUFFER_BIT(颜色缓冲区,设置为背景颜色)和 GL_DEPTH_BUFFER_BIT(深度缓冲区,设置为最远深度)。

3.3.2　绘图结束

下列几个函数用于结束绘图并返回。

1. glFlush()

【函数原型】　`void glFlush(void);`

【功能】　强制 OpenGL 命令序列在有限的时间内完成执行。

2. glFinish()

【函数原型】　`void glFinish(void);`

【功能】　强制完成已发出的全部 OpenGL 命令的执行,即等到全部命令执行完毕以后才返回。

【说明】 应尽量避免使用 glFinish(),以免影响性能。

3. glutSwapBuffers()

【函数原型】 void glutSwapBuffers(void);

【功能】 交换当前窗口使用的缓存,将后台缓存中的内容交换到前台缓存中。

【说明】 如果当前窗口没有使用双缓存,则不起任何作用。

3.3.3 相关函数

OpenGL 中的点是三维的,二维坐标 (x,y) 表示 $(x,y,0)$;线用一系列相连的顶点定义;多边形是一个封闭的线段,通过选择属性,既可以得到填充的多边形,也可以是轮廓线,或是一系列点。

OpenGL 中的多边形是凸多边形,光滑的曲线、曲面都是由一系列线段、多边形近似得到的,OpenGL 不直接提供绘制曲线、曲面的命令。

描述基本图元就是按照某种顺序给出基本图元的每个顶点,并同时将当前颜色、当前纹理坐标、当前法向量等值赋给这些顶点。

1. 指定当前颜色

【函数格式】 void glColor{34}{u}{bdfis}[v]();

【功能】 在绘制图形前,按照指定的参数格式设定对象的颜色。

【说明】 当前颜色是一个状态变量,在这个状态改变之前,待绘制的每个像素都使用该颜色。可以在任何时候更改当前颜色,也可以在 glBegin() 与 glEnd() 之间调用。

2. 定义顶点

【函数格式】 void glVertex{234}{sifd}[v]();

【功能】 按照指定的参数格式指定一个顶点坐标。

【说明】 只有在 glBegin() 与 glEnd() 之间调用才有效。

3. 基本图元定义的开始

【函数原型】 void glBegin(GLenum mode);

【功能】 表示一个基本图元定义的开始。

【参数】 mode 可选下列符号常量。

• GL_POINTS:把每一个顶点作为一个独立的点。

• GL_LINES:把每一对顶点作为一条独立的线段。

• GL_LINE_STRIP:顶点依次相连成一条折线。

• GL_LINE_LOOP:顶点依次相连成一条封闭的折线。

• GL_TRIANGLES:每三个顶点作为一个独立的三角形。

• GL_TRIANGLE_STRIP:三角形带,顶点 n、$n+1$ 和 $n+2$ 定义第 n 个三角形。

• GL_TRIANGLE_FAN:三角形扇形,顶点 1、$n+1$ 和 $n+2$ 定义第 n 个三角形。

• GL_QUADS:每四个顶点作为一个独立的四边形。

• GL_QUAD_STRIP:四边形带,顶点 $2n-1$、$2n$、$2n+2$ 和 $2n+1$ 定义第 n 个四边形。可能形成有交叉的四边形,不好把握。

• GL_POLYGON:所有顶点作为一个简单多边形。最好不要定义凹多边形,多边形在处理时会分解成三角形扇形,凹多边形可能得不到预期效果。

图 3-3 依次演示了上述 10 种基本图元的绘制效果,每个图元都使用 5 个顶点定义,颜

色分别是红、绿、蓝、黄、紫。

4. 基本图元定义的结束

【函数原型】　void glEnd(void);

【功能】　表示一个基本图元定义的结束。

3.3.4　部分预定义的几何形体

介绍 OpenGL 中预定义的 10 种几何形体，包括矩形、球面、立方体、圆锥、圆环、十二面体、八面体、四面体、二十面体、犹他茶壶。图 3-4 给出了后 9 种几何形体的线框图。

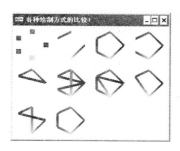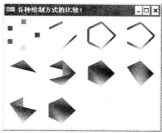

图 3-3　各种绘制方式的演示

图 3-4　OpenGL 中部分预定义的几何形体

1. 矩形

【函数原型】

- void glRectd(GLdouble x1,GLdouble y1,GLdouble x2,GLdouble y2);
- void glRectf(GLfloat x1,GLfloat y1,GLfloat x2,GLfloat y2);
- void glRecti(GLint x1,GLint y1,GLint x2,GLint y2);
- void glRects(GLshort x1,GLshort y1,GLshort x2,GLshort y2);
- void glRectdv(const GLdouble *v1,const GLdouble *v2);
- void glRectfv(const GLfloat *v1,const GLfloat *v2);
- void glRectiv(const GLint *v1,const GLint *v2);
- void glRectsv(const GLshort *v1,const GLshort *v2);

【功能】　在 xy 平面上定义一个矩形。

【参数】　(x1,y1)或 v1 是左下角顶点的坐标。(x2,y2)或 v2 是右上角顶点的坐标。

2. 球面

【函数原型】

- void glutSolidSphere(GLdouble radius,int slices,int stacks);
- void glutWireSphere(GLdouble radius,int slices,int stacks);

【功能】　绘制实心球面或网格线球面。

【参数】

- radius:球半径。
- slices:围绕 z 轴(侧面)的分割数(经线数)。
- stacks:沿 z 轴(高度方向)的分割数(纬线数)。

【说明】 中心在模型坐标原点。

3. 立方体

【函数原型】

- void glutSolidCube(GLdouble size);
- void glutWireCube(GLdouble size);

【功能】 绘制实心立方体或网格线立方体。

【参数】 size 是立方体的边长。

【说明】 中心在模型坐标原点。

4. 圆锥

【函数原型】

- void glutWireCone(GLdouble base,GLdouble height,GLint slices,GLint stacks);
- void glutSolidCone(GLdouble base,GLdouble height,GLint slices,GLint stacks);

【功能】 绘制一个实心圆锥或网格线圆锥。

【参数】

- base 和 height:圆锥的底部半径和高度。
- slices:底部圆弧的分割数(侧面分割数,经线数)。
- statcks:沿高度方向(z 方向)的分割数(纬线数)。

【说明】 底部位于模型坐标 xy 平面内。底部中心在模型坐标原点。

5. 圆环

【函数原型】

- void glutSolidTorus(GLdouble innerRadius,GLdouble outerRadius,GLint sides,GLint rings);
- void glutWireTorus(GLdouble innerRadius,GLdouble outerRadius,GLint sides,GLint rings);

【功能】 绘制一个实心圆环或网格线圆环。

【参数】

- innerRadius 和 outerRadius:内部圆弧半径和外接球面半径。
- sides:沿圆环方向的分割数(即内部圆弧的分割数)。
- rings:圆环的环线数,即内部圆弧的个数。

【说明】 中心在模型坐标原点。

6. 十二面体

【函数原型】

- void glutSolidDodecahedron(void);
- void glutWireDodecahedron(void);

【功能】 绘制实心十二面体或网格线十二面体。

【说明】 十二面体外接球面的半径为 $\sqrt{3}$,中心在模型坐标原点。

7. 八面体

【函数原型】

• void glutSolidOctahedron(void);

• void glutWireOctahedron(void);

【功能】　绘制实心八面体或网格线八面体。

【说明】　八面体外接球面的半径为 1,中心在模型坐标原点。

8. 四面体

【函数原型】

• void glutSolidTetrahedron(void);

• void glutWireTetrahedron(void);

【功能】　绘制实心四面体或网格线四面体。

【说明】　四面体外接球面的半径为 $\sqrt{3}$,中心在模型坐标原点。

9. 二十面体

【函数原型】

• void glutSolidIcosahedron(void);

• void glutWireIcosahedron(void);

【功能】　绘制实心二十面体或网格线二十面体。

【说明】　二十面体外接球面的半径为 1,中心在模型坐标原点。

10. 犹他茶壶

【函数原型】

• void glutSolidTeapot(GLdouble size);

• void glutWireTeapot(GLdouble size);

【功能】　绘制实心茶壶或网格线茶壶。

【参数】　size 是茶壶外接球面的半径。

【说明】　中心在模型坐标原点。

3.3.5　举例说明

1. 相关函数调用

• glutGet(GLUT_WINDOW_X); // 获得程序窗口左上角 X 坐标(屏幕坐标)。

• glutGet(GLUT_WINDOW_Y); // 获得程序窗口左上角 Y 坐标(屏幕坐标)。

• glutGet(GLUT_WINDOW_WIDTH); // 获得程序窗口宽度。

• glutGet(GLUT_WINDOW_HEIGHT); // 获得程序窗口高度。

• glLoadIdentity(); // 本例中的作用是消除其他视口中的物体变换对当前视口的影响,详细介绍见后续章节。

• glRotatef(th,x,y,z); // 将物体绕旋转轴 (0,0,0)~(x,y,z)旋转 th 度以调整物体的方向,详细介绍见后续章节。

2. 源程序及运行结果

下列程序在屏幕窗口的左下部分显示一个填充的正方形,右下部分显示一个线框球,左上部分显示一个线框立方体,右上部分显示一个填充的犹他茶壶。运行结果如图 3-5 所示。

图 3-5　四个预定义几何形体

```
// MultiObject.c
#include <gl/glut.h>
void Viewport(int x,int y,int w,int h)
{     glViewport(x,y,w,h); // 定义视口
      glLoadIdentity(); // 消除其他视口的影响,函数介绍见后续章节
}
void Paint()
{     int w=glutGet(GLUT_WINDOW_WIDTH) / 2; // 计算视区宽度
      int h=glutGet(GLUT_WINDOW_HEIGHT) / 2; // 计算视区高度
      glClearColor(1,1,1,1); // 白色背景
      glClear(GL_COLOR_BUFFER_BIT); // 清除颜色缓存
      Viewport(0,0,w,h); // 左下方视口
      glColor3f(0.8,0.8,0.8); // 设置正方形颜色
      glRectf(-0.8,-0.8,0.8,0.8); // 定义正方形
      Viewport(w,0,w,h); // 右下方视口
      glColor3f(0.2,0.2,0.2); // 设置球体颜色
      glRotatef(-90,1,0,0); // 调整两极方向,函数介绍见后续章节
      glutWireSphere(0.8,24,12); // 线框球体,半径,经线数,纬线数
      Viewport(0,h,w,h); // 左上方视口,颜色与右下方视口相同
      glRotatef(30,1,1,0); // 调整立方体方向,函数介绍见后续章节
      glutWireCube(1); // 线框立方体,边长为 1
      Viewport(w,h,w,h); // 右上方视口
      glColor3f(0.8,0.8,0.8); // 设置茶壶颜色
      glutSolidTeapot(0.6); // 定义犹他茶壶
      glFlush(); // 强制 OpenGL 命令序列在有限的时间内完成执行
}
int main()
{     glutInitWindowSize(300,300); // 窗口大小
      glutCreateWindow("四个预定义几何形体"); // 初始化窗口标题
```

```
glutDisplayFunc(Paint); // 注册场景绘制函数
glutMainLoop(); // 开始执行
}
```

3.4　基本图元的属性

3.4.1　点属性

【函数原型】　void glPointSize(GLfloat size);

【功能】　以像素为单位设置点的宽度。

【参数】　size 表示点的宽度,必须大于 0。默认值为 1.0。

【说明】　点宽度可以不是整数。如果没有设置反走样处理,则宽度截断为整数。例如宽度为 5.1 的点显示为 5×5 像素的正方形。如果设置了反走样处理,则宽度不作取整运算,边界上的像素用较低亮度绘出,使得边缘看起来比较平滑。

3.4.2　线属性

1. 线宽

【函数原型】　void glLineWidth(GLfloat width);

【功能】　以像素为单位设置线宽度。

【说明】　线的反走样处理与点一样。

2. 线型

【函数原型】　void glLineStipple(GLint factor,GLushort pattern);

【功能】　指定点画模式(线型)。

【参数】

• factor:指定线型模式中每位的倍数,factor 的值在[1,255]之间,默认值为 1。

• pattern:用 16 位整数指定位模式。位为 1 时,指定要绘;位为 0 时,指定不绘。默认时,全部为 1。位模式从低位开始(如图 3-6 所示)。

3. 线型的启用和禁用

• glEnable(GL_LINE_STIPPLE); // 激活线型。

• glDisable(GL_LINE_STIPPLE); // 关闭线型。

3.4.3　线属性举例

下列程序用于演示各种参数下的线型。运行结果如图 3-7 所示。

FACTOR	PATTERN	
1	0X00FF	
2	0X00FF	
1	0XFF00	
2	0XFF00	
1	0X0F0F	
2	0X0F0F	
1	0XFFFF	

图 3-6　位模式 0XF0F0　　　　　　图 3-7　各种参数下的线型

```
// LINE_STIPPLE.C
#include <gl/glut.h>
void Line(float x0,float y0,float x1,float y1) // 定义线段
{     glBegin(GL_LINES); // 开始定义线段
      glVertex2f(x0,y0);
      glVertex2f(x1,y1);
      glEnd(); // 线段定义结束
}
void Paint() // 场景绘制函数
{   short stipples[7][2]=  // 定义 7 个点画模式
    {   {1,0X00FF},{2,0X00FF},
        {1,0XFF00},{2,0XFF00},
        {1,0X0F0F},{2,0X0F0F},
        {1,0XFFFF} // 倍数,位模式
    };
    float y=(float)6 / 7; // 最上方线段的 y 坐标为 6/7
    float dy=(float)2 / 7; // 两条线段间的间距为 2/7
    glClear(GL_COLOR_BUFFER_BIT); // 清除颜色缓冲区
    glEnable(GL_LINE_STIPPLE); // 启用线段点画模式
    for(int i=0; i<7;++i) // 从上到下定义 7 条线段
    {   glLineStipple(stipples[i][0],stipples[i][1]); // 线段点画模式
        Line(-1,y,1,y),y-=dy; // 定义线段,并调整 y 坐标
    }
    glDisable(GL_LINE_STIPPLE); // 关闭线段点画模式
    glFlush(); // 强制 OpenGL 命令序列在有限的时间内完成执行
}
int main()
{   glutInitWindowSize(150,150); // 窗口大小
    glutCreateWindow("一个点画线的例子"); // 窗口标题
    glutDisplayFunc(Paint); // 场景绘制函数
    glutMainLoop(); // 开始循环执行 OpenGL 命令
}
```

3.4.4 多边形属性

1. 正面方向

在 OpenGL 中,每个多边形都由正面和反面组成。默认以逆时针顺序指定顶点的多边形为正面多边形。

【函数原型】 void glFrontFace(GLenum mode);

【功能】 定义多边形的正面方向。

【参数】 mode 可选 GL_CW(顺时针顺序的多边形为正面多边形)或 GL_CCW(逆时

针顺序的多边形为正面多边形)。

2. 绘制方式

【函数原型】　void glPolygonMode(GLenum face,GLenum mode);

【功能】　选择多边形的绘制方式。

【参数】

• face:选取多边形的正面或背面,可选 GL_FRONT(只绘制正面)、GL_BACK(只绘制反面)和 GL_FRONT_AND_BACK(绘制正面和反面)。

• mode:指定多边形的绘制方式,可选 GL_POINT(只绘制顶点)、GL_LINE(只绘制边框)和 GL_FILL(绘制填充多边形)。

【说明】　默认调用为 glPolygonMode(GL_FRONT_AND_BACK,GL_FILL),即多边形的正、背面都绘制成填充多边形。

3. 点画模式

可以利用命令 glPolygonStipple()指定某种点画模式(图案)来填充填充多边形内部。

【函数原型】　void glPolygonStipple(const GLubyte *mask);

【功能】　指定多边形点画模式。

【参数】　mask 用于指定 32×32 位点画模式(位图)的指针,当值为 1 时绘,值为 0 时不绘。

【说明】　使用 glEnable(GL_POLYGON_STIPPLE)启用多边形点画模式,使用 glDisable(GL_POLYGON_STIPPLE)关闭多边形点画模式。

3.4.5　多边形属性举例

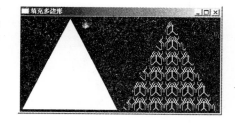

图 3-8　一个填充多边形的例子

1. 源程序及运行结果

下列程序绘制了 2 个三角形区域,第 1 个三角形使用实模式,第 2 个三角形使用指定的点画模式。运行结果如图 3-8 所示。

```
// POLY_STIPPLE.C
#include <gl/glut.h>
void Triangle() // 定义一个三角形
{   glBegin(GL_TRIANGLES); // 开始定义三角形
    // 按逆时针方向指定三角形的顶点坐标
    glVertex2f(-0.95,-0.95);
    glVertex2f(0.95,-0.95);
    glVertex2f(0,0.95);
    glEnd(); // 三角形定义结束
}
void Paint() // 场景绘制函数
{   int w=glutGet(GLUT_WINDOW_WIDTH); // 程序窗口宽度
    int h=glutGet(GLUT_WINDOW_HEIGHT); // 程序窗口高度
```

```
GLubyte fly[]=  // 第二个三角形点画模式的 mask 值
{  0X00,0X00,0X00,0X00,0X00,0X00,0X00,0X00, //
   0X03,0X80,0X01,0XC0,0X06,0XC0,0X03,0X60, //
   0X04,0X60,0X06,0X20,0X04,0X30,0X0C,0X20, //
   0X04,0X18,0X18,0X20,0X04,0X0C,0X30,0X20, //
   0X04,0X06,0X60,0X20,0X44,0X03,0XC0,0X22, //
   0X44,0X01,0X80,0X22,0X44,0X01,0X80,0X22, //
   0X44,0X01,0X80,0X22,0X44,0X01,0X80,0X22, //
   0X44,0X01,0X80,0X22,0X44,0X01,0X80,0X22, //
   0X66,0X01,0X80,0X66,0X33,0X01,0X80,0XCC, //
   0X19,0X81,0X81,0X98,0X0C,0XC1,0X83,0X30, //
   0X07,0XE1,0X87,0XE0,0X03,0X3F,0XFC,0XC0, //
   0X03,0X31,0X8C,0XC0,0X03,0X33,0XCC,0XC0, //
   0X06,0X64,0X26,0X60,0X0C,0XCC,0X33,0X30, //
   0X18,0XCC,0X33,0X18,0X10,0XC4,0X23,0X08, //
   0X10,0X63,0XC6,0X08,0X10,0X30,0X0C,0X08, //
   0X10,0X18,0X18,0X08,0X10,0X00,0X00,0X08
};
glClear(GL_COLOR_BUFFER_BIT);  // 清除颜色缓冲区
glViewport(0,0,w / 2,h);  // 第一个视口,显示第一个三角形
Triangle();  // 第一个三角形
glViewport(w / 2,0,w / 2,h);  // 第二个视口,显示第二个三角形
glEnable(GL_POLYGON_STIPPLE);  // 启用多边形点画模式
glPolygonStipple(fly);  // 指定多边形点画模式(填充)
Triangle();  // 第二个三角形
glDisable(GL_POLYGON_STIPPLE);  // 关闭多边形点画模式
glFlush();  // 强制 OpenGL 命令序列在有限的时间内完成执行
}
int main()
{  glutInitWindowSize(400,200);  // 程序窗口的大小
   glutCreateWindow("填充多边形");  // 窗口的标题
   glutDisplayFunc(Paint);  // 指定场景绘制函数
   glutMainLoop();  // 开始循环执行 OpenGL 命令
}
```

2. 填充图案说明

以图 3-8 中第二个三角形中的苍蝇图案为例,构成如图 3-9 所示图案。

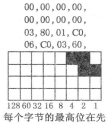

00,00,00,00,
00,00,00,00,
03,80,01,C0,
06,C0,03,60,

128 60 32 16 8 4 2 1
每个字节的最高位在先

图 3-9　构成多边形点画模式

3.5　反走样

由于计算机以离散点生成图形,生成的图形必然与真实景物存在差距,这种差距表现为:直线或光滑曲面的锯齿、花纹失去原有色彩形状、细小物体在画面中消失等,这些都叫作走样。反走样可以减少这种情况。反走样就是把原来边界的锯齿部分用低饱和度的点补上,这样既不影响整体轮廓,又获得较好的平滑效果。

3.5.1　相关函数调用

1. 启用反走样

- glEnable(GL_POINT_SMOOTH); // 启用点的反走样。
- glEnable(GL_LINE_SMOOTH); // 启用线段的反走样。
- glEnable(GL_POLYGON_SMOOTH); // 启用多边形的反走样。

2. 启用融合

使用 glEnable(GL_BLEND)启用融合,详细说明见后续章节。

3. 选择融合因子

【函数原型】　void glBlendFunc(GLenum sfactor,GLenum dfactor);

【功能】　选择融合因子。

【参数】

- sfactor:源因子,最常用的是 GL_SRC_ALPHA。
- dfactor:目标因子,最常用的是 GL_ONE 或 GL_ONE_MINUS_SRC_ALPHA。

详细说明见后续章节。

3.5.2　举例说明

下列程序分别绘制 3 个点、1 个线框三角形和 1 个填充三角形,用于演示点、线段和多边形的反走样效果。运行结果如图 3-10 所示。

图 3-10　反走样效果演示

```
// Smooth.c
#include <GL/glut.h>
void Hint() // 初始化,指定点的大小、线宽和融合因子
{      glPointSize(10.5); // 点的大小=10.5
       glLineWidth(4.5); // 线宽=4.5
       // 指定融合因子
       glBlendFunc(GL_SRC_ALPHA,GL_ONE_MINUS_SRC_ALPHA);
}
void EnableSmooth() // 启用反走样
{      glEnable(GL_POINT_SMOOTH); // 启用点的反走样
       glEnable(GL_LINE_SMOOTH); // 启用线段反走样
       glEnable(GL_POLYGON_SMOOTH); // 启用多边形反走样
       glEnable(GL_BLEND); // 启用融合
}
void DisableSmooth() // 取消反走样
{      glDisable(GL_POINT_SMOOTH); // 取消点的反走样
       glDisable(GL_LINE_SMOOTH); // 取消线段反走样
       glDisable(GL_POLYGON_SMOOTH); // 取消多边形反走样
       glDisable(GL_BLEND); // 取消融合
}
void Objects(GLenum mode,int x,int y,int w,int h) // 定义对象
{      glViewport(x,y,w,h); // 定义显示区域(左下宽高)
       glBegin(mode); // 开始定义对象,起始坐标(x,y)
       glColor3f(1,1,1); // 白色
       glVertex2f(-0.6,0.45); // 顶点坐标(左上)
       glColor3f(0.4,0.4,0.4); // 灰色
       glVertex2f(0.6,0.15); // 顶点坐标(右方)
       glColor3f(0.4,0.4,0.4); // 灰色
       glVertex2f(-0.3,-0.45); // 顶点坐标(下方)
       glEnd(); // 结束对象的定义
}
void Paint() // 场景绘制函数
{      int w=glutGet(GLUT_WINDOW_WIDTH) / 3; // 视口宽度
       int h=glutGet(GLUT_WINDOW_HEIGHT) / 2; // 视口高度
       glClear(GL_COLOR_BUFFER_BIT); // 清除颜色缓冲区
       DisableSmooth(); // 取消反走样,上行
       Objects(GL_POINTS,0,h,w,h); // 第 1 行 0 列
       Objects(GL_LINE_LOOP,w,h,w,h); // 第 1 行 1 列
       Objects(GL_POLYGON,2 * w,h,w,h); // 第 1 行 2 列
```

```
    EnableSmooth(); // 启用反走样,下行
    Objects(GL_POINTS,0,0,w,h); // 第 0 行 0 列
    Objects(GL_LINE_LOOP,w,0,w,h); // 第 0 行 1 列
    Objects(GL_POLYGON,2 * w,0,w,h); // 第 0 行 2 列
    glFlush(); // 强制 OpenGL 命令序列在有限的时间内完成执行
}
int main()
{   glutInitWindowSize(300,200); // 窗口大小
    glutCreateWindow("反走样效果演示"); // 窗口标题
    glutDisplayFunc(Paint); // 场景绘制函数
    Hint(); // 初始化,指定点的大小、线宽和融合因子
    glutMainLoop(); // 开始循环执行 OpenGL 命令
}
```

3.6　练习题

3.6.1　基础训练

3-1　请写出 OpenGL 中指定点的大小和线宽的函数,要求写出完整的函数原型。

3-2　请写出 OpenGL 中启用点、线、面反走样的函数调用。

3-3　请使用 OpenGL 和 GLUT 编写一个简单的图形程序,用于显示一个填充的白色正方形。其中正方形的左下角顶点是(−0.8,−0.8),右下角顶点是(0.8,−0.8),程序窗口的大小为(200,200),标题为"白色正方形"。

3-4　请使用 OpenGL 和 GLUT 编写一个简单的图形程序,用于显示一个填充的红色正三角形。其中正三角形的左下角顶点是(−0.5,0),右下角顶点是(0.5,0),程序窗口大小为(200,200),标题为"红色正三角形"。

3-5　请使用 OpenGL 和 GLUT 编写一个简单的图形程序,用于显示一个填充的蓝色四边形。其中四边形的 4 个顶点分别是(−0.8,−0.8)、(0.5,−0.8)、(0.8,0.8)和(−0.5,0.8),程序窗口的大小为(200,200),背景为白色,标题为"蓝色四边形"。

3-6　请使用 OpenGL 和 GLUT 编写一个简单的图形程序,用于演示点的反走样效果。要求使用线段(−0.6,−0.6)～(0.6,0.6)上均匀分布的 5 个点(含端点),点的大小为 10.5 像素,程序窗口的大小为(200,200),标题为"点的反走样"。

3-7　请使用 OpenGL 和 GLUT 编写一个简单的图形程序,用于演示线段的反走样效果。其中线段的端点为(−0.6,−0.3)和(0.6,0.3),线宽为 4.5 像素,程序窗口的大小为(200,200),标题为"线段的反走样"。

3-8　请使用 OpenGL、GLU 和 GLUT 编写一个简单的多视口演示程序。要求:① 在屏幕窗口左侧的 1/2 部分显示一个红色的填充矩形,该矩形的一对对角顶点是(−0.8,−0.8)和(0.8,0.8);② 在屏幕窗口右侧的 1/2 部分显示一个蓝色的填充犹他茶壶,茶壶半径为 0.6;③ 程序窗口的大小为(400,200),背景为黑色,标题为"多视口演示"。

3-9　请使用 OpenGL、GLU 和 GLUT 编写一个多视口演示程序。要求:① 在屏幕窗

口左下角的 1/4 部分显示一个红色的填充矩形,该矩形的一对对角顶点是(−0.8,−0.8)和(0.8,0.8);② 在屏幕窗口右下角的 1/4 部分显示一个绿色的外接球半径为 0.6 的填充犹他茶壶;③ 在屏幕窗口上部居中的 1/4 部分显示一个蓝色的填充三角形,该三角形的顶点分别是(−0.8,−0.8)、(0.8,−0.8)和(0,0.8);④ 程序窗口的大小为(200,200),背景为黑色,标题为"多视口演示"。

3.6.2 阶段实习

3-10 构造完整的 DDA 画线算法程序,并对各种情况进行测试。

3-11 编制完整的中点画线算法程序,并对各种情况进行测试。

3-12 分别绘制 2 个正方形区域,左边正方形使用实模式,右边正方形使用空五角星图案"☆"填充。

第 4 章　二维图形变换

4.1　二维基本变换

4.1.1 三种基本变换

1. 平移

① 含义。将物体沿直线路径从一个位置移到另一个位置,如图 4-1 所示。

② 变换方程。由图 4-1 容易看出,该变换的变换方程为

$$\begin{cases} x' = x + t_x \\ y' = y + t_y \end{cases}$$

③ 矩阵形式。将变换方程改写成矩阵形式,可得

$$\begin{pmatrix} x' \\ y' \end{pmatrix} = \begin{pmatrix} x \\ y \end{pmatrix} + \begin{bmatrix} t_x \\ t_y \end{bmatrix}$$

2. 旋转

① 含义。将物体沿 xy 平面内的圆弧路径重定位,如图 4-2 所示。

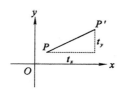

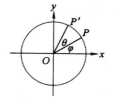

图 4-1　平移　　　　　　　　　图 4-2　旋转

② 变换方程。规定基准点为原点,在极坐标系中,点的原始坐标为

$$\begin{cases} x = r\cos \varphi \\ y = r\sin \varphi \end{cases}$$

变换后的坐标为

$$\begin{cases} x' = r\cos (\varphi+\theta) = r\cos \varphi\cos \theta - r\sin \varphi\sin \theta \\ y' = r\sin (\varphi+\theta) = r\cos \varphi\sin \theta + r\sin \varphi\cos \theta \end{cases}$$

所以变换方程为

$$\begin{cases} x' = x\cos\theta - y\sin\theta \\ y' = x\sin\theta + y\cos\theta \end{cases}$$

③ 矩阵形式。将变换方程改写成矩阵形式,可得

$$\begin{pmatrix} x' \\ y' \end{pmatrix} = \begin{pmatrix} \cos\theta & -\sin\theta \\ \sin\theta & \cos\theta \end{pmatrix} \begin{pmatrix} x \\ y \end{pmatrix}$$

3. 缩放

① 含义。对 x 和 y 坐标分别乘以一个系数,如图 4-3 所示。

② 变换方程。根据含义直接可得

$$\begin{cases} x' = x \times s_x \\ y' = y \times s_y \end{cases}$$

③ 矩阵形式。将变换方程改写成矩阵形式,可得

$$\begin{pmatrix} x' \\ y' \end{pmatrix} = \begin{bmatrix} s_x & 0 \\ 0 & s_y \end{bmatrix} \begin{pmatrix} x \\ y \end{pmatrix}$$

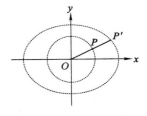

图 4-3 缩放

4.1.2 矩阵表示和齐次坐标

1. 齐次坐标

· 引入目的。将任何二维变换都表示为矩阵乘法。

· 表示方法。用三元组 (x_h, y_h, h) 表示坐标 (x, y)。其中,$x = x_h/h, y = y_h/h$。

2. 三种基本变换的表示方法

① 平移。用 $\boldsymbol{T}(t_x, t_y)$ 表示。

$$\begin{bmatrix} x' \\ y' \\ 1 \end{bmatrix} = \begin{bmatrix} 1 & 0 & t_x \\ 0 & 1 & t_y \\ 0 & 0 & 1 \end{bmatrix} \begin{bmatrix} x \\ y \\ 1 \end{bmatrix}$$

② 旋转。用 $\boldsymbol{R}(\theta)$ 表示。

$$\begin{bmatrix} x' \\ y' \\ 1 \end{bmatrix} = \begin{bmatrix} \cos\theta & -\sin\theta & 0 \\ \sin\theta & \cos\theta & 0 \\ 0 & 0 & 1 \end{bmatrix} \begin{bmatrix} x \\ y \\ 1 \end{bmatrix}$$

③ 缩放。用 $\boldsymbol{S}(s_x, s_y)$ 表示。

$$\begin{bmatrix} x' \\ y' \\ 1 \end{bmatrix} = \begin{bmatrix} s_x & 0 & 0 \\ 0 & s_y & 0 \\ 0 & 0 & 1 \end{bmatrix} \begin{bmatrix} x \\ y \\ 1 \end{bmatrix}$$

4.1.3 逆变换

1. 平移

如图 4-4 所示。易知 $\boldsymbol{T}^{-1}(t_x, t_y) = \boldsymbol{T}(-t_x, -t_y)$。变换方程为

$$\begin{bmatrix} x' \\ y' \\ 1 \end{bmatrix} = \begin{bmatrix} 1 & 0 & -t_x \\ 0 & 1 & -t_y \\ 0 & 0 & 1 \end{bmatrix} \begin{bmatrix} x \\ y \\ 1 \end{bmatrix}$$

2. 旋转

如图 4-5 所示,易知 $\boldsymbol{R}^{-1}(\theta)=\boldsymbol{R}(-\theta)=\boldsymbol{R}^{\mathrm{T}}(\theta)$。变换方程为

$$\begin{bmatrix} x' \\ y' \\ 1 \end{bmatrix} = \begin{bmatrix} \cos\theta & \sin\theta & 0 \\ -\sin\theta & \cos\theta & 0 \\ 0 & 0 & 1 \end{bmatrix} \begin{bmatrix} x \\ y \\ 1 \end{bmatrix}$$

3. 缩放

如图 4-6 所示,易知 $\boldsymbol{S}^{-1}(s_x,s_y)=\boldsymbol{S}(1/s_x,1/s_y)$。变换方程为

$$\begin{bmatrix} x' \\ y' \\ 1 \end{bmatrix} = \begin{bmatrix} 1/s_x & 0 & 0 \\ 0 & 1/s_y & 0 \\ 0 & 0 & 1 \end{bmatrix} \begin{bmatrix} x \\ y \\ 1 \end{bmatrix}$$

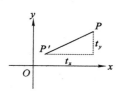

图 4-4 平移的逆

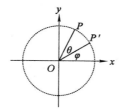

图 4-5 旋转的逆

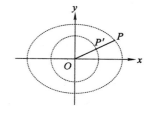

图 4-6 缩放的逆

4.2 二维反射和旋转

一些二维变换虽然不是二维基本变换,但是因为这些变换形式简单,又很常用,可以将它们当作扩充的二维基本变换。这里只介绍最常用的反射和旋转。

4.2.1 反射

1. 对 x 轴反射

如图 4-7 所示,相当于 $\boldsymbol{S}(1,-1)$。变换方程为

$$\begin{cases} x'=x \\ y'=-y \end{cases}$$

变换矩阵为

$$\begin{bmatrix} 1 & 0 & 0 \\ 0 & -1 & 0 \\ 0 & 0 & 1 \end{bmatrix}$$

2. 对 y 轴反射

如图 4-8 所示,相当于 $\boldsymbol{S}(-1,1)$。变换方程为

$$\begin{cases} x'=-x \\ y'=y \end{cases}$$

变换矩阵为

$$\begin{pmatrix} -1 & 0 & 0 \\ 0 & 1 & 0 \\ 0 & 0 & 1 \end{pmatrix}$$

3. 对原点反射

如图 4-9 所示,相当于 $S(-1,-1)$。变换方程为

$$\begin{cases} x' = -x \\ y' = -y \end{cases}$$

变换矩阵为

$$\begin{pmatrix} -1 & 0 & 0 \\ 0 & -1 & 0 \\ 0 & 0 & 1 \end{pmatrix}$$

图 4-7 对 x 轴反射   图 4-8 对 y 轴反射   图 4-9 对原点反射

4. 对 $y=x$ 反射

如图 4-10 所示,变换方程为

$$\begin{cases} x' = y \\ y' = x \end{cases}$$

变换矩阵为

$$\begin{pmatrix} 0 & 1 & 0 \\ 1 & 0 & 0 \\ 0 & 0 & 1 \end{pmatrix}$$

5. 对 $y=-x$ 反射

如图 4-11 所示,变换方程为

$$\begin{cases} x' = -y \\ y' = -x \end{cases}$$

变换矩阵为

$$\begin{pmatrix} 0 & -1 & 0 \\ -1 & 0 & 0 \\ 0 & 0 & 1 \end{pmatrix}$$

4.2.2 旋转

1. 正交的单位向量组变换到坐标轴方向

将正交的单位向量组 $\boldsymbol{u}=(u_1,u_2)$ 和 $\boldsymbol{v}=(v_1,v_2)$ 分别变换成沿 x 轴和 y 轴的单位向量(如图 4-12 所示)。求该变换的变换矩阵。

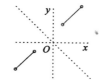
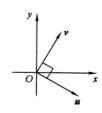

图 4-10　对 $y=x$ 反射　　　　图 4-11　对 $y=-x$ 反射　　　图 4-12　正交的单位向量组

2. 变换矩阵的构造

因为 $u=(u_1,u_2)$ 和 $v=(v_1,v_2)$ 是正交的单位向量组,所以 $|u|=|v|=1$,$u\cdot v=v\cdot u=0$。考虑变换矩阵

$$R=\begin{bmatrix} u_1 & u_2 & 0 \\ v_1 & v_2 & 0 \\ 0 & 0 & 1 \end{bmatrix}$$

因为

$$\begin{bmatrix} u_1 & u_2 & 0 \\ v_1 & v_2 & 0 \\ 0 & 0 & 1 \end{bmatrix}\begin{bmatrix} u_1 \\ u_2 \\ 1 \end{bmatrix}=\begin{bmatrix} u_1u_1+u_2u_2 \\ v_1u_1+v_2u_2 \\ 1 \end{bmatrix}=\begin{bmatrix} |u|^2 \\ v\cdot u \\ 1 \end{bmatrix}=\begin{bmatrix} 1 \\ 0 \\ 1 \end{bmatrix}\qquad u\Rightarrow x$$

$$\begin{bmatrix} u_1 & u_2 & 0 \\ v_1 & v_2 & 0 \\ 0 & 0 & 1 \end{bmatrix}\begin{bmatrix} v_1 \\ v_2 \\ 1 \end{bmatrix}=\begin{bmatrix} u_1v_1+u_2v_2 \\ v_1v_1+v_2v_2 \\ 1 \end{bmatrix}=\begin{bmatrix} u\cdot v \\ |v|^2 \\ 1 \end{bmatrix}=\begin{bmatrix} 0 \\ 1 \\ 1 \end{bmatrix}\qquad v\Rightarrow y$$

所以该变换的变换矩阵就是 R。

3. 旋 转 矩 阵

当 $u_2v_1<0$ 时,上述变换矩阵 R 实际上代表一个旋转变换,称为旋转矩阵。

4. 旋 转 矩 阵 的 特 性

① 逆变换。$R^{-1}=R^{\mathrm{T}}$。这是因为

$$\begin{bmatrix} u_1 & v_1 & 0 \\ u_2 & v_2 & 0 \\ 0 & 0 & 1 \end{bmatrix}\begin{bmatrix} 1 \\ 0 \\ 1 \end{bmatrix}=\begin{bmatrix} u_1 \\ u_2 \\ 1 \end{bmatrix}\qquad x\Rightarrow u$$

$$\begin{bmatrix} u_1 & v_1 & 0 \\ u_2 & v_2 & 0 \\ 0 & 0 & 1 \end{bmatrix}\begin{bmatrix} 0 \\ 1 \\ 1 \end{bmatrix}=\begin{bmatrix} v_1 \\ v_2 \\ 1 \end{bmatrix}\qquad y\Rightarrow v$$

实际上,旋转变换的逆变换也是一个旋转变换(证明略)。

② 正交性。行向量 $u=(u_1,u_2)$ 和 $v=(v_1,v_2)$ 是正交的单位向量组。列向量 $u'=(u_1,v_1)$ 和 $v'=(u_2,v_2)$ 也是正交的单位向量组。因为由 $R^{-1}=R^{\mathrm{T}}$ 可知 $R^{\mathrm{T}}\times R=I$,即

$$\begin{bmatrix} u_1 & v_1 & 0 \\ u_2 & v_2 & 0 \\ 0 & 0 & 1 \end{bmatrix}\begin{bmatrix} u_1 & u_2 & 0 \\ v_1 & v_2 & 0 \\ 0 & 0 & 1 \end{bmatrix}=\begin{bmatrix} u_1^2+v_1^2 & u_1u_2+v_1v_2 & 0 \\ u_2u_1+v_2v_1 & u_2^2+v_2^2 & 0 \\ 0 & 0 & 1 \end{bmatrix}=\begin{bmatrix} 1 & 0 & 0 \\ 0 & 1 & 0 \\ 0 & 0 & 1 \end{bmatrix}$$

所以 $u_1^2 + v_1^2 = u_2^2 + v_2^2 = 1, u_1 u_2 + v_1 v_2 = 0$，即 $|\boldsymbol{u}'| = |\boldsymbol{v}'| = 1, \boldsymbol{u}' \cdot \boldsymbol{v}' = 0$。

4.2.3 3种变换矩阵的对比

平移、旋转、缩放的对比。

$$\begin{pmatrix} 1 & 0 & t_x \\ 0 & 1 & t_y \\ 0 & 0 & 1 \end{pmatrix} \begin{pmatrix} u_1 & u_2 & 0 \\ v_1 & v_2 & 0 \\ 0 & 0 & 1 \end{pmatrix} \begin{pmatrix} s_x & 0 & 0 \\ 0 & s_y & 0 \\ 0 & 0 & 1 \end{pmatrix}$$

4.3 二维变换的复合

设对位置 $\boldsymbol{P}$ 依次进行变换 $\boldsymbol{M}_1$ 和 $\boldsymbol{M}_2$，则变换以后的位置 $\boldsymbol{P}'$ 可以使用下列公式计算。

$$\boldsymbol{P}' = \boldsymbol{M}_2 \times (\boldsymbol{M}_1 \times \boldsymbol{P}) = (\boldsymbol{M}_2 \times \boldsymbol{M}_1) \times \boldsymbol{P} = \boldsymbol{M} \times \boldsymbol{P}$$

4.3.1 连续平移

证明相加性、可交换性（留作练习）。

4.3.2 连续旋转

证明相加性、可交换性。

1. 相加性

$$\boldsymbol{R}(\theta_1) \times \boldsymbol{R}(\theta_2) = \begin{pmatrix} \cos\theta_1 & -\sin\theta_1 & 0 \\ \sin\theta_1 & \cos\theta_1 & 0 \\ 0 & 0 & 1 \end{pmatrix} \begin{pmatrix} \cos\theta_2 & -\sin\theta_2 & 0 \\ \sin\theta_2 & \cos\theta_2 & 0 \\ 0 & 0 & 1 \end{pmatrix}$$

$$= \begin{pmatrix} \cos\theta_1\cos\theta_2 - \sin\theta_1\sin\theta_2 & -\cos\theta_1\sin\theta_2 - \sin\theta_1\cos\theta_2 & 0 \\ \sin\theta_1\cos\theta_2 + \cos\theta_1\sin\theta_2 & -\sin\theta_1\sin\theta_2 + \cos\theta_1\cos\theta_2 & 0 \\ 0 & 0 & 1 \end{pmatrix}$$

$$= \begin{pmatrix} \cos(\theta_1+\theta_2) & -\sin(\theta_1+\theta_2) & 0 \\ \sin(\theta_1+\theta_2) & \cos(\theta_1+\theta_2) & 0 \\ 0 & 0 & 1 \end{pmatrix}$$

$$= \boldsymbol{R}(\theta_1+\theta_2)$$

2. 可交换性

$$\boldsymbol{R}(\theta_1) \times \boldsymbol{R}(\theta_2) = \begin{pmatrix} \cos\theta_1 & -\sin\theta_1 & 0 \\ \sin\theta_1 & \cos\theta_1 & 0 \\ 0 & 0 & 1 \end{pmatrix} \begin{pmatrix} \cos\theta_2 & -\sin\theta_2 & 0 \\ \sin\theta_2 & \cos\theta_2 & 0 \\ 0 & 0 & 1 \end{pmatrix}$$

$$= \begin{pmatrix} \cos(\theta_1+\theta_2) & -\sin(\theta_1+\theta_2) & 0 \\ \sin(\theta_1+\theta_2) & \cos(\theta_1+\theta_2) & 0 \\ 0 & 0 & 1 \end{pmatrix}$$

$$\boldsymbol{R}(\theta_2) \times \boldsymbol{R}(\theta_1) = \begin{pmatrix} \cos\theta_2 & -\sin\theta_2 & 0 \\ \sin\theta_2 & \cos\theta_2 & 0 \\ 0 & 0 & 1 \end{pmatrix} \begin{pmatrix} \cos\theta_1 & -\sin\theta_1 & 0 \\ \sin\theta_1 & \cos\theta_1 & 0 \\ 0 & 0 & 1 \end{pmatrix}$$

$$
=\begin{bmatrix} \cos(\theta_2+\theta_1) & -\sin(\theta_2+\theta_1) & 0 \\ \sin(\theta_2+\theta_1) & \cos(\theta_2+\theta_1) & 0 \\ 0 & 0 & 1 \end{bmatrix}
$$

所以 $\boldsymbol{R}(\theta_1)\times\boldsymbol{R}(\theta_2)=\boldsymbol{R}(\theta_2)\times\boldsymbol{R}(\theta_1)$。

4.3.3　连续缩放

证明相乘性、可交换性(留作练习)。

4.3.4　通用基准点旋转

【问题】　如图 4-13 所示,已知旋转角为 θ,基准点位置为 $P_r(x_r,y_r)$,请构造该旋转变换的变换矩阵。

【解答】

① 使基准点与原点重合: $\boldsymbol{T}_1=\boldsymbol{T}(-x_r,-y_r)$, $\boldsymbol{P}_1=\boldsymbol{T}_1\times\boldsymbol{P}_0$。

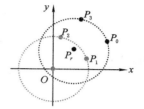

图 4-13　通用基准点旋转

② 绕原点旋转: $\boldsymbol{R}=\boldsymbol{R}(\theta)$, $\boldsymbol{P}_2=\boldsymbol{R}\times\boldsymbol{P}_1$。

③ 使基准点回到原处: $\boldsymbol{T}_2=\boldsymbol{T}(x_r,y_r)$, $\boldsymbol{P}_3=\boldsymbol{T}_2\times\boldsymbol{P}_2$。

完整变换:由 $\boldsymbol{P}_3=\boldsymbol{M}\times\boldsymbol{P}_0=\boldsymbol{T}_2\times\boldsymbol{R}\times\boldsymbol{T}_1\times\boldsymbol{P}_0$ 可知

$$
\begin{aligned}
\boldsymbol{M}&=\boldsymbol{T}_2\boldsymbol{R}\boldsymbol{T}_1 \\
&=\begin{bmatrix} 1 & 0 & x_r \\ 0 & 1 & y_r \\ 0 & 0 & 1 \end{bmatrix}\begin{bmatrix} \cos\theta & -\sin\theta & 0 \\ \sin\theta & \cos\theta & 0 \\ 0 & 0 & 1 \end{bmatrix}\begin{bmatrix} 1 & 0 & -x_r \\ 0 & 1 & -y_r \\ 0 & 0 & 1 \end{bmatrix} \\
&=\begin{bmatrix} \cos\theta & -\sin\theta & x_r(1-\cos\theta)+y_r\sin\theta \\ \sin\theta & \cos\theta & -x_r\sin\theta+y_r(1-\cos\theta) \\ 0 & 0 & 1 \end{bmatrix}
\end{aligned}
$$

4.3.5　通用固定点缩放

【问题】　已知缩放系数为 s_x 和 s_y,固定点位置为 $P_f(x_f,y_f)$,请构造该缩放变换的变换矩阵。

【解答】

① 使固定点与原点重合: $\boldsymbol{T}_1=\boldsymbol{T}(-x_f,-y_f)$。

② 以原点为固定点缩放: $\boldsymbol{S}=\boldsymbol{S}(s_x,s_y)$。

③ 使固定点回到原处: $\boldsymbol{T}_2=\boldsymbol{T}(x_f,y_f)$。

完整变换为

$$
\boldsymbol{M}=\boldsymbol{T}_2\boldsymbol{S}\boldsymbol{T}_1=\begin{bmatrix} 1 & 0 & x_f \\ 0 & 1 & y_f \\ 0 & 0 & 1 \end{bmatrix}\begin{bmatrix} s_x & 0 & 0 \\ 0 & s_y & 0 \\ 0 & 0 & 1 \end{bmatrix}\begin{bmatrix} 1 & 0 & -x_f \\ 0 & 1 & -y_f \\ 0 & 0 & 1 \end{bmatrix}=\begin{bmatrix} s_x & 0 & x_f(1-s_x) \\ 0 & s_y & y_f(1-s_y) \\ 0 & 0 & 1 \end{bmatrix}
$$

4.3.6　通用定向缩放

【问题】　在如图 4-14 所示的方向上,用 s_1 和 s_2 作为缩放系数,请构造完成这种缩放的变换矩阵。

【解答】

① 使 s_1 和 s_2 方向与坐标轴重合: R_1。

将 P_1P_2 单位化,得 $u = P_1P_2 / |P_1P_2| = (u_1, u_2)$。令 $v = (-u_2, u_1)$,从而

$$R = \begin{bmatrix} u_1 & u_2 & 0 \\ -u_2 & u_1 & 0 \\ 0 & 0 & 1 \end{bmatrix}$$

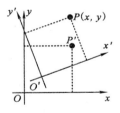

图 4-14 定向缩放

② 缩放: $S = S(s_x, s_y)$。

③ 使 s_1 和 s_2 的方向回到原方向: $R_2 = R_1^{-1}$。

完整变换为

$$M = R_2 S R_1$$

$$= \begin{bmatrix} u_1 & -u_2 & 0 \\ u_2 & u_1 & 0 \\ 0 & 0 & 1 \end{bmatrix} \begin{bmatrix} s_1 & 0 & 0 \\ 0 & s_2 & 0 \\ 0 & 0 & 1 \end{bmatrix} \begin{bmatrix} u_1 & u_2 & 0 \\ -u_2 & u_1 & 0 \\ 0 & 0 & 1 \end{bmatrix}$$

$$= \begin{bmatrix} s_1 u_1^2 + s_2 u_2^2 & u_1 u_2 (s_1 - s_2) & 0 \\ u_1 u_2 (s_1 - s_2) & s_1 u_2^2 + s_2 u_1^2 & 0 \\ 0 & 0 & 1 \end{bmatrix}$$

4.3.7　二维坐标变换

1. 构造方法

【问题】　如图 4-15 所示,新坐标系的原点为 (x_0, y_0),新坐标系正 x 轴的单位向量为 $u = (u_1, u_2)$,正 y 轴的单位向量为 $v = (v_1, v_1)$,请构造从旧坐标系到新坐标系的变换。

【解答】

① 使新坐标系的原点与旧坐标系的原点重合:

$$T = T(-x_0, -y_0)$$

② 使新坐标系的 x 轴与旧坐标系的 x 轴重合: R。

这是一个旋转变换,将正交的单位向量组 $u = (u_1, u_2)$ 和 $v = (v_1, v_2)$ 分别变换成沿 x 轴和 y 轴的单位向量。

$$R = \begin{bmatrix} u_1 & u_2 & 0 \\ v_1 & v_2 & 0 \\ 0 & 0 & 1 \end{bmatrix}$$

图 4-15 二维坐标系变换

完整变换为

$$M = RT = \begin{bmatrix} u_1 & u_2 & 0 \\ v_1 & v_2 & 0 \\ 0 & 0 & 1 \end{bmatrix} \begin{bmatrix} 1 & 0 & -x_0 \\ 0 & 1 & -y_0 \\ 0 & 0 & 1 \end{bmatrix} = \begin{bmatrix} u_1 & u_2 & -u_1 x_0 - u_2 y_0 \\ v_1 & v_2 & -v_1 x_0 - v_2 y_0 \\ 0 & 0 & 1 \end{bmatrix}$$

2. 举例

【问题】　已知 $P_0(3,3)$ 和 $P_1(6,7)$,新坐标系统的原点位置定义在旧坐标系的 P_0 处,新坐标系的 y 轴为 P_0P_1,请构造完整的从旧坐标系到新坐标系的坐标变换矩阵。

【解答】

① 使新原点与旧原点重合：$\boldsymbol{T}=\boldsymbol{T}(-3,-3)$。

② 使新 y 轴与旧 y 轴重合：$\boldsymbol{R}$。

因为 $\boldsymbol{v}=\boldsymbol{P}_0\boldsymbol{P}_1/|\boldsymbol{P}_0\boldsymbol{P}_1|=(0.6,0.8),\boldsymbol{u}=(0.8,-0.6)$，所以

$$
\boldsymbol{R}=\begin{pmatrix} 0.8 & -0.6 & 0 \\ 0.6 & 0.8 & 0 \\ 0 & 0 & 1 \end{pmatrix}
$$

完整变换为

$$
\boldsymbol{M}=\boldsymbol{R}\boldsymbol{T}=\begin{pmatrix} 0.8 & -0.6 & 0 \\ 0.6 & 0.8 & 0 \\ 0 & 0 & 1 \end{pmatrix}\begin{pmatrix} 1 & 0 & -3 \\ 0 & 1 & -3 \\ 0 & 0 & 1 \end{pmatrix}=\begin{pmatrix} 0.8 & -0.6 & -0.6 \\ 0.6 & 0.8 & -4.2 \\ 0 & 0 & 1 \end{pmatrix}
$$

4.3.8　合并特性

1. 结合律

$$
ABC=(AB)C=A(BC)
$$

2. 交换性

- 一般不满足。
- 类型相同，可交换。如两个连续的平移、两个连续的旋转和两个连续的缩放。
- 旋转与一致缩放$(s_x=s_y)$可交换（证明留作练习）。

3. 通用变换公式

如图 4-16 所示。

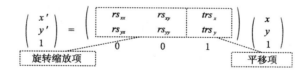

图 4-16　通用变换公式

4. 变换后坐标的显式计算

可以使用下列公式计算，只需 4 次乘法，4 次加法。

$$
\begin{cases} x'=x\times rs_{xx}+y\times rs_{xy}+trs_x \\ y'=x\times rs_{yx}+y\times rs_{yy}+trs_y \end{cases}
$$

4.3.9　变换复合的必要性

变换复合最主要的目的是为了节省计算时间。假设一个复合变换由 10 次基本变换组成，共有 1 000 个坐标需要变换，统计共需要多少次乘法计算，用乘法次数代表计算时间。

- 使用分步骤变换。每个坐标每次变换需要 4 次乘法，从而总乘法次数为 $4\times10\times1\ 000=40\ 000$。

- 使用复合变换。因为变换复合需要完成 9 次矩阵乘法，乘法次数为 $3\times3\times3\times9=243$，而坐标变换需要的乘法次数为 $4\times1\ 000=4\ 000$，所以总乘法次数为 $243+4\ 000=4\ 243$。

4.4 二维观察流程及规范化变换

4.4.1 二维观察流程

1. 相关概念

① MC（模型坐标系）。建立单个物体模型时使用的局部坐标系，如图 4-17 所示。

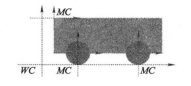

② WC（世界坐标系）。为整个场景建立的一个统一的全局坐标系。如图 4-17 所示。

③ VC（观察坐标系）。指定观察窗口时建立的方便裁剪的坐标系。

图 4-17　模型坐标系与世界坐标系

④ NC（规范化坐标系）。为保证图形软件包的设备独立性而建立的一个坐标系，坐标值规定为 0～1 或 −1～1。

⑤ DC（设备坐标系）。实际设备使用的坐标系。

• 窗口。也可称作裁剪窗口或观察窗口，用于指定场景中需要显示的区域，通常是矩形区域。

• 视区。也可称作视口，是窗口映射到设备的一个显示区域，通常是矩形区域。

2. 观察流程

观察流程如图 4-18 所示。

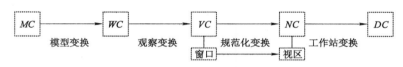

图 4-18　二维观察流程

① 在 WC 中构造场景（模型变换）：MC→WC，如图 4-17 所示。

② 在 WC 平面中设置 VC，在 VC 中定义窗口。

③ 将 WC 变换为 VC（观察变换）：WC→VC。

④ 在 NC 中定义视区，将 VC 映射为 NC（规范化变换）：VC→NC。

⑤ 裁剪掉视区外部分，视区内图形映射到 DC（工作站变换，由设备驱动程序完成，可以保证观察和变换独立于输出设备）。

4.4.2 模型变换

1. 已知条件

使用模型做坐标系建立物体模型，建立世界坐标系以后模型坐标系的原点位于世界坐标系的 $P_0(x_0, y_0)$ 位置，模型坐标系的 x 轴和 y 轴在世界坐标系中的单位向量分别为 $u=(u_1, u_2)$ 和 $v=(v_1, v_2)$。

2. 变换矩阵的构造方法

首先构造从世界坐标系到模型坐标系的变换，然后计算该变换的逆变换。

3. 变换矩阵的构造

① 使模型坐标系的原点与世界坐标系的原点重合：$T = T(-x_0, -y_0)$

② 使模型坐标系的坐标轴与世界坐标系的坐标轴重合：R

$$R = \begin{bmatrix} u_1 & u_2 & 0 \\ v_1 & v_2 & 0 \\ 0 & 0 & 1 \end{bmatrix}$$

③ 计算上述 2 个变换复合以后的逆变换

$$M = (RT)^{-1}$$

$$= T^{-1}R^{-1} = \begin{bmatrix} 1 & 0 & -x_0 \\ 0 & 1 & -y_0 \\ 0 & 0 & 1 \end{bmatrix}^{-1} \begin{bmatrix} u_1 & u_2 & 0 \\ v_1 & v_2 & 0 \\ 0 & 0 & 1 \end{bmatrix}^{-1}$$

$$= \begin{bmatrix} 1 & 0 & x_0 \\ 0 & 1 & y_0 \\ 0 & 0 & 1 \end{bmatrix} \begin{bmatrix} u_1 & v_1 & 0 \\ u_2 & v_2 & 0 \\ 0 & 0 & 1 \end{bmatrix}$$

$$= \begin{bmatrix} u_1 & v_1 & x_0 \\ u_2 & v_2 & y_0 \\ 0 & 0 & 1 \end{bmatrix}$$

4.4.3　观察坐标系

1. VC 的设置

• 观察参考点。VC 的原点 (x_0, y_0)。

• 观察向量 V。VC 的正 y 方向。

2. 观察变换

① 使 VC 的原点与 WC 的原点重合：$T = T(-x_0, -y_0)$。

② 使 VC 的正 y 方向与 WC 的正 y 方向重合：R。

将 V 单位化,得到 VC 正 y 方向的单位向量 $v = V/|V| = (v_1, v_2)$。由此可以得到 VC 正 x 方向的单位向量 $u = (v_2, -v_1)$。从而

$$R = \begin{bmatrix} v_2 & -v_1 & 0 \\ v_1 & v_2 & 0 \\ 0 & 0 & 1 \end{bmatrix}$$

完整变换为

$$M = RT = \begin{bmatrix} v_2 & -v_1 & 0 \\ v_1 & v_2 & 0 \\ 0 & 0 & 1 \end{bmatrix} \begin{bmatrix} 1 & 0 & -x_0 \\ 0 & 1 & -y_0 \\ 0 & 0 & 1 \end{bmatrix} = \begin{bmatrix} v_2 & -v_1 & -v_2 x_0 + v_1 y_0 \\ v_1 & v_2 & -v_1 x_0 - v_2 y_0 \\ 0 & 0 & 1 \end{bmatrix}$$

4.4.4　规范化变换

也可称作窗口变换。

1. 一般规范化变换

完成窗口到视区的映射。

① 特点。如图 4-19 所示,对象在 NC 中的相对位置与在 VC 中的相对位置相同。

② 变换公式推导。已知窗口为 $(x_L, y_B) \sim (x_R, y_T)$,视区为 $(x_L', y_B') \sim (x_R', y_T')$,现

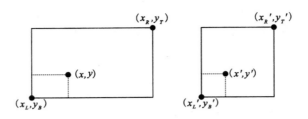

图 4-19　一般规范化变换

将窗口中位于(x,y)的点映像到视区中坐标为(x',y')的点,请构造变换公式和变换矩阵。

为了使视区与窗口中的对象有同样的相对位置,必须满足

$$\begin{cases} \dfrac{x'-x_L'}{x_R'-x_L'} = \dfrac{x-x_L}{x_R-x_L} \\ \dfrac{y'-y_B'}{y_T'-y_B'} = \dfrac{y-y_B}{y_T-y_B} \end{cases}$$

解得

$$\begin{cases} x' = \dfrac{x_R'-x_L'}{x_R-x_L}(x-x_L)+x_L' \\ y' = \dfrac{y_T'-y_B'}{y_T-y_B}(y-y_B)+y_B' \end{cases}$$

经整理,可得

$$\begin{cases} x' = \dfrac{x_R'-x_L'}{x_R-x_L}x + \dfrac{x_Rx_L'-x_Lx_R'}{x_R-x_L} \\ y' = \dfrac{y_T'-y_B'}{y_T-y_B}y + \dfrac{y_Ty_B'-y_By_T'}{y_T-y_B} \end{cases}$$

从而得到变换矩阵为

$$\boldsymbol{M}_{\text{norm}} = \begin{pmatrix} \dfrac{x_R'-x_L'}{x_R-x_L} & 0 & \dfrac{x_Rx_L'-x_Lx_R'}{x_R-x_L} \\ 0 & \dfrac{y_T'-y_B'}{y_T-y_B} & \dfrac{y_Ty_B'-y_By_T'}{y_T-y_B} \\ 0 & 0 & 1 \end{pmatrix}$$

2. 窗口到规范化正方形的映射

规范化正方形规定为$(-1,-1)\sim(1,1)$。此时 $x_L'=-1,y_B'=-1,x_R'=1,y_T'=1$,所以

$$\boldsymbol{M}_{\text{norm}} = \begin{pmatrix} \dfrac{2}{x_R-x_L} & 0 & -\dfrac{x_R+x_L}{x_R-x_L} \\ 0 & \dfrac{2}{y_T-y_B} & -\dfrac{y_T+y_B}{y_T-y_B} \\ 0 & 0 & 1 \end{pmatrix}$$

在 OpenGL 中,可用 gluOrtho2D(left,right,bottom,top)定义一个二维裁剪窗口,并生成窗口到规范化正方形的变换。

3. 规范化正方形到屏幕视口的映射

此时 $x_L = -1, y_B = -1, x_R = 1, y_T = 1$，所以

$$\mathbf{M}_{\text{norm}} = \begin{bmatrix} \dfrac{x_R{}' - x_L{}'}{2} & 0 & \dfrac{x_R{}' + x_L{}'}{2} \\ 0 & \dfrac{y_T{}' - y_B{}'}{2} & \dfrac{y_T{}' + y_B{}'}{2} \\ 0 & 0 & 1 \end{bmatrix}$$

在 OpenGL 中，使用 glViewport(L,B,W,H) 定义一个屏幕视口，并生成规范化正方形到屏幕视口的变换。因为 $x_L{}' = L, y_B{}' = B, x_R{}' = L + W, y_T{}' = B + H$，所以该变换矩阵是

$$\mathbf{M}_{\text{norm}} = \begin{bmatrix} W/2 & 0 & L+W/2 \\ 0 & H/2 & B+H/2 \\ 0 & 0 & 1 \end{bmatrix}$$

4.5　线段的裁剪

4.5.1　相关概念

1. 裁剪算法

识别图形在指定区域以内部分或以外部分的过程。

2. 裁剪窗口

用来裁剪对象的区域。

3. 点的裁剪

使用下列公式判断 (x, y) 是否在裁剪区域以内。

$$\begin{cases} x_L \leqslant x \leqslant x_R \\ y_B \leqslant y \leqslant y_T \end{cases}$$

4.5.2　Cohen-Sutherland 算法

有好几种线段裁剪算法，如 Cohen-Sutherland 算法、梁友栋-Barsky 算法、Nicholl-Lee-Nicholl 算法等，这里只介绍 Cohen-Sutherland 算法。

1. 区域码

标识端点相对于窗口边界的位置。

2. 坐标区域与区域码各位的关系

从右到左编码：$b_T b_B b_R b_L$（上、下、右、左）。

3. 如何对端点编码

如图 4-20 所示。方法如下：

$$\begin{cases} b_L = 1, & \text{if } x < x_L \\ b_R = 1, & \text{if } x > x_R \end{cases} \qquad \begin{cases} b_B = 1, & \text{if } y < y_B \\ b_T = 1, & \text{if } y > y_T \end{cases}$$

4. 算法描述

线段与窗口的几种关系如图 4-21 所示。

① 对端点编码。

② 是否完全在内：两端点区域码均为 0，保留，退出。

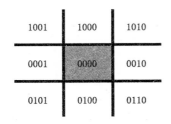

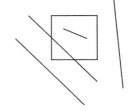

图 4-20　如何对端点编码　　　　　　　　图 4-21　线段与窗口的关系

③ 是否完全在外：两端点区域码按位与不等于 0，舍弃，退出。

④ 不能确定：两端点区域码按位与等于 0。

- 找到线段的一个外端点，将线段与相应边界求交，舍弃外端点与交点之间的部分。
- 对剩余部分重复上述过程。
- 直到线段被舍弃或找到窗口以内的部分为止。

5. 交点计算

设线段的端点为 (x_1, y_1) 和 (x_2, y_2)，则线段与 $x = c$ 交点的 y 坐标为 $y = y_1 + m(c - x_1)$，与 $y = c$ 交点的 x 坐标为 $x = x_1 + (c - y_1)/m$。

6. 举例

【问题】　已知线段 AB 的两个端点坐标分别是 $A(-5, 10)$ 和 $B(10, -5)$，裁剪窗口为 $(0, 0) \sim (10, 10)$，请使用 Cohen-Sutherland 算法计算出裁剪以后剩余的线段。

【解答】

左边界：$x = 0$，右边界：$x = 10$，下边界：$y = 0$，上边界：$y = 10$。

A 区域码为 0001，B 区域码为 0100，两端点区域码的与为 0000。

A 是一外端点，位于窗口左边，AB 与左边界 $x = 0$ 求交。由

$$m = (-5 - 10)/(10 + 5) = -1, \quad y = y_1 + m(c - x_1) = 10 - (0 + 5) = 5$$

得交点 $A' = (0, 5)$，舍弃 AA'，保留 $A'B$。

A' 区域码为 0000，B 区域码为 0100，两端点区域码的与为 0000。

B 是一外端点，位于窗口的下边，$A'B$ 与下边界 $y = 0$ 求交。由

$$1/m = -1, \quad x = x_1 + (c - y_1)/m = -5 - (0 - 10) = 5$$

得交点 $B' = (5, 0)$，舍弃 $B'B$，保留 $A'B'$。

A' 区域码为 0000，B' 区域码为 0000。所以裁剪后剩余线段为 $A'B'$，端点坐标分别为：$A' = (0, 5)$，$B' = (5, 0)$。结果如图 4-22 所示。

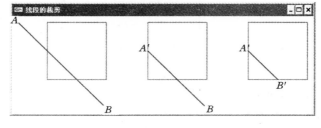

图 4-22　裁剪举例

4.6　多边形的裁剪

直接使用线段裁剪算法处理多边形可能得不到正确解（如图 4-23 所示）。

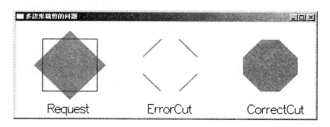

图 4-23　直接使用线段裁剪算法处理多边形

Sutherland-Hodgeman 算法是一种相对简单的多边形裁剪算法（Sutherland，Hodgeman，1974），其基本思想是逐边裁剪。

1. 算法步骤

① 用左边界裁剪多边形，按顺序（如顺时针方向）产生新顶点序列，如图 4-24 第 1 部分所示。

② 用右边界裁剪多边形，按顺序产生新顶点序列，如图 4-24 第 2 部分所示。

③ 用下边界裁剪多边形，按顺序产生新顶点序列，如图 4-24 第 3 部分所示。

④ 用上边界裁剪多边形，按顺序产生新顶点序列，如图 4-24 第 4 部分所示。

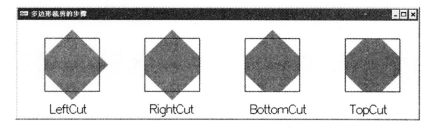

图 4-24　Sutherland-Hodgeman 算法步骤

2. 相邻顶点的处理方法

设 V_1 和 V_2 是相邻顶点，V_1V_2 与相应边界的交点（若有）为 V_1'，则处理办法如下。

• 外→内：保存 V_1' 和 V_2（如图 4-25[1]所示）。

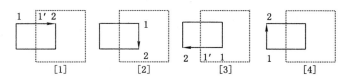

图 4-25　相邻顶点的处理办法

- 内→内:保存 V_2(如图 4-25[2]所示)。
- 内→外:保存 V_1'(如图 4-25[3]所示)。
- 外→外:不保存(如图 4-25[4]所示)。

3. 算法应用举例

【问题】 已知某多边形的顶点分别是 $A(-1,0)$、$B(1,2)$ 和 $C(3,0)$,裁剪窗口为 $(0,1)\sim(3,3)$(如图 4-26 左上部分所示),请使用 Sutherland-Hodgeman 算法计算该多边形被裁剪以后剩余的部分。

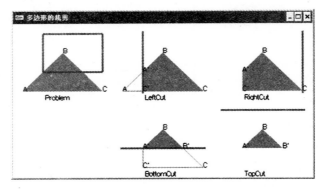

图 4-26 多边形裁剪举例

【解答】 初始顶点集合:$V_0=\{A,B,C\}$。

① 左裁剪。顶点集合 $V_1=\varnothing$。

- 对 AB,A 在左边界外,B 在左边界内,且 AB 与左边界的交点为 $A'=(0,1)$,故 $V_1=\{A',B\}$。
- 对 BC,B 和 C 都均在左边界内,故 $V_1=\{A',B,C\}$。
- 对 CA,C 在左边界内,A 在左边界外,CA 与左边界的交点 $C'=(0,0)$,故 $V_1=\{A',B,C,C'\}$。

如图 4-26 中上部分所示。

② 右裁剪。A'、B、C 和 C' 均在右边界内,故顶点集合 $V_2=\{A',B,C,C'\}$。如图 4-26 右上部分所示。

③ 下裁剪。顶点集合 $V_3=\varnothing$。

- 对 $A'B$,A' 和 B 均在下边界内,故 $V_3=\{B\}$。
- 对 BC,B 在下边界内,C 在下边界外,且 BC 与下边界的交点为 $B'=(2,1)$,故 $V_3=\{B,B'\}$。
- 对 CC',C 和 C' 均在下边界外,故 $V_3=\{B,B'\}$。
- 对 $C'A'$,C' 在下边界外,A' 在下边界内,且 $C'A'$ 与下边界的交点 $A'=(0,1)$,故 $V_3=\{B,B',A',A'\}=\{B,B',A'\}$。

如图 4-26 中下部分所示。

④ 上裁剪。B、B' 和 A' 均在上边界内,故顶点集合 $V_4=\{B,B',A'\}$。

所以,裁剪以后的多边形为 $BB'A'$,其中 $B=(1,2)$,$B'=(2,1)$,$A'=(0,1)$。如图 4-26 右下部分所示。

4.7　练习题

4.7.1　基础训练

4-1　通过对 $R(\theta_1)$ 和 $R(\theta_2)$ 矩阵表示的旋转变换合并得到 $R(\theta_1) \times R(\theta_2) = R(\theta_1 + \theta_2)$，证明两个复合的旋转是相加的。

4-2　证明下列每个操作序列对是可以交换的。

① 两个连续的旋转。

② 两个连续的平移。

③ 两个连续的缩放。

4-3　证明一致缩放和旋转形成可交换的操作对，但一般缩放和旋转不是可交换的操作对。

4-4　已知旋转角为 θ，旋转中心为 (x_0, y_0)，请构造该旋转变换的变换矩阵。

4-5　已知旋转角为 $60°$，旋转中心为 $(1, 2)$，请构造该旋转变换的变换矩阵 M，结果至少保留 3 位小数（也可使用无理数）。

4-6　已知缩放系数为 s_x 和 s_y，固定点位置为 (x_0, y_0)，请构造该缩放变换的变换矩阵。

4-7　已知旋转角为 θ，缩放系数均为 s，旋转中心和固定点位置均为 (x_0, y_0)，请构造该带缩放的旋转变换的变换矩阵（OpenCV 中的函数 cv2DRotationMatrix() 就是用来计算这个变换矩阵的）。

4-8　在如图所示的方向上，用 $s_1 = 2$ 和 $s_2 = 3$ 作为缩放系数，请构造完成这种缩放的变换矩阵，其中固定点为原点，且方向 s_1 上两点的坐标分别为 $(2, -1)$ 和 $(6, -4)$。

4-9　确定反射轴为直线 $y = 3x/4$ 的反射变换的变换矩阵。

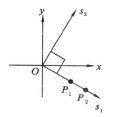

第 8 题图

4-10　已知 $P_0(3, 3)$ 和 $P_1(6, 7)$，新坐标系统的原点位置定义在旧坐标系统的 P_0 处，新的 y 轴为 $P_0 P_1$，请构造完整的从旧坐标系统到新坐标系统的坐标变换矩阵。

4-11　已知 $P_0(3, 3)$ 和 $P_1(6, 7)$，新坐标系统的原点位置定义在旧坐标系统的 P_0 处，新的 x 轴为 $P_0 P_1$，请构造完整的从旧坐标系统到新坐标系统的坐标变换矩阵。

4-12　已知 $P_0(3, 3)$ 和 $P_1(6, 7)$，请构造一个变换，使 $P_0 P_1$ 与 x 轴重合。

4-13　已知 $P_0(3, 3)$ 和 $P_1(6, 7)$，请构造一个变换，使 $P_0 P_1$ 与 y 轴重合。

4-14　已知窗口为 $(0, 0) \sim (10, 10)$，视区为 $(1, 1) \sim (6, 6)$，要求将窗口中位于 (x, y) 的点映像到视区中坐标为 (x', y') 的点，请构造变换公式和变换矩阵。

4-15　已知线段 $P_1 P_2$ 的两个端点坐标分别是 $P_1(-5, 10)$ 和 $P_2(10, -5)$，裁剪窗口为 $(0, 0) \sim (10, 10)$，请使用 Cohen-Sutherland 算法计算出裁剪以后剩余的线段。

4-16　已知某多边形的顶点分别是 $A(-1, 0)$、$B(1, 2)$ 和 $C(3, 0)$，裁剪窗口为 $(0, 1) \sim (3, 3)$，请使用 Sutherland-Hodgeman 算法计算出该多边形被裁剪以后剩余的部分。

4.7.2 阶段实习

4-17 已知线段 P_1P_2 的两个端点坐标分别是 $P_1(-0.4,0.8)$ 和 $P_2(0.8,-0.4)$，裁剪窗口为 $(0,0)\sim(0.8,0.8)$，请使用 Cohen-Sutherland 算法构造一个完成该裁剪任务的完整程序。要求：首先，用黑色绘制原线段；然后，用蓝色画出窗口边界；最后，用红色绘制裁剪后剩余线段。

4-18 已知某三角形的三个顶点分别是 $A(-0.1,0)$、$B(0.1,0.2)$ 和 $C(0.3,0)$，裁剪窗口为 $(0,0.1)\sim(0.3,0.3)$，请使用 Sutherland-Hodgeman 算法构造一个完成该裁剪任务的完整程序。要求：首先，用红色填充该多边形内部；然后，用蓝色画出窗口边界；最后，用绿色填充剩余多边形内部。

第 5 章　三维图形变换

5.1　三维物体的多边形表示

场景中的对象一般用一组多边形来描述,如图 5-1 所示。

- 多面体。多边形表示精确地描述了物体的表面特征。
- 其他物体。表面嵌入到物体生成一个多边形网格逼近。

5.1.1　常用的多边形网格

图形软件包一般使用多边形网格形式描述表面形状,常用的多边形网格有三角形带和四边形网格,如图 5-2 所示。

图 5-1　三维物体的多边形表示

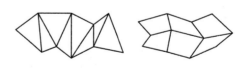

图 5-2　常用的多边形网格

5.1.2　平面方程

1. 方程形式

$$Ax + By + Cz + D = 0$$

2. 由不共线的三点确定平面方程

【问题】　已知三个不共线点的坐标分别为 (x_1, y_1, z_1)、(x_2, y_2, z_2) 和 (x_3, y_3, z_3),求这三点确定的平面方程。

【解答】　由

$$\begin{cases} Ax_1 + By_1 + Cz_1 + D = 0 \\ Ax_2 + By_2 + Cz_2 + D = 0 \\ Ax_3 + By_3 + Cz_3 + D = 0 \end{cases}$$

解得

$$A = \begin{vmatrix} 1 & y_1 & z_1 \\ 1 & y_2 & z_2 \\ 1 & y_3 & z_3 \end{vmatrix} \quad B = \begin{vmatrix} x_1 & 1 & z_1 \\ x_2 & 1 & z_2 \\ x_3 & 1 & z_3 \end{vmatrix} \quad C = \begin{vmatrix} x_1 & y_1 & 1 \\ x_2 & y_2 & 1 \\ x_3 & y_3 & 1 \end{vmatrix} \quad D = -\begin{vmatrix} x_1 & y_1 & z_1 \\ x_2 & y_2 & z_2 \\ x_3 & y_3 & z_3 \end{vmatrix}$$

3. 法向量

$$\boldsymbol{N} = (A, B, C)$$

5.1.3 表面方向

1. 内侧面与外侧面

多边形表面向着对象内部的一侧称为内侧(后向面),可见或朝外的一侧称为外侧(前向面)。

2. 表面方向的描述方法

多边形表面的空间方向可以用所在平面的法向量描述,法向量从平面的内侧指向外侧,也就是从多边形的后方指向前方,如图 5-3 所示。

图 5-3　多边形的法向量

3. 法向量的计算

① 用行列式计算 A、B、C、D。

② 向量的叉积。已知三点 V_1、V_2 和 V_3 不共线,且按照逆时针方向排列,则 $\boldsymbol{N} = \boldsymbol{V_1V_2} \times \boldsymbol{V_1V_3} = (V_2 - V_1) \times (V_3 - V_1)$。由此可计算出 A、B、C。然后在三点中任选一点代入平面方程就可以算出 D。

【注】　也可以由 $\boldsymbol{N} = \boldsymbol{V_1V_2} \times \boldsymbol{V_2V_3}$ 计算出 A、B、C。

4. 平面方程

$$\boldsymbol{N} \cdot \boldsymbol{P} + D = 0 \text{ 或 } \boldsymbol{N} \cdot \boldsymbol{P} = -D。$$

5. 空间中的点与平面的位置关系

$$\begin{cases} Ax + By + Cz + D = 0, & (x, y, z) \text{ 在平面上} \\ Ax + By + Cz + D < 0, & (x, y, z) \text{ 在平面内(后)} \\ Ax + By + Cz + D > 0, & (x, y, z) \text{ 在平面外(前)} \end{cases}$$

5.1.4 平面方程举例

【问题】　已知三个顶点 $V_1(3, 4, 5)$、$V_2(0, 9, 8)$ 和 $V_3(3, 6, 0)$,从里向外以右手系形成逆时针方向。请构造出这三个顶点所确定的平面方程。

【解答】　由 $\boldsymbol{V_1V_2} = (-3, 5, 3)$ 和 $\boldsymbol{V_1V_3} = (0, 2, -5)$ 可得 $\boldsymbol{N} = \boldsymbol{V_1V_2} \times \boldsymbol{V_1V_3} = (-31, -15, -6)$。设平面方程为 $\boldsymbol{N} \cdot \boldsymbol{P} + D = 0$,即 $-31x - 15y - 6z + D = 0$。将 V_1 代入该方程,可得 $-183 + D = 0$,从而 $D = 183$。所以该平面的方程为 $-31x - 15y - 6z + 183 = 0$。

【注】　也可以由 $\boldsymbol{V_1V_2} = (-3, 5, 3)$ 和 $\boldsymbol{V_2V_3} = (3, -3, -8)$ 得到 $\boldsymbol{N} = \boldsymbol{V_1V_2} \times \boldsymbol{V_2V_3} = (-31, -15, -6)$。

5.2　三维基本变换

5.2.1　平移

用 $\boldsymbol{T}(t_x, t_y, t_z)$ 表示。

1. 变换方程及其矩阵形式

$$\begin{cases} x'=x+t_x \\ y'=y+t_y \\ z'=z+t_z \end{cases} \Rightarrow \begin{pmatrix} x' \\ y' \\ z' \\ 1 \end{pmatrix} = \begin{pmatrix} 1 & 0 & 0 & t_x \\ 0 & 1 & 0 & t_y \\ 0 & 0 & 1 & t_z \\ 0 & 0 & 0 & 1 \end{pmatrix} \begin{pmatrix} x \\ y \\ z \\ 1 \end{pmatrix}$$

2. 逆变换

$$\boldsymbol{T}^{-1}(t_x,t_y,t_z)=\boldsymbol{T}(-t_x,-t_y,-t_z)$$

3. OpenGL 中的相关函数

- glTranslatef(tx,ty,tz);
- glTranslated(tx,ty,tz);

5.2.2　缩放

用 $\boldsymbol{S}(s_x,s_y,s_z)$ 表示。

1. 变换方程及其矩阵形式

$$\begin{cases} x'=x\times s_x \\ y'=y\times s_y \\ z'=z\times s_z \end{cases} \Rightarrow \begin{pmatrix} x' \\ y' \\ z' \\ 1 \end{pmatrix} = \begin{pmatrix} s_x & 0 & 0 & 0 \\ 0 & s_y & 0 & 0 \\ 0 & 0 & s_z & 0 \\ 0 & 0 & 0 & 1 \end{pmatrix} \begin{pmatrix} x \\ y \\ z \\ 1 \end{pmatrix}$$

2. 逆变换

$$\boldsymbol{S}^{-1}(s_x,s_y,s_z)=\boldsymbol{S}(1/s_x,1/s_y,1/s_z)$$

3. OpenGL 中的相关函数

- glScalef(sx,sy,sz);
- glScaled(sx,sy,sz);

5.2.3　绕坐标轴旋转

分别用 $R_x(\theta)$、$R_y(\theta)$ 和 $R_z(\theta)$ 表示绕 x 轴、y 轴和 z 轴的旋转。

1. 正旋转方向的确定

如图 5-4 所示。

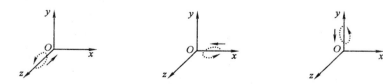

图 5-4　正旋转方向的确定

① 沿正半轴向原点方向观察,正旋转方向为逆时针方向。

② 右手大拇指指向正半轴方向,正旋转方向为其余四指弯曲方向。

2. 变换方程及其矩阵形式

绕 z 轴旋转的变换方程可由二维的绕原点旋转改装而成。绕 x 轴和 y 轴旋转的变换方程可由绕 z 轴旋转的变换方程通过 x、y 和 z 循环替换得到,即 $x \rightarrow y \rightarrow z \rightarrow x$。

$$\boldsymbol{R}_z(\theta): \begin{cases} x' = x\cos\theta - y\sin\theta \\ y' = x\sin\theta + y\cos\theta \\ z' = z \end{cases} \Rightarrow \begin{pmatrix} x' \\ y' \\ z' \\ 1 \end{pmatrix} = \begin{pmatrix} \cos\theta & -\sin\theta & 0 & 0 \\ \sin\theta & \cos\theta & 0 & 0 \\ 0 & 0 & 1 & 0 \\ 0 & 0 & 0 & 1 \end{pmatrix} \begin{pmatrix} x \\ y \\ z \\ 1 \end{pmatrix}$$

$$\boldsymbol{R}_x(\theta): \begin{cases} x' = x \\ y' = y\cos\theta - z\sin\theta \\ z' = y\sin\theta + z\cos\theta \end{cases} \Rightarrow \begin{pmatrix} x' \\ y' \\ z' \\ 1 \end{pmatrix} = \begin{pmatrix} 1 & 0 & 0 & 0 \\ 0 & \cos\theta & -\sin\theta & 0 \\ 0 & \sin\theta & \cos\theta & 0 \\ 0 & 0 & 0 & 1 \end{pmatrix} \begin{pmatrix} x \\ y \\ z \\ 1 \end{pmatrix}$$

$$\boldsymbol{R}_y(\theta): \begin{cases} x' = z\sin\theta + x\cos\theta \\ y' = y \\ z' = z\cos\theta - x\sin\theta \end{cases} \Rightarrow \begin{pmatrix} x' \\ y' \\ z' \\ 1 \end{pmatrix} = \begin{pmatrix} \cos\theta & 0 & \sin\theta & 0 \\ 0 & 1 & 0 & 0 \\ -\sin\theta & 0 & \cos\theta & 0 \\ 0 & 0 & 0 & 1 \end{pmatrix} \begin{pmatrix} x \\ y \\ z \\ 1 \end{pmatrix}$$

3. 逆变换

$$\boldsymbol{R}^{-1}(\theta) = \boldsymbol{R}(-\theta) = \boldsymbol{R}^{\mathrm{T}}(\theta)$$

4. OpenGL 中的相关函数

• glRotatef(th,x,y,z);

• glRotated(th,x,y,z);

表示绕旋转轴$(0,0,0)\sim(x,y,z)$旋转 th 角度。

【注】 变换公式的构造见 5.4 节。

5.2.4 物体的变换

• 一般物体:对物体各点变换。

• 多边形表示的物体:变换各多边形顶点。

5.3 三维反射和旋转

一些三维变换虽然不是三维基本变换,但是因为这些变换形式简单,又很常用,我们可以将它们当作扩充的三维基本变换。这里只介绍最常用的反射和旋转。

5.3.1 反射

只介绍关于z轴的反射和关于xy平面的反射。

1. 关于z轴的反射

改变x和y的符号,而z不变。相当于绕z轴旋转$180°$或$\boldsymbol{S}(-1,-1,1)$。

$$\begin{cases} x' = -x \\ y' = -y \\ z' = z \end{cases} \qquad \boldsymbol{R}_z(180°) = \begin{pmatrix} -1 & 0 & 0 & 0 \\ 0 & -1 & 0 & 0 \\ 0 & 0 & 1 & 0 \\ 0 & 0 & 0 & 1 \end{pmatrix}$$

2. 关于xy平面的反射

改变z的符号,而x和y不变。相当于$\boldsymbol{S}(1,1,-1)$。

$$\begin{cases} x'=x \\ y'=y \\ z'=-z \end{cases} \qquad \boldsymbol{RF_z}= \begin{pmatrix} 1 & 0 & 0 & 0 \\ 0 & 1 & 0 & 0 \\ 0 & 0 & -1 & 0 \\ 0 & 0 & 0 & 1 \end{pmatrix}$$

5.3.2　旋转

1. 两两正交的单位向量组变换到坐标轴方向

将两两正交的单位向量组 $\boldsymbol{u}=(u_1,u_2,u_3)$、$\boldsymbol{v}=(v_1,v_2,v_3)$ 和 $\boldsymbol{n}=(n_1,n_2,n_3)$ 分别变换成沿 x 轴、y 轴和 z 轴的单位向量。求该变换的变换矩阵。

2. 变换矩阵的构造

因为 $\boldsymbol{u}=(u_1,u_2,u_3)$、$\boldsymbol{v}=(v_1,v_2,v_3)$ 和 $\boldsymbol{n}=(n_1,n_2,n_3)$ 是两两正交的单位向量组，所以 $|\boldsymbol{u}|=|\boldsymbol{v}|=|\boldsymbol{n}|=1,\boldsymbol{u}\cdot\boldsymbol{v}=\boldsymbol{v}\cdot\boldsymbol{n}=\boldsymbol{n}\cdot\boldsymbol{u}=0$。考虑变换矩阵

$$\boldsymbol{R}= \begin{pmatrix} u_1 & u_2 & u_3 & 0 \\ v_1 & v_2 & v_3 & 0 \\ n_1 & n_2 & n_3 & 0 \\ 0 & 0 & 0 & 1 \end{pmatrix}$$

因为

$$\begin{bmatrix} u_1 & u_2 & u_3 & 0 \\ v_1 & v_2 & v_3 & 0 \\ n_1 & n_2 & n_3 & 0 \\ 0 & 0 & 0 & 1 \end{bmatrix} \begin{bmatrix} u_1 \\ u_2 \\ u_3 \\ 1 \end{bmatrix} = \begin{bmatrix} u_1u_1+u_2u_2+u_3u_3 \\ v_1u_1+v_2u_2+v_3u_3 \\ n_1u_1+n_2u_2+n_3u_3 \\ 1 \end{bmatrix} = \begin{bmatrix} |\boldsymbol{u}|^2 \\ \boldsymbol{v}\cdot\boldsymbol{u} \\ \boldsymbol{n}\cdot\boldsymbol{u} \\ 1 \end{bmatrix} = \begin{bmatrix} 1 \\ 0 \\ 0 \\ 1 \end{bmatrix} \qquad \boldsymbol{u}\Rightarrow x$$

$$\begin{bmatrix} u_1 & u_2 & u_3 & 0 \\ v_1 & v_2 & v_3 & 0 \\ n_1 & n_2 & n_3 & 0 \\ 0 & 0 & 0 & 1 \end{bmatrix} \begin{bmatrix} v_1 \\ v_2 \\ v_3 \\ 1 \end{bmatrix} = \begin{bmatrix} u_1v_1+u_2v_2+u_3v_3 \\ v_1v_1+v_2v_2+v_3v_3 \\ n_1v_1+n_2v_2+n_3v_3 \\ 1 \end{bmatrix} = \begin{bmatrix} \boldsymbol{u}\cdot\boldsymbol{v} \\ |\boldsymbol{v}|^2 \\ \boldsymbol{n}\cdot\boldsymbol{v} \\ 1 \end{bmatrix} = \begin{bmatrix} 0 \\ 1 \\ 0 \\ 1 \end{bmatrix} \qquad \boldsymbol{v}\Rightarrow y$$

$$\begin{bmatrix} u_1 & u_2 & u_3 & 0 \\ v_1 & v_2 & v_3 & 0 \\ n_1 & n_2 & n_3 & 0 \\ 0 & 0 & 0 & 1 \end{bmatrix} \begin{bmatrix} n_1 \\ n_2 \\ n_3 \\ 1 \end{bmatrix} = \begin{bmatrix} u_1n_1+u_2n_2+u_3n_3 \\ v_1n_1+v_2n_2+v_3n_3 \\ n_1n_1+n_2n_2+n_3n_3 \\ 1 \end{bmatrix} = \begin{bmatrix} \boldsymbol{u}\cdot\boldsymbol{v} \\ \boldsymbol{v}\cdot\boldsymbol{n} \\ |\boldsymbol{n}|^2 \\ 1 \end{bmatrix} = \begin{bmatrix} 0 \\ 0 \\ 1 \\ 1 \end{bmatrix} \qquad \boldsymbol{n}\Rightarrow z$$

所以该变换的变换矩阵就是 R。

3. 旋转矩阵

当 $\boldsymbol{u}=\boldsymbol{v}\times\boldsymbol{n}$、$\boldsymbol{v}=\boldsymbol{n}\times\boldsymbol{u}$ 或 $\boldsymbol{n}=\boldsymbol{u}\times\boldsymbol{v}$ 之一成立时，上述变换矩阵 $\boldsymbol{R}$ 实际上代表一个复合的旋转变换（连续两次关于坐标轴的旋转），称为旋转矩阵。

4. 旋转矩阵的特性

(1) 逆变换

$\boldsymbol{R}^{-1}=\boldsymbol{R}^{\mathrm{T}}$。这是因为

$$\begin{bmatrix} u_1 & v_1 & n_1 & 0 \\ u_2 & v_2 & n_2 & 0 \\ u_3 & v_3 & n_3 & 0 \\ 0 & 0 & 0 & 1 \end{bmatrix} \begin{bmatrix} 1 \\ 0 \\ 0 \\ 1 \end{bmatrix} = \begin{bmatrix} u_1 \\ u_2 \\ u_3 \\ 1 \end{bmatrix} \qquad x\Rightarrow\boldsymbol{u}$$

$$\begin{bmatrix} u_1 & v_1 & n_1 & 0 \\ u_2 & v_2 & n_2 & 0 \\ u_3 & v_3 & n_3 & 0 \\ 0 & 0 & 0 & 1 \end{bmatrix} \begin{bmatrix} 0 \\ 1 \\ 0 \\ 1 \end{bmatrix} = \begin{bmatrix} v_1 \\ v_2 \\ v_3 \\ 1 \end{bmatrix} \qquad y \Rightarrow v$$

$$\begin{bmatrix} u_1 & v_1 & n_1 & 0 \\ u_2 & v_2 & n_2 & 0 \\ u_3 & v_3 & n_3 & 0 \\ 0 & 0 & 0 & 1 \end{bmatrix} \begin{bmatrix} 0 \\ 0 \\ 1 \\ 1 \end{bmatrix} = \begin{bmatrix} n_1 \\ n_2 \\ n_3 \\ 1 \end{bmatrix} \qquad z \Rightarrow n$$

实际上,旋转变换的逆变换也是一个旋转变换(证明略)。

(2) 正交性

行向量 $u=(u_1,u_2,u_3)$、$v=(v_1,v_2,v_3)$ 和 $n=(n_1,n_2,n_3)$ 是两两正交的单位向量组。列向量 $u'=(u_1,v_1,n_1)$、$v'=(u_2,v_2,n_2)$ 和 $n'=(u_3,v_3,n_3)$ 也是两两正交的单位向量组。因为由 $R^{-1}=R^T$ 可知 $R^T \times R=I$,即

$$\begin{aligned} R^T \times R &= \begin{bmatrix} u_1 & v_1 & n_1 & 0 \\ u_2 & v_2 & n_2 & 0 \\ u_3 & v_3 & n_3 & 0 \\ 0 & 0 & 0 & 1 \end{bmatrix} \begin{bmatrix} u_1 & u_2 & u_3 & 0 \\ v_1 & v_2 & v_3 & 0 \\ n_1 & n_2 & n_3 & 0 \\ 0 & 0 & 0 & 1 \end{bmatrix} \\ &= \begin{bmatrix} u_1^2+v_1^2+n_1^2 & u_1u_2+v_1v_2+n_1n_2 & u_1u_3+v_1v_3+n_1n_3 & 0 \\ u_2u_1+v_2v_1+n_2n_1 & u_2^2+v_2^2+n_2^2 & u_2u_3+v_2v_3+n_2n_3 & 0 \\ u_3u_1+v_3v_1+n_3n_1 & u_3u_2+v_3v_2+n_3n_2 & u_3^2+v_3^2+n_3^2 & 0 \\ 0 & 0 & 0 & 1 \end{bmatrix} \\ &= \begin{bmatrix} 1 & 0 & 0 & 0 \\ 0 & 1 & 0 & 0 \\ 0 & 0 & 1 & 0 \\ 0 & 0 & 0 & 1 \end{bmatrix} \end{aligned}$$

所以

$$\begin{cases} u_i^2+v_i^2+n_i^2=1, i=1,2,3 \\ u_iu_j+v_iv_j+n_in_j=0, 1 \leqslant i < j \leqslant 3 \end{cases}$$

即 $|u'|=|v'|=|n'|=1, u' \cdot v'=v' \cdot n'=n' \cdot u'=0$。

(3) 循环外积性

当 R 是旋转矩阵时,R 的行向量 u、v 和 n 满足循环外积性,也就是说 $u=v \times n$、$v=n \times u$ 和 $n=u \times v$ 都成立(如图 5-5 所示),即

$$(u_1,u_2,u_3)=(v_2n_3-n_2v_3, v_3n_1-n_3v_1, v_1n_2-n_1v_2)$$

$$(v_1,v_2,v_3)=(n_2u_3-u_2n_3, n_3u_1-u_3n_1, n_1u_2-u_1n_2)$$

$$(n_1,n_2,n_3)=(u_2v_3-v_2u_3, u_3v_1-v_3u_1, u_1v_2-v_1u_2)$$

图 5-5 循环外积示意图

5.3.3 3 种变换矩阵的对比

平移、旋转、缩放的对比。

$$\begin{bmatrix} 1 & 0 & 0 & t_x \\ 0 & 1 & 0 & t_y \\ 0 & 0 & 1 & t_z \\ 0 & 0 & 0 & 1 \end{bmatrix} \begin{bmatrix} u_1 & u_2 & u_3 & 0 \\ v_1 & v_2 & v_3 & 0 \\ n_1 & n_2 & n_3 & 0 \\ 0 & 0 & 0 & 1 \end{bmatrix} \begin{bmatrix} s_x & 0 & 0 & 0 \\ 0 & s_y & 0 & 0 \\ 0 & 0 & s_z & 0 \\ 0 & 0 & 0 & 1 \end{bmatrix}$$

5.4　三维变换的复合

5.4.1　通用三维旋转

1. 问题

已知 $P_0 = \{x_0, y_0, z_0\}$，$P_1 = \{x_1, y_1, z_1\}$，旋转轴为 $P_0 P_1$，旋转角为 θ。求该旋转变换的变换矩阵。

2. 解答

① 使旋转轴通过坐标原点：$\boldsymbol{T} = \boldsymbol{T}(-x_0, -y_0, -z_0)$。

② 使旋转轴与某坐标轴（通常取 z 轴）重合：$\boldsymbol{R}$。

将 $\boldsymbol{P_0 P_1}$ 单位化，得 $\boldsymbol{n} = \boldsymbol{P_0 P_1} / |\boldsymbol{P_0 P_1}| = (n_1, n_2, n_3)$。设 $\boldsymbol{V}$ 是一个与 $\boldsymbol{n}$ 不平行的向量，令 $\boldsymbol{u} = \boldsymbol{V} \times \boldsymbol{n} / |\boldsymbol{V} \times \boldsymbol{n}| = (u_1, u_2, u_3)$，$\boldsymbol{v} = \boldsymbol{n} \times \boldsymbol{u} = (v_1, v_2, v_3)$。由此可得

$$\boldsymbol{R} = \begin{bmatrix} u_1 & u_2 & u_3 & 0 \\ v_1 & v_2 & v_3 & 0 \\ n_1 & n_2 & n_3 & 0 \\ 0 & 0 & 0 & 1 \end{bmatrix}$$

③ 绕坐标轴（z 轴）完成指定的旋转：$\boldsymbol{R}_z(\theta)$。

④ 使旋转轴回到原来的方向：$\boldsymbol{R}^{-1}$。

⑤ 使旋转轴回到原来的位置：$\boldsymbol{T}^{-1}$。

完整变换为

$$\boldsymbol{M} = \boldsymbol{T}^{-1} \times \boldsymbol{R}^{-1} \times \boldsymbol{R}_z(\theta) \times \boldsymbol{R} \times \boldsymbol{T}$$

$$= \begin{bmatrix} 1 & 0 & 0 & x_0 \\ 0 & 1 & 0 & y_0 \\ 0 & 0 & 1 & z_0 \\ 0 & 0 & 0 & 1 \end{bmatrix} \times \begin{bmatrix} u_1 & v_1 & n_1 & 0 \\ u_2 & v_2 & n_2 & 0 \\ u_3 & v_3 & n_3 & 0 \\ 0 & 0 & 0 & 1 \end{bmatrix} \times \begin{bmatrix} \cos\theta & -\sin\theta & 0 & 0 \\ \sin\theta & \cos\theta & 0 & 0 \\ 0 & 0 & 1 & 0 \\ 0 & 0 & 0 & 1 \end{bmatrix} \times$$

$$\begin{bmatrix} u_1 & u_2 & u_3 & 0 \\ v_1 & v_2 & v_3 & 0 \\ n_1 & n_2 & n_3 & 0 \\ 0 & 0 & 0 & 1 \end{bmatrix} \times \begin{bmatrix} 1 & 0 & 0 & -x_0 \\ 0 & 1 & 0 & -y_0 \\ 0 & 0 & 1 & -z_0 \\ 0 & 0 & 0 & 1 \end{bmatrix}$$

$$= \begin{bmatrix} a_{xx} & a_{xy} & a_{xz} & b_x \\ a_{yx} & a_{yy} & a_{yz} & b_y \\ a_{zx} & a_{zy} & a_{zz} & b_z \\ 0 & 0 & 0 & 1 \end{bmatrix}$$

其中

$$\begin{cases} a_{xx}=n_1^2(1-\cos\theta)+\cos\theta \\ a_{xy}=n_1 n_2(1-\cos\theta)-n_3\sin\theta \\ a_{xz}=n_1 n_3(1-\cos\theta)+n_2\sin\theta \\ b_x=+(1-a_{xx})x_0-a_{xy}y_0-a_{xz}z_0 \end{cases}$$

$$\begin{cases} a_{yx}=n_2 n_1(1-\cos\theta)+n_3\sin\theta \\ a_{yy}=(1-\cos\theta)n_2^2+\cos\theta \\ a_{yz}=n_2 n_3(1-\cos\theta)-n_1\sin\theta \\ b_y=-a_{yx}x_0+(1-a_{yy})y_0-a_{yz}z_0 \end{cases}$$

$$\begin{cases} a_{zx}=n_3 n_1(1-\cos\theta)-n_2\sin\theta \\ a_{zy}=n_3 n_2(1-\cos\theta)+n_1\sin\theta \\ a_{zz}=n_3^2(1-\cos\theta)+\cos\theta \\ b_z=-a_{zx}x_0-a_{zy}y_0+(1-a_{zz})z_0 \end{cases}$$

可以看到,最终结果与 u 和 v 的取值无关。

【注】 根据 u、v 和 n 的构造可知,u、v 和 n 两两正交且 $v=n\times u$,所以 R 是一个旋转矩阵。由旋转矩阵的下列特性可以得到上述结果。

- $n_1=u_2 v_3-v_2 u_3$,$n_2=u_3 v_1-v_3 u_1$,$n_3=u_1 v_2-v_1 u_2$(循环外积性)。
- $u_i^2+v_i^2+n_i^2=1$,$i=1,2,3$(列向量为单位向量)。
- $u_i u_j+v_i v_j+n_i n_j=0$,$1\leqslant i<j\leqslant 3$(列向量两两正交)。

3. 程序片段

该例对应的 OpenGL 程序片段如下(使用 double 类型参数)。

```
glTranslated(x0,y0,z0); // ⑤ 使旋转轴回到原来的位置
glMultMatrixd((double[]) // ④ 使旋转轴回到原来的方向
{    u1,u2,u3,0,
     v1,v2,v3,0,
     n1,n2,n3,0,
     0,0,0,1
});
glRotated(th,0,0,1); // ③ 绕坐标轴完成指定的旋转
glMultMatrixd((double[]) // ② 使旋转轴与某坐标轴重合
{    u1,v1,n1,0,
     u2,v2,n2,0,
     u3,v3,n3,0,
     0,0,0,1
});
glTranslated(-x0,-y0,-z0); // ① 使旋转轴通过坐标原点
```

5.4.2 通用反射轴反射

1. 问题

已知反射轴为 $P_0 P_1$,其中 $P_0=(x_0,y_0,z_0)$,$P_1=(x_1,y_1,z_1)$。求该反射变换的变换

矩阵。

2. 解答

① 使反射轴通过原点：$T = T(-x_0, -y_0, -z_0)$。

② 使反射轴与 z 轴重合：R。

将 $P_0 P_1$ 单位化，得 $n = P_0 P_1 / |P_0 P_1| = (n_1, n_2, n_3)$。选取一个与 n 不平行的向量 V，令 $u = V \times n / |V \times n| = (u_1, u_2, u_3)$，$v = n \times u = (v_1, v_2, v_3)$，则

$$R = \begin{bmatrix} u_1 & u_2 & u_3 & 0 \\ v_1 & v_2 & v_3 & 0 \\ n_1 & n_2 & n_3 & 0 \\ 0 & 0 & 0 & 1 \end{bmatrix}$$

③ 关于 z 轴反射：$R_z(180°)$。

④ 使反射轴回到原来的方向：R^{-1}。

⑤ 使反射轴回到原来的位置：T^{-1}。

完整变换为

$$M = T^{-1} \times R^{-1} \times R_z(180°) \times R \times T$$

$$= \begin{bmatrix} 1 & 0 & 0 & x_0 \\ 0 & 1 & 0 & y_0 \\ 0 & 0 & 1 & z_0 \\ 0 & 0 & 0 & 1 \end{bmatrix} \times \begin{bmatrix} u_1 & v_1 & n_1 & 0 \\ u_2 & v_2 & n_2 & 0 \\ u_3 & v_3 & n_3 & 0 \\ 0 & 0 & 0 & 1 \end{bmatrix} \times \begin{bmatrix} -1 & 0 & 0 & 0 \\ 0 & -1 & 0 & 0 \\ 0 & 0 & 1 & 0 \\ 0 & 0 & 0 & 1 \end{bmatrix} \times$$

$$\begin{bmatrix} u_1 & u_2 & u_3 & 0 \\ v_1 & v_2 & v_3 & 0 \\ n_1 & n_2 & n_3 & 0 \\ 0 & 0 & 0 & 1 \end{bmatrix} \times \begin{bmatrix} 1 & 0 & 0 & -x_0 \\ 0 & 1 & 0 & -y_0 \\ 0 & 0 & 1 & -z_0 \\ 0 & 0 & 0 & 1 \end{bmatrix}$$

$$= \begin{bmatrix} 2n_1^2 - 1 & 2n_1 n_2 & 2n_1 n_3 & +(2 - 2n_1^2)x_0 - 2n_1 n_2 y_0 - 2n_1 n_3 z_0 \\ 2n_2 n_1 & 2n_2^2 - 1 & 2n_2 n_3 & -2n_2 n_1 x_0 + (2 - 2n_2^2)y_0 - 2n_2 n_3 z_0 \\ 2n_3 n_1 & 2n_3 n_2 & 2n_3^2 - 1 & -2n_3 n_1 x_0 - 2n_3 n_2 y_0 + (2 - 2n_3^2)z_0 \\ 0 & 0 & 0 & 1 \end{bmatrix}$$

可以看到，最终结果与 u 和 v 的取值无关。

【注】　根据 u、v 和 n 的构造可知，u、v 和 n 两两正交且 $v = n \times u$，所以 R 是一个旋转矩阵。由旋转矩阵的下列特性可以得到上述结果。

- $n_1 = u_2 v_3 - v_2 u_3$，$n_2 = u_3 v_1 - v_3 u_1$，$n_3 = u_1 v_2 - v_1 u_2$（循环外积性）。
- $u_i^2 + v_i^2 + n_i^2 = 1$，$i = 1, 2, 3$（列向量为单位向量）。
- $u_i u_j + v_i v_j + n_i n_j = 0$，$1 \leqslant i < j \leqslant 3$（列向量两两正交）。

3. 程序片段

该例对应的 OpenGL 程序片段如下（使用 double 类型参数）。

```
glTranslated(x0,y0,z0); // ⑤ 使反射轴回到原来的位置
glMultMatrixd((double[]) // ④ 使反射轴回到原来的方向
{     u1,u2,u3,0,
```

```
        v1,v2,v3,0,
        n1,n2,n3,0,
        0,0,0,1
});
glScaled(-1,-1,1); // ③ 关于坐标轴完成指定的反射
glMultMatrixd((double[]) // ② 使反射轴与某坐标轴重合
{     u1,v1,n1,0,
      u2,v2,n2,0,
      u3,v3,n3,0,
      0,0,0,1
});
glTranslated(-x0,-y0,-z0); // ① 使反射轴通过坐标原点
```

5.4.3 通用反射面反射

1. 问题

已知反射面的方程为 $ax+by+cz+d=0$，且点 (x_0,y_0,z_0) 在反射面上。求该反射变换的变换矩阵。

2. 解答

① 使反射面通过原点：$\boldsymbol{T}=\boldsymbol{T}(-x_0,-y_0,-z_0)$。

② 使反射面与 xy 平面重合：$\boldsymbol{R}$。

将反射面的法向量 $\boldsymbol{N}=(a,b,c)$ 单位化，得 $\boldsymbol{n}=\boldsymbol{N}/|\boldsymbol{N}|=(n_1,n_2,n_3)$。

选取一个与 $\boldsymbol{n}$ 不平行的向量 $\boldsymbol{V}$，令 $\boldsymbol{u}=\boldsymbol{V}\times\boldsymbol{n}/|\boldsymbol{V}\times\boldsymbol{n}|=(u_1,u_2,u_3)$，$\boldsymbol{v}=\boldsymbol{n}\times\boldsymbol{u}=(v_1,v_2,v_3)$，则

$$\boldsymbol{R}=\begin{pmatrix} u_1 & u_2 & u_3 & 0 \\ v_1 & v_2 & v_3 & 0 \\ n_1 & n_2 & n_3 & 0 \\ 0 & 0 & 0 & 1 \end{pmatrix}$$

③ 关于 xy 面反射：$\boldsymbol{R}\boldsymbol{F}_z$。

④ 使反射面回到原来的方向：$\boldsymbol{R}^{-1}$。

⑤ 使反射面回到原来的位置：$\boldsymbol{T}^{-1}$。

完整变换为

$$\boldsymbol{M}=\boldsymbol{T}^{-1}\times\boldsymbol{R}^{-1}\times\boldsymbol{R}\boldsymbol{F}_z\times\boldsymbol{R}\times\boldsymbol{T}$$

$$=\begin{pmatrix} 1 & 0 & 0 & x_0 \\ 0 & 1 & 0 & y_0 \\ 0 & 0 & 1 & z_0 \\ 0 & 0 & 0 & 1 \end{pmatrix}\times\begin{pmatrix} u_1 & v_1 & n_1 & 0 \\ u_2 & v_2 & n_2 & 0 \\ u_3 & v_3 & n_3 & 0 \\ 0 & 0 & 0 & 1 \end{pmatrix}\times\begin{pmatrix} 1 & 0 & 0 & 0 \\ 0 & 1 & 0 & 0 \\ 0 & 0 & -1 & 0 \\ 0 & 0 & 0 & 1 \end{pmatrix}\times$$

$$\begin{pmatrix} u_1 & u_2 & u_3 & 0 \\ v_1 & v_2 & v_3 & 0 \\ n_1 & n_2 & n_3 & 0 \\ 0 & 0 & 0 & 1 \end{pmatrix}\times\begin{pmatrix} 1 & 0 & 0 & -x_0 \\ 0 & 1 & 0 & -y_0 \\ 0 & 0 & 1 & -z_0 \\ 0 & 0 & 0 & 1 \end{pmatrix}$$

$$= \begin{bmatrix} 1-2n_1^2 & -2n_1n_2 & -2n_1n_3 & 2n_1^2x_0+2n_1n_2y_0+2n_1n_3z_0 \\ -2n_2n_1 & 1-2n_2^2 & -2n_2n_3 & 2n_2n_1x_0+2n_2^2y_0+2n_2n_3z_0 \\ -2n_3n_1 & -2n_3n_2 & 1-2n_3^2 & 2n_3n_1x_0+2n_3n_2y_0+2n_3^2z_0 \\ 0 & 0 & 0 & 1 \end{bmatrix}$$

可以看到,最终结果与 u 和 v 的取值无关。

【注】 根据 u、v 和 n 的构造可知,u、v 和 n 两两正交且 $v=n\times u$,所以 R 是一个旋转矩阵。由旋转矩阵的下列特性可以得到上述结果。

- $n_1=u_2v_3-v_2u_3, n_2=u_3v_1-v_3u_1, n_3=u_1v_2-v_1u_2$(循环外积性)。
- $u_i^2+v_i^2+n_i^2=1, i=1,2,3$(列向量为单位向量)。
- $u_iu_j+v_iv_j+n_in_j=0, 1\leqslant i<j\leqslant3$(列向量两两正交)。

3. 程序片段

对于该例,OpenGL 中对应的程序片段如下(使用 double 类型参数)。

```
glTranslated(x0,y0,z0); // ⑤ 使反射面回到原来的位置
glMultMatrixd((double[]) // ④ 使反射面回到原来的方向
{    u1,u2,u3,0,
     v1,v2,v3,0,
     n1,n2,n3,0,
     0,0,0,1
});
glScaled(1,1,-1); // ③ 关于坐标平面完成指定的反射
glMultMatrixd((double[]) // ② 使反射面与某坐标平面重合
{    u1,v1,n1,0,
     u2,v2,n2,0,
     u3,v3,n3,0,
     0,0,0,1
});
glTranslated(-x0,-y0,-z0); // ① 使反射面通过坐标原点
```

5.4.4 三维坐标变换

1. 已知条件

① 新坐标系的原点:$P_0(x_0,y_0,z_0)$。

② 新坐标轴的单位向量:

- 新 x 轴:$u=(u_1,u_2,u_3)$
- 新 y 轴:$v=(v_1,v_2,v_3)$
- 新 z 轴:$n=(n_1,n_2,n_3)$

2. 变换矩阵的构造

① 使新坐标系的原点与旧坐标系的原点重合:$T=T(-x_0,-y_0,-z_0)$

② 使新坐标系的坐标轴与旧坐标系的坐标轴重合:R

$$R = \begin{bmatrix} u_1 & u_2 & u_3 & 0 \\ v_1 & v_2 & v_3 & 0 \\ n_1 & n_2 & n_3 & 0 \\ 0 & 0 & 0 & 1 \end{bmatrix}$$

完整变换为

$$M = RT$$

$$= \begin{bmatrix} u_1 & u_2 & u_3 & 0 \\ v_1 & v_2 & v_3 & 0 \\ n_1 & n_2 & n_3 & 0 \\ 0 & 0 & 0 & 1 \end{bmatrix} \begin{bmatrix} 1 & 0 & 0 & -x_0 \\ 0 & 1 & 0 & -y_0 \\ 0 & 0 & 1 & -z_0 \\ 0 & 0 & 0 & 1 \end{bmatrix}$$

$$= \begin{bmatrix} u_1 & u_2 & u_3 & -u_1 x_0 - u_2 y_0 - u_3 z_0 \\ v_1 & v_2 & v_3 & -v_1 x_0 - v_2 y_0 - v_3 z_0 \\ n_1 & n_2 & n_3 & -n_1 x_0 - n_2 y_0 - n_3 z_0 \\ 0 & 0 & 0 & 1 \end{bmatrix}$$

3. 举例

【问题】 已知在原坐标系中某个平面的方程为 $7x - 24y + 10 = 0$，试求变换矩阵 M，使该平面方程在新坐标系下变成 $z = 0$。其中，新坐标系的 y 方向为 $(24, 7, 0)$，且新坐标系的原点 $(2, 1, 0)$ 在该平面上[①]。

【解答】 平面法向量在原坐标系中的坐标为 $(7, -24, 0)$，而在新坐标系中的坐标为 $(0, 0, 1)$，所以 $(7, -24, 0)$ 是新坐标系的 z 方向。由新坐标系的 y 和 z 方向可计算出新坐标系的 x 方向。

① 使新原点与旧原点重合：$T = T(-2, -1, 0)$。

② 使新坐标轴与旧坐标轴重合：R。

• 新 y 方向：$V = (24, 7, 0)$

• 新 z 方向：$N = (7, -24, 0)$

• 新 x 方向：$U = V \times N = (0, 0, -625)$

将 U、V、N 单位化，得 $u = U/|U| = (0, 0, -1)$，$v = V/|V| = (0.96, 0.28, 0)$，$n = N/|N| = (0.28, -0.96, 0)$。从而

$$R = \begin{bmatrix} 0 & 0 & -1 & 0 \\ 0.96 & 0.28 & 0 & 0 \\ 0.28 & -0.96 & 0 & 0 \\ 0 & 0 & 0 & 1 \end{bmatrix}$$

完整变换为

$$M = RT$$

---

① 该平面可理解为照相机的镜头平面，新原点是照相机镜头平面的中心，新 y 方向是照相机的顶部方向。

$$= \begin{pmatrix} 0 & 0 & -1 & 0 \\ 0.96 & 0.28 & 0 & 0 \\ 0.28 & -0.96 & 0 & 0 \\ 0 & 0 & 0 & 1 \end{pmatrix} \begin{pmatrix} 1 & 0 & 0 & -2 \\ 0 & 1 & 0 & -1 \\ 0 & 0 & 1 & 0 \\ 0 & 0 & 0 & 1 \end{pmatrix}$$

$$= \begin{pmatrix} 0 & 0 & -1 & 0 \\ 0.96 & 0.28 & 0 & -2.2 \\ 0.28 & -0.96 & 0 & 0.4 \\ 0 & 0 & 0 & 1 \end{pmatrix}$$

5.5　三维观察流水线和三维观察变换

5.5.1　三维观察流水线

如图 5-6 所示。

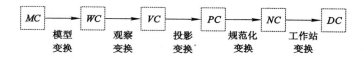

图 5-6　三维观察流水线

① 模型变换:$MC{\rightarrow}WC$。

② 观察变换:$WC{\rightarrow}VC$。

③ 投影变换:$VC{\rightarrow}PC$。

④ 规范化变换:$PC{\rightarrow}NC$。

⑤ 工作站变换:$NC{\rightarrow}DC$。

5.5.2　模型变换

1. 已知条件

使用模型做坐标系建立物体模型,建立世界坐标系以后模型坐标系的原点位于世界坐标系的 $P_0(x_0,y_0,z_0)$ 位置,模型坐标系的 x 轴、y 轴和 z 轴在世界坐标系中的单位向量分别为 $\boldsymbol{u}=(u_1,u_2,u_3)$、$\boldsymbol{v}=(v_1,v_2,v_3)$ 和 $\boldsymbol{n}=(n_1,n_2,n_3)$。

2. 变换矩阵的构造方法

首先构造从世界坐标系到模型坐标系的变换,然后计算该变换的逆变换。

3. 变换矩阵的构造

① 使模型坐标系的原点与世界坐标系的原点重合:$\boldsymbol{T}=\boldsymbol{T}(-x_0,-y_0,-z_0)$

② 使模型坐标系的坐标轴与世界坐标系的坐标轴重合:$\boldsymbol{R}$

$$\boldsymbol{R}= \begin{pmatrix} u_1 & u_2 & u_3 & 0 \\ v_1 & v_2 & v_3 & 0 \\ n_1 & n_2 & n_3 & 0 \\ 0 & 0 & 0 & 1 \end{pmatrix}$$

③ 计算上述 2 个变换复合以后的逆变换

$$M = (RT)^{-1}$$
$$= T^{-1}R^{-1}$$
$$= \begin{pmatrix} 1 & 0 & 0 & -x_0 \\ 0 & 1 & 0 & -y_0 \\ 0 & 0 & 1 & -z_0 \\ 0 & 0 & 0 & 1 \end{pmatrix}^{-1} \begin{pmatrix} u_1 & u_2 & u_3 & 0 \\ v_1 & v_2 & v_3 & 0 \\ n_1 & n_2 & n_3 & 0 \\ 0 & 0 & 0 & 1 \end{pmatrix}^{-1}$$
$$= \begin{pmatrix} 1 & 0 & 0 & x_0 \\ 0 & 1 & 0 & y_0 \\ 0 & 0 & 1 & z_0 \\ 0 & 0 & 0 & 1 \end{pmatrix} \begin{pmatrix} u_1 & v_1 & n_1 & 0 \\ u_2 & v_2 & n_2 & 0 \\ u_3 & v_3 & n_3 & 0 \\ 0 & 0 & 0 & 1 \end{pmatrix}$$
$$= \begin{pmatrix} u_1 & v_1 & n_1 & x_0 \\ u_2 & v_2 & n_2 & y_0 \\ u_3 & v_3 & n_3 & z_0 \\ 0 & 0 & 0 & 1 \end{pmatrix}$$

5.5.3 三维视图的生成过程

① 建立观察坐标系 $x_v y_v z_v$。

② 建立垂直于 z_v 轴的观察面(投影面)。

③ 将景物中的世界坐标转换为观察坐标。

④ 观察坐标投影到观察面。

5.5.4 三维观察坐标系

1. 建立观察坐标系

① 挑选观察参考点。挑选一个世界坐标点作为观察参考点(观察坐标系的原点)。

• 通常靠近或在某物体的表面。

• 物体的中心点。

• 某组物体的中心点。

• 待显示物体前部有一段距离的点。

② 指定观察面的法向量。指定观察面的法向量 N,由 N 确定 z_v 轴的正方向和观察面的方向。

【说明】 有些教材观察坐标系的使用前后不一致,我们统一使用右手坐标系,沿负 z_v 轴观察,即负 z_v 方向是远离观察者的方向。

③ 指定观察向上向量。指定一个观察向上向量 V,用 V 来建立 y_v 轴的正方向。可以选定任何一个合适的方向作为观察向上向量 V,只要 V 与 N 不平行即可。

④ 确定 x_v 轴的正方向。用 $U = V \times N$ 定义 x_v 轴的正方向。

⑤ 确定 y_v 轴的正方向。用 $V = N \times U$ 定义 y_v 轴的正方向。

2. 建立观察面

沿 z_v 轴指定一个离原点的距离来选择观察面的位置,如图 5-7 所示。由于观察面平行于 $x_v y_v$ 平面,所以物体到观察面的投影与在输出设备上显示的场景视图一致。

5.5.5 观察变换

1. 已知条件

已知观察参考点 $P_0 = (x_0, y_0, z_0)$、观察面的法向量 N
和观察向上向量 V。

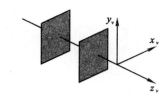

图 5-7 建立观察面

2. 变换矩阵的构造

① 将观察参考点平移到世界坐标原点：$T = T(-x_0, -y_0, -z_0)$。

② 使 x_v, y_v, z_v 轴与 x_w, y_w, z_w 轴重合：R。

令 $U = V \times N, V = N \times U$。将 U、V、N 单位化，得 $u = U/|U| = (u_1, u_2, u_3)$，$v = V/|V| = (v_1, v_2, v_3)$，$n = N/|N| = (n_1, n_2, n_3)$。从而

$$R = \begin{bmatrix} u_1 & u_2 & u_3 & 0 \\ v_1 & v_2 & v_3 & 0 \\ n_1 & n_2 & n_3 & 0 \\ 0 & 0 & 0 & 1 \end{bmatrix}$$

完整变换为

$$M = RT$$

$$= \begin{bmatrix} u_1 & u_2 & u_3 & 0 \\ v_1 & v_2 & v_3 & 0 \\ n_1 & n_2 & n_3 & 0 \\ 0 & 0 & 0 & 1 \end{bmatrix} \begin{bmatrix} 1 & 0 & 0 & -x_0 \\ 0 & 1 & 0 & -y_0 \\ 0 & 0 & 1 & -z_0 \\ 0 & 0 & 0 & 1 \end{bmatrix}$$

$$= \begin{bmatrix} u_1 & u_2 & u_3 & -u_1 x_0 - u_2 y_0 - u_3 z_0 \\ v_1 & v_2 & v_3 & -v_1 x_0 - v_2 y_0 - v_3 z_0 \\ n_1 & n_2 & n_3 & -n_1 x_0 - n_2 y_0 - n_3 z_0 \\ 0 & 0 & 0 & 1 \end{bmatrix}$$

5.6 投影的类型与观察体的设置

5.6.1 投影的分类

1. 分类图

如图 5-8 所示。

2. 平行投影

如图 5-9 所示。

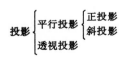

图 5-8 投影的分类

图 5-9 平行投影

- 物体位置沿平行线变换到观察面。
- 投影视图由投影线与观察面的交点构成。
- 保持物体的有关比例不变。
- 没有给出三维物体外表的真实感表示。

3. 正投影和斜投影

① 平行投影的投影向量。定义投影线方向。

② 两类平行投影的比较。如图 5-10 所示,其中,投影向量为 V_p,观察面为 S_p,其法向量为 N。

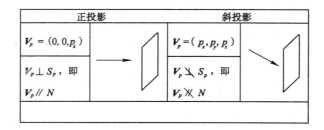

图 5-10　两类平行投影的比较

4. 透视投影

如图 5-11 所示。

- 物体位置沿收敛于投影中心的直线变换到观察面。
- 投影视图由投影线与观察面的交点构成。
- 不能保持物体的有关比例不变。
- 距离投影面较远的物体的投影视图比距离投影面较近的物体的投影视图要小一些。
- 给出了三维物体外表的真实感表示。

5.6.2　用投影窗口设置观察体

1. 指定窗口边界

在观察面上定义投影窗口(就是裁剪窗口),只需指定窗口边界,如图 5-12 所示。

2. 观察体的性质

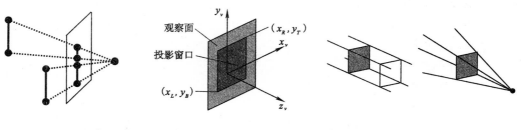

图 5-11　透视投影　　　　图 5-12　窗口边界　　　　图 5-13　两类投影的观察体

如图 5-13 所示。

- 大小。依赖于投影窗口的大小。

- 形状。依赖于投影类型。
- 平行投影。观察体的 4 个侧面形成无限管道。
- 透视投影。观察体是顶点在投影中心的无限棱锥。
- 侧面。通过投影窗口边界的平面。

5.6.3 有限观察体

在 z_v 方向限制容量。

1. 实现方法

在投影中心同一侧附加两个边界平面。其中,离投影中心较近的称为前平面(近平面),离投影中心较远的称为后平面(远平面)。

2. 有限观察体的形状

如图 5-14 所示,有限观察体共有 6 个面。

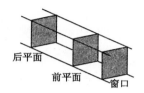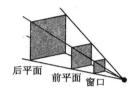

图 5-14 观察体形状

- 平行投影。有限的平行管道观察体。
- 正平行投影。有限的矩形管道。
- 斜平行投影。有限的平行四边形管道。
- 透视投影。有限棱台。

5.6.4 投影以后的观察体

投影以后,观察体变为矩形管道(长方体,如图 5-15 所示)。

【注】 投影以后需要保留原 z 坐标的有关信息(通常保持 z_F 和 z_N 不变)作为深度提示。

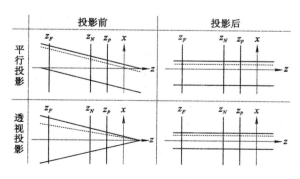

图 5-15 投影以后的观察体

5.7 投影变换

5.7.1 平行投影变换

1. 已知条件

投影向量$\boldsymbol{V}_p=(p_x,p_y,p_z)$，投影面$z_v=z_p$。

2. 变换方程推导

如图 5-16 所示，由$(x'-x,y'-y,z_p-z)=u(p_x,p_y,p_z)$可得

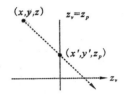

$$\begin{cases} x'=x+up_x \\ y'=y+up_y \\ z_p=z+up_z \end{cases}$$

图 5-16　平行投影变换方程推导

由$z_p=z+up_z$可得$u=(z_p-z)/p_z$。于是得到平行投影的变换方程为

$$\begin{cases} x'=x+\dfrac{p_x}{p_z}(z_p-z)=x-\dfrac{p_x}{p_z}z+\dfrac{p_x}{p_z}z_p \\ y'=y+\dfrac{p_y}{p_z}(z_p-z)=y-\dfrac{p_y}{p_z}z+\dfrac{p_y}{p_z}z_p \end{cases}$$

将原始z坐标作为深度信息保存。

由变换方程可得平行投影的变换矩阵为

$$\boldsymbol{M}_{\mathrm{para}}=\begin{bmatrix} 1 & 0 & -\dfrac{p_x}{p_z} & \dfrac{p_x}{p_z}z_p \\ 0 & 1 & -\dfrac{p_y}{p_z} & \dfrac{p_y}{p_z}z_p \\ 0 & 0 & 1 & 0 \\ 0 & 0 & 0 & 1 \end{bmatrix}$$

3. 正投影变换

对于正投影，因为$p_x=p_y=0$，所以变换矩阵为

$$\boldsymbol{M}_{\mathrm{ortho}}=\begin{bmatrix} 1 & 0 & -\dfrac{p_x}{p_z} & \dfrac{p_x}{p_z}z_p \\ 0 & 1 & -\dfrac{p_y}{p_z} & \dfrac{p_y}{p_z}z_p \\ 0 & 0 & 1 & 0 \\ 0 & 0 & 0 & 1 \end{bmatrix}=\begin{bmatrix} 1 & 0 & 0 & 0 \\ 0 & 1 & 0 & 0 \\ 0 & 0 & 1 & 0 \\ 0 & 0 & 0 & 1 \end{bmatrix}$$

5.7.2 透视投影变换

可以假定投影中心为观察坐标原点。若投影中心不是观察坐标原点，则可以先对场景进行整体平移。更加方便的是，直接将观察坐标原点设置为投影中心（在实际工作中，一般都是这样做的）。后续章节只考虑这种情况。

1. 已知条件

在观察坐标系中，投影中心为$R(0,0,0)$，观察面为$z_v=z_p$。

2. 变换方程

如图 5-17 所示，由 $(x'-x,y'-y,z_p-z)=u(0-x,0-y,0-z)$ 可得

$$\begin{cases} x'=x-xu \\ y'=y-yu \\ z_p=z-zu \end{cases}$$

由 $z_p=z-zu$ 可得 $u=(z-z_p)/z$。于是得到透视变换方程

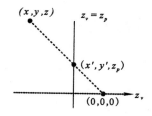

图 5-17　透视投影变换方程推导

$$\begin{cases} x'=x-\dfrac{z-z_p}{z}x=\dfrac{z_p}{z}x \\ \\ y'=y-\dfrac{z-z_p}{z}y=\dfrac{z_p}{z}y \end{cases}$$

3. 变换矩阵

选取 $h=-z$ 可得使用齐次坐标的变换方程为

$$\begin{cases} x_h=x'\cdot h=-z_p x \\ y_h=y'\cdot h=-z_p y \\ z_h=z'\cdot h=-z_p z \\ h=-z \end{cases}$$

由该变换方程可得透视变换的变换矩阵为

$$\boldsymbol{M}_{\text{pers}}=\begin{pmatrix} -z_p & 0 & 0 & 0 \\ 0 & -z_p & 0 & 0 \\ 0 & 0 & -z_p & 0 \\ 0 & 0 & -1 & 0 \end{pmatrix}$$

4. 投影坐标的计算

由

$$\begin{cases} x_h=-z_p x \\ y_h=-z_p y \\ z_h=-z_p z \\ h=-z \end{cases}$$

得

$$\begin{cases} x'=\dfrac{x_h}{h}=\dfrac{z_p}{z}x \\ \\ y'=\dfrac{y_h}{h}=\dfrac{z_p}{z}y \end{cases}$$

原始 z 坐标作为深度信息保留。

5.7.3　带深度提示的透视变换

1. 直接构造变换方程的缺陷

• 分母中含有 z。

• 变换后 z 坐标为常数，不便于保留深度信息。

- 不便于与其他变换复合。

【注】 若取 $z'=z$，则 $z_h=z'h=-z^2$，不能由此构造变换矩阵。

2. 解决办法

使用齐次坐标通过其他途径(远近平面)构造变换方程，使得该变换与其他变换复合以后能够保留深度信息。

3. 变换矩阵的改造

已知：投影中心为 $R(0,0,0)$，观察面为 $z_v=z_p$，窗口范围为 $(x_L,y_B)\sim(x_R,y_T)$，远近截面为 $z_F\sim z_N$。

为了在投影变换中保留深度提示(实际上，深度提示只需要保持原始的远近关系，而不需要保持具体的深度值)，将投影变换矩阵作如下修改(引入 s 和 t)，以避免变换后的 z 坐标为常数。

$$\begin{pmatrix} -z_p & 0 & 0 & 0 \\ 0 & -z_p & 0 & 0 \\ 0 & 0 & -z_p & 0 \\ 0 & 0 & -1 & 0 \end{pmatrix} \Rightarrow \begin{pmatrix} -z_p & 0 & 0 & 0 \\ 0 & -z_p & 0 & 0 \\ 0 & 0 & s & t \\ 0 & 0 & -1 & 0 \end{pmatrix}$$

只需考虑变换以后的 z 坐标。由 $z_h=sz+t$ 和 $h=-z$ 可得 $z'=z_h/h=-s-t/z$。考虑保持远近面的深度值不变，可得如下方程组

$$\begin{cases} z_F=-s-t/z_F \\ z_N=-s-t/z_N \end{cases}$$

解得 $s=-z_F-z_N$，$t=z_Fz_N$。由此可得带深度提示的透视变换矩阵为

$$\boldsymbol{M}_{\text{pers}} = \begin{pmatrix} -z_p & 0 & 0 & 0 \\ 0 & -z_p & 0 & 0 \\ 0 & 0 & -z_F-z_N & z_Fz_N \\ 0 & 0 & -1 & 0 \end{pmatrix}$$

从而，$z'=-s-t/z=(z_F+z_N)-z_Fz_N/z$。因为远近面位于投影中心同一侧，所以 $z_Fz_N \geqslant 0$，从而 z' 是 z 的增函数，能够达到保留深度信息的目的。

4. 改造后的变换方程

根据上述透视投影变换矩阵，有

$$\begin{cases} x_h=-z_px \\ y_h=-z_py \\ z_h=-(z_F+z_N)z+z_Fz_N \\ h=-z \end{cases}$$

从而

$$\begin{cases} x'=z_px/z \\ y'=z_py/z \\ z'=(z_F+z_N)-z_Fz_N/z \end{cases}$$

5.8　规范化变换

5.8.1　观察体的变化

如图 5-18 所示。投影变换完成以后,观察体已经变换成矩形管道。对于规范化变换,有

- 矩形管道变换为规范化观察体。
- 矩形管道中的点(PC)变换为三维视口中的点(NC)。
- 三维视口范围不超过规范化观察体范围。

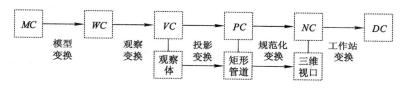

图 5-18　观察体的变化

5.8.2　一般规范化变换

1. 已知条件

如图 5-19 所示。已知窗口范围为$(x_L, y_B) \sim (x_R, y_T)$,视口边界为$(x'_L, y'_B) \sim (x'_R, y'_T)$,近远截面为 $z = z_N$ 和 $z = z_F$,深度范围为 $z'_N \sim z'_F$。

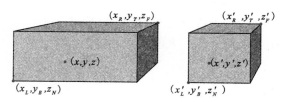

图 5-19　规范化变换的推导

2. 变换矩阵的构造

规范化变换将矩形观察体中位于(x, y, z)的点映像到视口中坐标为(x', y', z')的点,为了使视口与矩形观察体中的对象有同样的相对位置,必须满足

$$\begin{cases} \dfrac{x' - x'_L}{x'_R - x'_L} = \dfrac{x - x_L}{x_R - x_L} \\[2mm] \dfrac{y' - y'_B}{y'_T - y'_B} = \dfrac{y - y_B}{y_T - y_B} \\[2mm] \dfrac{z' - z'_N}{z'_F - z'_N} = \dfrac{z - z_N}{z_F - z_N} \end{cases}$$

解得

$$
\begin{cases}
x' = x'_L + (x - x_L)\dfrac{x'_R - x'_L}{x_R - x_L} \\[2mm]
y' = y'_B + (y - y_B)\dfrac{y'_T - y'_B}{y_T - y_B} \\[2mm]
z' = z'_N + (z - z_N)\dfrac{z'_F - z'_N}{z_F - z_N}
\end{cases}
$$

从而可得变换方程为

$$
\begin{cases}
x' = \dfrac{x'_R - x'_L}{x_R - x_L}x + \dfrac{x_R x'_L - x_L x'_R}{x_R - x_L} \\[2mm]
y' = \dfrac{y'_T - y'_B}{y_T - y_B}y + \dfrac{y_T y'_B - y_B y'_T}{y_T - y_B} \\[2mm]
z' = \dfrac{z'_F - z'_N}{z_F - z_N}z + \dfrac{z_F z'_N - z_N z'_F}{z_F - z_N}
\end{cases}
$$

由变换方程可知变换矩阵为

$$
M_{\text{norm}} = \begin{pmatrix}
\dfrac{x'_R - x'_L}{x_R - x_L} & 0 & 0 & \dfrac{x_R x'_L - x_L x'_R}{x_R - x_L} \\[3mm]
0 & \dfrac{y'_T - y'_B}{y_T - y_B} & 0 & \dfrac{y_T y'_B - y_B y'_T}{y_T - y_B} \\[3mm]
0 & 0 & \dfrac{z'_F - z'_N}{z_F - z_N} & \dfrac{z_F z'_N - z_N z'_F}{z_F - z_N} \\[3mm]
0 & 0 & 0 & 1
\end{pmatrix}
$$

5.8.3　矩形管道到规范化立方体的变换

一般图形软件包(如 OpenGL)将规范化立方体(也可称为标准立方体)定义为$(-1,-1,-1)\sim(1,1,1)$,使用左手坐标系。此时

$$
\begin{cases}
x'_L = -1 \\
x'_R = 1
\end{cases}
\qquad
\begin{cases}
y'_B = -1 \\
y'_T = 1
\end{cases}
\qquad
\begin{cases}
z'_N = -1 \\
z'_F = 1
\end{cases}
$$

从而得到矩形管道到规范化立方体的变换矩阵为

$$
\begin{aligned}
\boldsymbol{M}_{\text{norm}} &= \begin{pmatrix}
\dfrac{x'_R - x'_L}{x_R - x_L} & 0 & 0 & \dfrac{x_R x'_L - x_L x'_R}{x_R - x_L} \\[3mm]
0 & \dfrac{y'_T - y'_B}{y_T - y_B} & 0 & \dfrac{y_T y'_B - y_B y'_T}{y_T - y_B} \\[3mm]
0 & 0 & \dfrac{z'_F - z'_N}{z_F - z_N} & \dfrac{z_F z'_N - z_N z'_F}{z_F - z_N} \\[3mm]
0 & 0 & 0 & 1
\end{pmatrix} \\[4mm]
&= \begin{pmatrix}
\dfrac{2}{x_R - x_L} & 0 & 0 & -\dfrac{x_R + x_L}{x_R - x_L} \\[3mm]
0 & \dfrac{2}{y_T - y_B} & 0 & -\dfrac{y_T + y_B}{y_T - y_B} \\[3mm]
0 & 0 & \dfrac{2}{z_F - z_N} & -\dfrac{z_F + z_N}{z_F - z_N} \\[3mm]
0 & 0 & 0 & 1
\end{pmatrix}
\end{aligned}
$$

5.8.4　平行投影的规范化

1. 变换矩阵的构造

$$\boldsymbol{M}_{\text{para,norm}} = \boldsymbol{M}_{\text{norm}}\boldsymbol{M}_{\text{para}}$$

$$= \begin{pmatrix} \dfrac{2}{x_R - x_L} & 0 & 0 & -\dfrac{x_R + x_L}{x_R - x_L} \\ 0 & \dfrac{2}{y_T - y_B} & 0 & -\dfrac{y_T + y_B}{y_T - y_B} \\ 0 & 0 & \dfrac{2}{z_F - z_N} & -\dfrac{z_F + z_N}{z_F - z_N} \\ 0 & 0 & 0 & 1 \end{pmatrix} \begin{pmatrix} 1 & 0 & -\dfrac{p_x}{p_z} & \dfrac{p_x}{p_z}z_p \\ 0 & 1 & -\dfrac{p_y}{p_z} & \dfrac{p_y}{p_z}z_p \\ 0 & 0 & 1 & 0 \\ 0 & 0 & 0 & 1 \end{pmatrix}$$

$$= \begin{pmatrix} \dfrac{2}{x_R - x_L} & 0 & \dfrac{-2}{x_R - x_L}\dfrac{p_x}{p_z} & \dfrac{-2z_p}{x_R - x_L}\dfrac{p_x}{p_z} - \dfrac{x_R + x_L}{x_R - x_L} \\ 0 & \dfrac{2}{y_T - y_B} & \dfrac{-2}{y_T - y_B}\dfrac{p_y}{p_z} & \dfrac{-2z_p}{y_T - y_B}\dfrac{p_y}{p_z} - \dfrac{y_T + y_B}{y_T - y_B} \\ 0 & 0 & \dfrac{2}{z_F - z_N} & -\dfrac{z_F + z_N}{z_F - z_N} \\ 0 & 0 & 0 & 1 \end{pmatrix}$$

2. OpenGL 中的变换矩阵

OpenGL 只提供了正投影。对于正投影,有

$$\boldsymbol{M}_{\text{ortho,norm}} = \boldsymbol{M}_{\text{norm}} = \begin{pmatrix} \dfrac{2}{x_R - x_L} & 0 & 0 & -\dfrac{x_R + x_L}{x_R - x_L} \\ 0 & \dfrac{2}{y_T - y_B} & 0 & -\dfrac{y_T + y_B}{y_T - y_B} \\ 0 & 0 & \dfrac{2}{z_F - z_N} & -\dfrac{z_F + z_N}{z_F - z_N} \\ 0 & 0 & 0 & 1 \end{pmatrix}$$

在 OpenGL 中,正投影通过调用 glOrtho(L,R,B,T,N,F)实现。其中,参数 N 和 F 使用深度值,从而 $z_N = -N$,$z_F = -F$,所以

$$\boldsymbol{M}_{\text{ortho,norm}} = \begin{pmatrix} \dfrac{2}{R - L} & 0 & 0 & -\dfrac{R + L}{R - L} \\ 0 & \dfrac{2}{T - B} & 0 & -\dfrac{T + B}{T - B} \\ 0 & 0 & \dfrac{-2}{F - N} & -\dfrac{F + N}{F - N} \\ 0 & 0 & 0 & 1 \end{pmatrix}$$

该矩阵就是 glOrtho()生成的变换矩阵。

5.8.5　透视投影的规范化

1. 变换矩阵的构造

$$\boldsymbol{M}_{\text{pers,norm}} = \boldsymbol{M}_{\text{norm}}\boldsymbol{M}_{\text{pers}}$$

$$= \begin{bmatrix} \dfrac{2}{x_R - x_L} & 0 & 0 & -\dfrac{x_R + x_L}{x_R - x_L} \\ 0 & \dfrac{2}{y_T - y_B} & 0 & -\dfrac{y_T + y_B}{y_T - y_B} \\ 0 & 0 & \dfrac{2}{z_F - z_N} & -\dfrac{z_F + z_N}{z_F - z_N} \\ 0 & 0 & 0 & 1 \end{bmatrix} \begin{bmatrix} -z_p & 0 & 0 & 0 \\ 0 & -z_p & 0 & 0 \\ 0 & 0 & -z_F - z_N & z_F z_N \\ 0 & 0 & -1 & 0 \end{bmatrix}$$

$$= \begin{bmatrix} \dfrac{-2z_p}{x_R - x_L} & 0 & \dfrac{x_R + x_L}{x_R - x_L} & 0 \\ 0 & \dfrac{-2z_p}{y_T - y_B} & \dfrac{y_T + y_B}{y_T - y_B} & 0 \\ 0 & 0 & -\dfrac{z_F + z_N}{z_F - z_N} & \dfrac{2z_F z_N}{z_F - z_N} \\ 0 & 0 & -1 & 0 \end{bmatrix}$$

2. OpenGL 中的变换矩阵

在 OpenGL 中，透视投影通过调用 glFrustum(L,R,B,T,N,F) 实现。其中，投影中心为观察坐标原点，观察面为近平面，参数 N 和 F 使用深度值，从而 $z_N = -N$，$z_F = -F$，$z_p = -N$，所以

$$M_{\text{pers,norm}} = \begin{bmatrix} \dfrac{2N}{R-L} & 0 & \dfrac{R+L}{R-L} & 0 \\ 0 & \dfrac{2N}{T-B} & \dfrac{T+B}{T-B} & 0 \\ 0 & 0 & -\dfrac{F+N}{F-N} & -\dfrac{2FN}{F-N} \\ 0 & 0 & -1 & 0 \end{bmatrix}$$

该矩阵就是 glFrustum() 生成的变换矩阵。

5.8.6 规范化立方体到三维屏幕视口的变换

只介绍 OpenGL 中的情况。OpenGL 将三维屏幕视口规定为 $(x'_L, y'_B, -1) \sim (x'_R, y'_T, 1)$，其中 z 坐标用来保存深度信息。此时，

$$\begin{cases} x_L = -1 \\ x_R = 1 \end{cases} \quad \begin{cases} y_B = -1 \\ y_T = 1 \end{cases} \quad \begin{cases} z_N = -1 \\ z_F = 1 \end{cases} \quad \begin{cases} z'_N = -1 \\ z'_F = 1 \end{cases}$$

所以，规范化立方体到三维屏幕视口的变换矩阵为

$$M_{\text{norm}} = \begin{bmatrix} \dfrac{x'_R - x'_L}{x_R - x_L} & 0 & 0 & \dfrac{x_R x'_L - x_L x'_R}{x_R - x_L} \\ 0 & \dfrac{y'_T - y'_B}{y_T - y_B} & 0 & \dfrac{y_T y'_B - y_B y'_T}{y_T - y_B} \\ 0 & 0 & \dfrac{z'_F - z'_N}{z_F - z_N} & \dfrac{z_F z'_N - z_N z'_F}{z_F - z_N} \\ 0 & 0 & 0 & 1 \end{bmatrix}$$

$$= \begin{pmatrix} \dfrac{x'_R - x'_L}{2} & 0 & 0 & \dfrac{x'_R + x'_L}{2} \\ 0 & \dfrac{y'_T - y'_B}{2} & 0 & \dfrac{y'_T + y'_B}{2} \\ 0 & 0 & 1 & 0 \\ 0 & 0 & 0 & 1 \end{pmatrix}$$

在 OpenGL 中,使用 glViewport(L,B,W,H)定义一个屏幕视口,并生成规范化立方体到三维屏幕视口的变换。此时,因为 $x'_L = L$,$y'_B = B$,$x'_R = L + W$,$y'_T = B + H$,所以该变换矩阵就是

$$\boldsymbol{M}_{\text{norm}} = \begin{pmatrix} W/2 & 0 & 0 & L+W/2 \\ 0 & H/2 & 0 & B+H/2 \\ 0 & 0 & 1 & 0 \\ 0 & 0 & 0 & 1 \end{pmatrix}$$

5.9　裁剪

5.9.1　裁剪的一般思路

1. 三维裁剪算法的功能

① 识别并保留在观察体以内的部分以在输出设备中显示,所有在观察体以外的部分被丢弃。

② 按照观察体边界平面进行裁剪。

2. 线段的裁剪

设某边界平面的方程为 $Ax + By + Cz + D = 0$。

① 将线段端点代入该方程,判断端点与边界的位置关系。

• $Ax + By + Cz + D > 0$,该端点在边界以外。

• $Ax + By + Cz + D < 0$,该端点在边界以内。

② 两端点均在同一边界以外,舍弃;两端点均在所有边界以内,保留。

③ 其他,求交点(将直线方程和边界平面方程联立)。

3. 多边形面的裁剪

① 测试物体的坐标范围。

• 若坐标范围在所有边界内部,则保留该对象。

• 若坐标范围在某一边界外部,则舍弃该对象。

② 求多边形每一边与观察体边界平面的交点。

4. 裁剪边界的特征

如图 5-20 所示。

• 边界平面的方向:决定于投影类型、投影窗口、投影中心。

• 前后面:平行于观察面,z 坐标为常数。

• 4 个侧面:方向任意,不便于计算直线与边界的交点。

• 先投影后裁剪:裁剪前通过投影变换将观察体变成矩形管道。

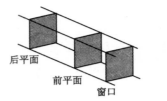 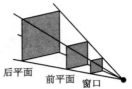

图 5-20　裁剪边界的特征

5. 使用矩形管道裁剪的优越性

- 上下面：y 坐标为常数。

- 左右面：x 坐标为常数。

- 前后面：z 坐标为常数。

5.9.2　线段的裁剪算法

采用视口裁剪。

1. 区域码

标识端点相对于视口边界的位置。

2. 坐标区域与区域码各位的关系

从右到左编码：$b_T b_B b_R b_L b_N b_F$（上、下、右、左、近、远）。

3. 如何对端点编码

$$\begin{cases} b_L = 1, & \text{if } x < x_L \\ b_R = 1, & \text{if } x > x_R \end{cases} \quad \begin{cases} b_B = 1, & \text{if } y < y_B \\ b_T = 1, & \text{if } y > y_T \end{cases} \quad \begin{cases} b_N = 1, & \text{if } z < z_N \\ b_F = 1, & \text{if } z > z_F \end{cases}$$

4. 算法描述

① 对端点编码。

② 是否完全在内：两端点区域码均为 0，保留，退出。

③ 是否完全在外：两端点区域码按位与不等于 0，舍弃，退出。

④ 不能确定：两端点区域码按位与等于 0。

- 找到线段的一个外端点，将线段与相应边界求交，舍弃外端点与交点之间的部分。

- 对剩余部分重复上述过程。

- 直到线段被舍弃或找到保留部分为止。

5. 交点计算

设端点为 $P_1(x_1, y_1, z_1)$ 和 $P_2(x_2, y_2, z_2)$。

① 线段 $P_1 P_2$ 的参数方程为

$$\begin{cases} x = x_1 + (x_2 - x_1)u \\ y = y_1 + (y_2 - y_1)u \quad (0 \leqslant u \leqslant 1) \\ z = z_1 + (z_2 - z_1)u \end{cases}$$

② 计算交点。将选定的边界坐标代入合适的方程，解出 u，然后将 u 代入参数方程，求得交点坐标。例如，由 $z = c$ 可得

$$u = (c - z_1)/(z_2 - z_1)$$
$$x = x_1 + (x_2 - x_1)u$$
$$y = y_1 + (y_2 - y_1)u$$

5.9.3　多边形面的裁剪算法

可以将 Sutherland-Hodgeman 算法改写成如下三维算法。

① 用左边界裁剪多边形,按顺序产生新顶点序列。

② 用右边界裁剪多边形,按顺序产生新顶点序列。

③ 用下边界裁剪多边形,按顺序产生新顶点序列。

④ 用上边界裁剪多边形,按顺序产生新顶点序列。

⑤ 用近边界裁剪多边形,按顺序产生新顶点序列。

⑥ 用远边界裁剪多边形,按顺序产生新顶点序列。

【注】　如果使用上述算法裁剪凹多边形,可能得不到希望的结果,这时可将凹多边形分割为凸多边形以后再进行裁剪。

5.10　练习题

5-1　已知三个顶点 $V_1(1,2,1)$、$V_2(3,4,2)$ 和 $V_3(2,5,3)$,从里向外以右手系形成逆时针方向。请构造出这三个顶点所确定的平面方程。

5-2　已知旋转轴为 z 轴,旋转角为 θ。请使用齐次坐标写出该旋转变换的变换矩阵和变换方程。

5-3　已知:$P_0(3,3,5)$ 和 $P_1(6,7,5)$,旋转轴为 P_0P_1,旋转角为 θ。请使用齐次坐标写出该旋转变换的变换矩阵和变换方程。

5-4　已知旋转轴为直线 AB,其中 $A=(0,0,0)$,$B=(3,4,0)$,请构造绕 AB 旋转 $90°$ 的旋转变换。

5-5　已知旋转角为 $60°$,旋转轴为 P_0P_1,请构造该三维旋转变换的变换矩阵 $\boldsymbol{M}$,结果至少保留 3 位小数,其中 $P_0=(1,2,0)$,$P_1=(1,2,1)$。

5-6　已知缩放系数为 s_x、s_y 和 s_z,固定点位置为 (x_f,y_f,z_f),请构造该缩放变换的变换矩阵。

5-7　已知新坐标系统的原点位置定义在旧坐标系的 (x_0,y_0,z_0) 处,且单位轴向量分别为 $\boldsymbol{u}$、$\boldsymbol{v}$ 和 $\boldsymbol{n}$,分别对应新的 x、y 和 z 轴,请构造完整的从旧坐标系到新坐标系的坐标变换矩阵。其中 $\boldsymbol{u}=(u_1,u_2,u_3)$、$\boldsymbol{v}=(v_1,v_2,v_3)$、$\boldsymbol{n}=(n_1,n_2,n_3)$。

5-8　已知:观察参考点 $P(1,1,1)$,观察面法向量 $\boldsymbol{N}=(4,3,0)$,观察向上向量 $\boldsymbol{V}=(-3,4,0)$。请构造从世界坐标到观察坐标的变换,写出变换矩阵。

5-9　已知在原坐标系中某个平面的方程为 $3x+4y-10=0$,试求变换矩阵 $\boldsymbol{M}$,使该平面方程在新坐标系下变成 $z=0$。其中,新坐标系的 y 方向为 $(-4,3,0)$,且新坐标系的原点 $(2,1,0)$ 在该平面上。

5-10　已知投影向量为 $\boldsymbol{V}=(3,4,1)$,投影面为 xy 平面,请根据定义计算该平行投影的变换矩阵。

5-11　求经过平行投影变换后点 $P(1,2,3)$ 的坐标。已知:观察面为 $z=-4$,投影向量为 $(1,1,1)$。

5-12　已知投影中心为原点,投影面为 $z=-1$,请根据定义计算该透视投影的变换矩阵。

5-13 求经过透视投影变换后点 $P(1,2,3)$ 的坐标。已知：观察面为 $z=-4$，投影中心为 $(0,0,0)$。

5-14 已知矩形管道观察体为 $(1,1,1) \sim (10,10,10)$，规范化立方体为 $(-1,-1,-1)$ $\sim (1,1,1)$，要将窗口中位于 (x,y,z) 的点映射到规范化立方体坐标为 (x',y',z') 的点，请构造变换公式和变换矩阵。

第 6 章　OpenGL 中的图形变换

6.1　顶点变换的步骤和常用的变换函数

6.1.1　顶点变换的步骤

如图 6-1 所示,OpenGL 中指定顶点变换的步骤如下。

① 指定视图和造型变换。两者统称为视图造型变换,该变换将输入的顶点坐标变换为观察坐标。

② 指定投影变换。该变换实际上是投影变换和规范化变换的复合,将顶点从观察坐标变换到规范化坐标。该变换还定义了一个观察体,在观察体外的对象将被舍弃。

③ 指定视口变换。该变换将规范化坐标变换为屏幕窗口坐标。

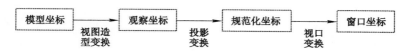

图 6-1　顶点变换的步骤

6.1.2　常用的变换函数

1. glMatrixMode()

【函数原型】　void glMatrixMode(GLenum mode);

【功能】　指定当前矩阵模式,随后指定的矩阵都属于这种模式。

【参数】　可以选择

• GL_MODELVIEW(随后的矩阵是视图造型矩阵);

• GL_PROJECTION(随后的矩阵是投影矩阵);

• GL_TEXTURE(随后的矩阵是纹理变换矩阵)。

【说明】　每一种矩阵模式都有一个当前矩阵 **Cur**。每一时刻只能处于一种模式,默认为 GL_MODELVIEW 模式。

2. glLoadIdentity()

【函数原型】　void glLoadIdentity(void);

【功能】　将当前矩阵改为单位矩阵,即 **Cur**$=$***I***。

【说明】　每一种矩阵模式都有一个当前矩阵 **Cur**。

3. glLoadMatrix *()

【函数原型】

• void glLoadMatrixd(const GLdouble *m);

• void glLoadMatrixf(const GLfloat *m);

【功能】 将当前矩阵改为一个 4×4 矩阵 $\boldsymbol{M}$,即 $\mathbf{Cur}=\boldsymbol{M}$。

【参数】 用 m 指定该 4×4 矩阵的 16 个元素,列主向存储(如图 6-2 所示)。

$$\begin{bmatrix} m_{11} & m_{12} & m_{13} & m_{14} \\ m_{21} & m_{22} & m_{23} & m_{24} \\ m_{31} & m_{32} & m_{33} & m_{34} \\ m_{41} & m_{42} & m_{43} & m_{44} \end{bmatrix} \Rightarrow \begin{bmatrix} m_{11} & m_{21} & m_{31} & m_{41} \\ m_{12} & m_{22} & m_{32} & m_{42} \\ m_{13} & m_{23} & m_{33} & m_{43} \\ m_{14} & m_{24} & m_{34} & m_{44} \end{bmatrix}$$

图 6-2　列主向存储

4. glMultMatrix *()

【函数原型】

• void glMultMatrixd(const GLdouble *m);

• void glMultMatrixf(const GLfloat *m);

【功能】 将当前矩阵乘以一个 4×4 矩阵 $\boldsymbol{M}$,即 $\mathbf{Cur}=\mathbf{Cur}\times\boldsymbol{M}$。

【参数】 用 m 指定该 4×4 矩阵的 16 个元素,列主向存储。

5. glPushMatrix(),glPopMatrix()

【函数原型】

• void glPushMatrix(void);

• void glPopMatrix(void);

【功能】 当前矩阵栈的压入和弹出。

【说明】 如图 6-3 所示。

• 每一种矩阵模式都有一个矩阵栈。当前矩阵就是相应栈的栈顶矩阵。

• glPushMatrix()将当前矩阵的副本添加到栈顶。

• glPopMatrix()从栈中删除当前矩阵。

• 初始时,每个栈都包含一个单位矩阵。

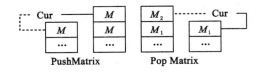

图 6-3　当前矩阵栈

6.2　视图造型变换

6.2.1　变换的顺序

　　当执行变换 A 和 B 时,如果按不同顺序执行,结果往往会大不相同。考察下面利用三个变换绘制顶点的代码。

```
glMatrixMode(GL_MODELVIEW); // 后继变换均为视图造型变换
glLoadIdentity(); // 当前矩阵改为单位矩阵
glMultMatrixf(A); // 乘以变换矩阵 A
glMultMatrixf(B); // 乘以变换矩阵 B
glMultMatrixf(C); // 乘以变换矩阵 C
glBegin(GL_POINTS);
glVertex3f(v); // 指定待变换顶点 v
glEnd();
```

在这个过程中，在 GL_MODELVIEW 状态下，相继指定了单位矩阵和矩阵 A、B、C。顶点 v 的变换顺序为 A(B(C(v)))，即顶点 v(使用齐次坐标)的实际变换顺序正好与指定顺序相反。设当前矩阵为 **Cur**，则当指定一个矩阵 M 后，当前矩阵变为 **Cur** = **Cur** × M。

6.2.2　基本的变换命令

OpenGL 有三个基本的变换命令：glTranslate *()(平移)、glRotate *()(旋转)和 glScale *()(缩放)。这些命令的作用等价于使用相应的变换矩阵调用 glMultMatrix *()，但前者比后者计算要快。例如，如图 6-4 所示，如果使用 glMultMatrix *()，则需要计算 **Cur** = **Cur** × **S**，共 4×16 次实数乘法和 3×16 次实数加法，而使用 glScale *()，只需计算 **Cur** = **M**，共 12 次实数乘法。

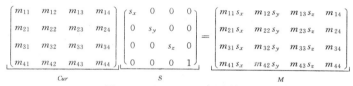

$$\begin{bmatrix} m_{11} & m_{12} & m_{13} & m_{14} \\ m_{21} & m_{22} & m_{23} & m_{24} \\ m_{31} & m_{32} & m_{33} & m_{34} \\ m_{41} & m_{42} & m_{43} & m_{44} \end{bmatrix} \begin{bmatrix} s_x & 0 & 0 & 0 \\ 0 & s_y & 0 & 0 \\ 0 & 0 & s_z & 0 \\ 0 & 0 & 0 & 1 \end{bmatrix} = \begin{bmatrix} m_{11}s_x & m_{12}s_y & m_{13}s_z & m_{14} \\ m_{21}s_x & m_{22}s_y & m_{23}s_z & m_{24} \\ m_{31}s_x & m_{32}s_y & m_{33}s_z & m_{34} \\ m_{41}s_x & m_{42}s_y & m_{43}s_z & m_{44} \end{bmatrix}$$
$$\underbrace{\qquad}_{Cur} \quad \underbrace{\qquad}_{S} \qquad \underbrace{\qquad}_{M}$$

图 6-4　glScale *()的计算量

1. glTranslate *()

【函数原型】

• void glTranslated(GLdouble x,GLdouble y,GLdouble z);

• void glTranslatef(GLfloat x,GLfloat y,GLfloat z);

【功能】　将当前矩阵乘以一个平移矩阵 T，即 **Cur** = **Cur** × T。

【参数】　用(x,y,z)指定沿 x 轴、y 轴和 z 轴的平移量。

2. glRotate *()

【函数原型】

• void glRotated(GLdouble angle,GLdouble x,GLdouble y,GLdouble z);

• void glRotatef(GLfloat angle,GLfloat x,GLfloat y,GLfloat z);

【功能】　将当前矩阵乘以一个旋转矩阵 R，即 **Cur** = **Cur** × R。

【参数】

• angle：指定旋转角度(以度为单位)。

• (x,y,z)：指定旋转轴的方向分量。因为旋转轴通过原点，所以旋转轴就是$(0,0,0)$～(x,y,z)。

3. glScale *()

【函数原型】

· void glScaled(GLdouble x,GLdouble y,GLdouble z);

· void glScalef(GLfloat x,GLfloat y,GLfloat z);

【功能】 将当前矩阵乘以一个缩放矩阵 S，即 $Cur=Cur\times S$。

【参数】 用(x,y,z)指定沿 x 轴、y 轴和 z 轴的缩放系数。

6.3 投影变换

投影变换包括透视投影和正投影。

6.3.1 透视投影

1. glFrustum()的作用

透视投影的观察体是一个棱台(如图 6-5 所示)，在观察体内的物体投影到投影中心，用 glFrustum()定义棱台，计算透视投影矩阵 M，并将当前矩阵 Cur 乘以 M，使 $Cur=Cur\times M$。

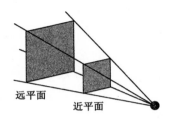

远平面　近平面

图 6-5 观察体

2. glFrustum()

【函数原型】 void glFrustum (GLdouble left, GLdouble right,GLdouble bottom,GLdouble top,GLdouble near,GLdouble far);

【参数】

· (left,right):裁剪窗口左右边界的坐标。

· (bottom,top):裁剪窗口下上边界的坐标。

· (near,far):视点到近、远平面的距离,必须是正的。

【说明】

· 视点位于(0,0,0)。

· 只显示棱台范围内的景物(如图 6-5 所示)。

· 棱台的范围是(left～right,bottom～top,－near～－far)。

3. gluPerspective()

【函数原型】 void gluPerspective(GLdouble fovy,GLdouble aspect,GLdouble near,GLdouble far);

【功能】 该函数定义一个以 z 轴为中线的四棱台。

【参数】

· fovy:y 方向的视场角。

· aspect:横纵比(宽/高)。

· (near,far):视点到近、远平面的距离。

【说明】 用 gluPerspective()定义观察体时,其纵横比应该与相应视口的纵横比一致,避免图像扭曲。

4. gluPerspective()与 glFrustum()的比较

通常,gluPerspective()比 glFrustum()更容易使用,效果更好,因此,在实际工作中,往往使用 gluPerspective。

5. glFrustum()生成的变换矩阵

$$\begin{pmatrix} \dfrac{2N}{R-L} & 0 & \dfrac{R+L}{R-L} & 0 \\ 0 & \dfrac{2N}{T-B} & \dfrac{T+B}{T-B} & 0 \\ 0 & 0 & -\dfrac{F+N}{F-N} & -\dfrac{2FN}{F-N} \\ 0 & 0 & -1 & 0 \end{pmatrix}$$

6.3.2　正投影

1. glOrtho()的作用

正投影的观察体是一个长方体,用 glOrtho()创建正投影的观察体,计算正投影矩阵 **M**,并将当前矩阵 **Cur** 乘以 **M**,使 **Cur**=**Cur**×**M**。

2. glOrtho()

【函数原型】　void glOrtho(GLdouble left,GLdouble right,GLdouble bottom, GLdouble top,GLdouble near,GLdouble far);

【参数】
- (left,right):左右垂直裁剪面的坐标。
- (bottom,top):底部和顶部水平裁剪面的坐标。
- (near,far):视点到近、远裁剪面的距离。视点之后的距离为负数值(与观察方向相反)。

3. gluOrtho2D()

【函数原型】　void gluOrtho2D (GLdouble left, GLdouble right, GLdouble bottom,GLdouble top);

【功能】　建立一个二维正投影观察区域(即二维裁剪窗口),可以理解为 glOrtho(left, right,bottom,top,−1,1),当然,实际实现并不是这样的。

4. glOrtho()创建的正投影矩阵

$$\begin{pmatrix} \dfrac{2}{R-L} & 0 & 0 & -\dfrac{R+L}{R-L} \\ 0 & \dfrac{2}{T-B} & 0 & -\dfrac{T+B}{T-B} \\ 0 & 0 & \dfrac{-2}{F-N} & -\dfrac{F+N}{F-N} \\ 0 & 0 & 0 & 1 \end{pmatrix}$$

5. 关于裁剪

在视图造型变换和投影变换后,场景中位于观察体之外的部分将被舍弃。

6.4 OpenGL 中图形变换的例子

6.4.1 一些需要说明的函数和调用

1. 深度测试的启用和关闭

当场景中出现一个面片遮挡另一个面片的情况时，为了确定到底是谁遮挡了谁，必须比较深度大小，这时需要启用深度测试。

- glEnable(GL_DEPTH_TEST); // 启用深度测试。
- glDisable(GL_DEPTH_TEST); // 关闭深度测试。

2. glutFullScreen()

【函数原型】 void glutFullScreen(void);

【功能】 使用全屏幕窗口。

3. glutPostRedisplay()

【函数原型】 void glutPostRedisplay(void);

【功能】 调用当前窗口中已注册的场景绘制函数。

4. glutMouseFunc()

【函数原型】 void glutMouseFunc(void(*func)(int button,int state,int x, int y));

【功能】 注册鼠标按键回调函数。

【参数】

- func:回调函数名。
- func 的参数 button:表示是哪个鼠标按键。
- func 的参数 state:表示按键状态。
- func 的参数(x,y):鼠标位置(程序窗口坐标)。

4. glutKeyboardFunc()

【函数原型】 void glutKeyboardFunc(void (*func)(unsigned char key,int x, int y));

【功能】 注册键盘按键响应函数。

【参数】

- func:回调函数名。
- func 的参数 key:表示是哪个按键。
- func 的参数(x,y):鼠标位置(程序窗口坐标)。

5. glutTimerFunc()

【函数原型】 void glutTimerFunc(GLuint millis,void (*func)(int value), int value);

【功能】 注册定时器回调函数。

【参数】

- millis:时间间隔。
- func:回调函数名。

- value:传递给 func 的参数。

【说明】　在 func 中必须重新调用 glutTimerFunc()。

6.4.2　斜投影的实现

1. 变换矩阵

不失一般性,这里只考虑形如 $(a,b,1)$ 的投影向量。易知,当投影面为 $z=z_0$ 时,斜投影变换的变换矩阵为

$$\begin{bmatrix} 1 & 0 & -a & az_0 \\ 0 & 1 & -b & bz_0 \\ 0 & 0 & 1 & 0 \\ 0 & 0 & 0 & 1 \end{bmatrix}$$

变换方程为

$$\begin{cases} x'=x-az+az_0 \\ y'=y-bz+bz_0 \\ z'=z \end{cases}$$

该变换很难表示成三种基本变换的复合。

2. 变换的实现方法

```
void xtOrtho(double L,double R,double B,double T,double N,double F,
    double a,double b)
{    glOrtho(L,R,B,T,N,F); // 正投影变换,参数仍然是(L,R,B,T,N,F)
    double z0=-N;
    glMultMatrixd((double[]) // 斜投影变换,投影向量为(a,b,1)
    {    1,0,0,0,
        0,1,0,0,
        -a,-b,1,0,
        a*z0,b*z0,0,1
    });
}
```

这里给出的程序需 C99 支持。其中,glOrtho() 的参数仍然是 (L,R,B,T,N,F),这是因为斜投影保持 z 坐标不变,且裁剪窗口定义在平面 $z=z_0$ 上,而当 $z=z_0$ 时,有

$$\begin{cases} x'=x-az_0+az_0=x \\ y'=y-bz_0+bz_0=y \end{cases}$$

3. 程序示例

下列程序演示了正投影和斜投影的对比效果。在 Paint() 中,将程序窗口分成 2 个视口,左边视口显示立方体的正投影效果,右边视口显示同一立方体的斜投影效果。程序运行结果如图6-6所示。

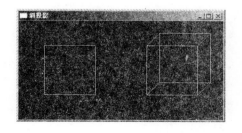

图 6-6　斜投影

```
// xtOrtho.c
#include <gl/glut.h>
void xtOrtho(double L,double R,double B,double T,double N,double F,
    double a,double b)
{   glOrtho(L,R,B,T,N,F); // 正投影变换,参数仍然是(L,R,B,T,N,F)
    double z0=-N;
    glMultMatrixd((double[]) // 斜投影变换,投影向量为(a,b,1)
    {   1 ,0 ,0,0,
        0 ,1 ,0,0,
        -a,-b,1,0,
        a*z0,b*z0,0,1
    });
}
void Paint() // 场景绘制函数
{   glClear(GL_COLOR_BUFFER_BIT); // 清除颜色缓存
    int w=glutGet(GLUT_WINDOW_WIDTH) / 2; // 视口宽度
    int h=glutGet(GLUT_WINDOW_HEIGHT); // 视口高度
    glViewport(0,0,w,h); // 左侧视口
    glLoadIdentity(); // 将当前矩阵改为单位矩阵
    glOrtho(-2,2,-2,2,-1,1); // 正投影
    glutWireCube(2); // 边长为 2 的立方体
    glViewport(w,0,w,h); // 右侧视口
    glLoadIdentity();
    // 定义斜投影,投影向量为(0.25,0.25,1)
    xtOrtho(-2,2,-2,2,-1,1,0.25,0.25);
    glutWireCube(2);
    glFlush();
}
int main()
{   glutInitWindowSize(400,200);
    glutCreateWindow("斜投影"); // 创建程序窗口
    glutDisplayFunc(Paint); // 注册场景绘制函数
    glutMainLoop();
}
```

6.4.3　平移和旋转的切换

下列程序用鼠标左键进行平移和旋转的切换。在 Reshape() 中调用 glTranslatef() 把物体平移到观察体中,在 Paint() 中调用平移和旋转变换。使用全屏窗口,按 Esc 键结束程序。运行时某一时刻的画面如图 6-7 所示。

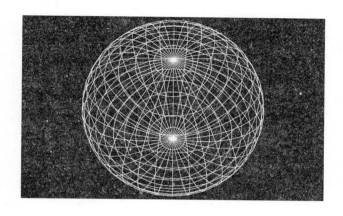

图 6-7　平移和旋转的切换

```c
// transform.c
#include <gl/glut.h>
int sign=1; // 旋转还是平移的标识
int rot=0; // 旋转角度或平移距离
void Mouse(int but,int state,int x,int y) // 鼠标回调函数
{   // 参数为：鼠标按键，按键状态，光标位置（像素）
    if(but==GLUT_LEFT_BUTTON && state==GLUT_DOWN)
      sign=!sign,rot=0; // 切换旋转和平移，恢复旋转角度
}
void Keyboard(unsigned char key,int x,int y) // 键盘按键响应函数
{   if(key==27) exit(0); // 按下 Esc 键退出
}
void Timer(int millis) // 定时器回调函数
{   rot=(rot+2)%360; // 修改旋转角度或平移距离
    glutPostRedisplay(); // 调用场景绘制函数
    // 指定定时器函数，参数为：间隔毫秒数，函数名，函数参数值
    glutTimerFunc(millis,Timer,millis);
}
void Reshape(int w,int h) // 窗口变化回调函数
{   glViewport(0,0,w,h);
    glMatrixMode(GL_PROJECTION); // 当前变换类型为投影变换
    glLoadIdentity(); // 将当前矩阵改为单位矩阵
    gluPerspective(30,(float) w/h,1,1000); // 透视投影变换
    glTranslatef(0,0,-180); // 远移 180
    glMatrixMode(GL_MODELVIEW); // 当前变换类型为视图造型变换
    glLoadIdentity();
}
```

```
void Paint() // 场景绘制函数
{   glClear(GL_COLOR_BUFFER_BIT); // 清除颜色缓存
    glLoadIdentity(); // 消除以前变换的影响
    if(sign) glRotatef(rot,1,0,0); // 绕 x 轴旋转 rot
    else glTranslatef(0,0,-rot); // 远移 rot
    glColor3f(1,1,1); // 设置当前颜色
    glRotatef(-90,1,0,0); // 将高度方向从 z 方向调整为 y 方向
    // 定义网格线球面,半径 45,经线数 36,纬线数 18
    glutWireSphere(45,36,18);
    glutSwapBuffers(); // 交换颜色缓存
}
int main()
{   glutInitDisplayMode(GLUT_RGBA | GLUT_DOUBLE);
    // 显示模式为:双缓冲区,RGBA 颜色模式
    glutCreateWindow("平移和旋转的切换"); // 创建程序窗口
    glutFullScreen(); // 使用全屏幕窗口
    glutMouseFunc(Mouse); // 注册鼠标回调函数
    glutKeyboardFunc(Keyboard); // 指定键盘按键响应函数
    // 指定定时器函数,参数为:间隔毫秒数,函数名,函数参数值
    glutTimerFunc(25,Timer,25);
    glutReshapeFunc(Reshape); // 注册窗口变化回调函数
    glutDisplayFunc(Paint); // 注册场景绘制函数
    glutMainLoop(); // 开始循环执行 OpenGL 命令
}
```

6.4.4　一个简单的日地月系统

下列程序演示了地球和月球的公转。在 Paint() 中,首先定义太阳,然后规定地球的公转角度,在定义地球前考虑地球的黄赤角,最后规定月球的公转角度,并定义月球。使用全屏窗口,按 Esc 键结束程序。运行时某一时刻的画面如图 6-8 所示。

图 6-8　一个简单的日地月系统

```
// Planetary_Simple.c
#include <math.h>  // fmod()等
```

```
#include <gl/glut.h>
float month=0; // 月亮自转和公转角度
float year=0; // 地球公转角度
void Keyboard(unsigned char key,int x,int y) // 键盘按键响应函数
{   if(key==27) exit(0); // 按下 Esc 键退出
}
void Timer(int millis) // 定时器回调函数
{   float dday=6,speed=4;
    float dmonth=speed*dday/29.5; // 月亮自转和公转角度的增量
    float dyear=speed*dday/365.2475; // 地球公转角度的增量
    month=fmod(month+dmonth,360); // 计算月亮自转和公转角度
    year=fmod(year+dyear,360); // 计算地球公转角度
    glutPostRedisplay(); // 调用场景绘制函数
    // 指定定时器函数,参数为:间隔毫秒数,函数名,函数参数值
    glutTimerFunc(millis,Timer,millis);
}
void Reshape(int w,int h) // 窗口变化回调函数
{   glViewport(0,0,w,h); // 视口的位置和大小
    glMatrixMode(GL_PROJECTION); // 当前变换类型为投影变换
    glLoadIdentity(); // 当前矩阵为单位矩阵
    // 定义投影矩阵,参数为:y 向张角;x/y;近平面;远平面
    gluPerspective(30,(float)w / h,1,1000);
    glTranslatef(0,0,-8); // 适当远移
    glRotatef(30,1,0,0); // 调整观察角度
    glMatrixMode(GL_MODELVIEW); // 当前变换类型为视图造型变换
    glLoadIdentity();
}
void Wire(float r) // 经纬线
{   glColor3f(0.5,0.5,0.5); // 经纬线是灰色的
    glutWireSphere(r*1.005,24,12); // 经纬线将星球包裹在内
}
void Sun(float r) // 太阳
{   glPushMatrix(); // 保存当前矩阵
    glRotatef(90,-1,0,0); // 将物体的高度方向从 z 调整到 y
    glColor3f(0.9,0.1,0.1); // 太阳是红色火球
    glutSolidSphere(r,24,12); // 太阳
    Wire(r); // 经纬线
    glPopMatrix(); // 恢复当前矩阵,避免上述变换影响到其他物体
}
```

```
void Planet(float r) // 地球
{   glPushMatrix(); // 保存当前矩阵
    glRotatef(90,-1,0,0); // 将物体的高度方向从 z 调整到 y
    glColor3f(0.1,0.1,0.9); // 地球是蓝色的
    glutSolidSphere(r,24,12); // 地球
    Wire(r); // 经纬线
    glPopMatrix(); // 恢复当前矩阵,避免上述变换影响到其他物体
}
void Moon(float r) // 月亮
{   glPushMatrix(); // 保存当前矩阵
    glRotatef(90,-1,0,0); // 将物体的高度方向从 z 调整到 y
    glColor3f(0.75,0.75,0.1); // 月亮是浅黄色的
    glutSolidSphere(r,24,12); // 月亮
    Wire(r); // 经纬线
    glPopMatrix(); // 恢复当前矩阵,避免上述变换影响到其他物体
}
void Paint() // 场景绘制函数
{   glClear(GL_COLOR_BUFFER_BIT | GL_DEPTH_BUFFER_BIT);
    // 清除颜色缓存和深度缓存
    glLoadIdentity();
    // 地球:黄赤角- - > 位置- - > 公转
    // 月亮:位置- - 公转- - > 地球黄赤角
    Sun(0.4); // 太阳
    glRotatef(year,0,1,0); // 地球公转
    glTranslatef(2,0,0); // 地球相对太阳的初始位置
    glRotatef(-year,0,1,0); // 取消地球公转的影响,保证地轴方向不变
    glRotatef(-23.5,0,0,1); // 黄赤交角,即公转平面与自转平面的夹角
    Planet(0.3); // 地球
    glRotatef(month,0,1,0); // 月亮公转
    glTranslatef(0.6,0,0); // 月亮相对地球的初始位置
    Moon(0.15); // 月亮
    glutSwapBuffers(); // 交换颜色缓存
}
int main()
{   // 指定显示模式(双缓冲区,RGBA 颜色模式)
    glutInitDisplayMode(GLUT_RGBA | GLUT_DOUBLE);
    glutCreateWindow("一个简单的日地月系统"); // 窗口标题
    glutFullScreen(); // 使用全屏幕窗口
    glutKeyboardFunc(Keyboard); // 指定键盘按键响应函数
```

```
    // 指定定时器函数,参数为:间隔毫秒数,函数名,函数参数值
    glutTimerFunc(25,Timer,25);
    glutReshapeFunc(Reshape); // 指定窗口变化回调函数
    glutDisplayFunc(Paint); // 指定场景绘制函数
    glEnable(GL_DEPTH_TEST); // 打开深度测试,用于比较远近
    glutMainLoop(); // 开始循环执行 OpenGL 命令
}
```

6.5 练习题

6.5.1 基础训练

6-1 请使用 OpenGL、GLU 和 GLUT 编写一个显示线框立方体的程序。其中立方体的半径为 1.5 单位,并首先绕(0,0,0)~(1,1,0)旋转 30°,然后远移 6.5 单位;观察体规定为:视场角=30°,宽高比=1,近=1,远=100;程序窗口的大小为(200,200),标题为"线框立方体"。

6-2 请使用 OpenGL 和 GLUT 编写一个显示线框球体的简单图形程序。其中球体的半径为 0.8,经线数为 24,纬线数为 12,并绕 x 轴旋转 30°,程序窗口的大小为(200,200),标题为"线框球"。

6-3 请使用 OpenGL 和 GLUT 编写一个显示线框椭球体的简单图形程序。其中椭球体的两极方向为上下方向,左右方向的半径为 0.98,上下方向的半径为 0.49,前后方向的半径为 0.6,经线数为 48,纬线数为 24,使用正投影,裁剪窗口为(−1,−0.5)~(1,0.5),程序窗口的大小为(400,200),标题为"线框椭球"。

6-4 请使用 OpenGL、GLU 和 GLUT 编写一个三维犹他茶壶程序。其中茶壶的半径为 1 单位,并远移 6.5 单位;观察体规定为:视场角=30°,宽高比=1,近=1,远=100;程序窗口的大小为(200,200),标题为"旋转的尤他茶壶"。茶壶绕 z 轴不断旋转,旋转的时间间隔为 25 ms,角度间隔为 2°。注意旋转角度必须限定在 0°~360°以内。

6-5 请使用 OpenGL、GLU 和 GLUT 编写一个简单的多视口演示程序。要求:在屏幕窗口左下角的 1/4 部分显示一个红色的填充正三角形;在屏幕窗口右上角的 1/4 部分显示一个绿色的填充正方形;三角形和正方形的左下角顶点坐标值均为(0,0),右下角顶点坐标值均为(1,0);裁剪窗口均为(−0.1,−0.1)~(1.1,1.1);程序窗口的大小为(200,200),标题为"多视口演示"。

6-6 请使用 OpenGL、GLU 和 GLUT 编写一个多视口演示程序。要求:① 在屏幕窗口左下角的 1/4 部分显示一个红色的填充矩形,该矩形的一对对角顶点是(0,0)和(1,1);② 在屏幕窗口右下角的 1/4 部分显示一个蓝色的填充正三角形,该正三角形的左下角顶点是(0,0),右下角顶点是(1,0);③ 在屏幕窗口左上角的 1/4 部分显示一个绿色的外接球半径为 0.35 的线框犹他茶壶,并向右向上各移 0.5;④ 在屏幕窗口右下角的 1/4 部分显示一个紫色的外接球半径为 $\sqrt{3}/2$ 的线框四面体,并首先绕旋转轴(0,0,0)~(1,1,1)旋转 60°,然后向右向上各移 0.5;⑤ 裁剪窗口均为(−0.1,−0.1)~(1.1,1.1),程序窗口的大小为(200,

200），背景为黑色，标题为"多视口演示"。

6.5.2　阶段实习

6-7　编写一个程序，显示如下图所示的两个相交长方体。要求自己构造透视变换函数，不能调用图形软件包提供的透视变换函数。其中，较近的长方体用红色显示，较远的长方体用蓝色显示。

6-8　演示一个不断旋转、缩放和移动的正三棱锥。要求正三棱锥 4 个面的颜色各不相同。可以分成三个小题完成。

第 7 章 三维场景的真实感绘制

7.1 概述

三维场景的真实感绘制包括下列 2 方面内容。

- 可见面判别算法。用于判断场景中各面片的可见性。
- 光照模型与面绘制算法。用于计算场景中物体表面所有位置的光强度。

7.1.1 可见面判别算法

可见面判别算法也可称为隐藏面消除算法,可以分为 2 类。

- 物空间算法。将场景中各物体和各组成部分相互进行比较,以判别哪些面可见。例如后向面判别算法。
- 像空间算法。在投影平面上逐点判断各像素对应的可见面。例如深度缓冲器算法。

7.1.2 光照模型与面绘制算法

- 光照模型。也称明暗模型,用于物体表面某点处的光强度计算。
- 面绘制算法。也称渲染算法,通过光照模型中的光强度计算,确定场景中物体表面所有投影像素点的光强度。

7.2 深度缓冲器算法

常用的可见面判别算法主要有以下几种。

- 后向面判别算法。是一种物空间算法,用于快速识别一些显然的不可见面。
- 深度缓冲器算法。也叫 z-buffer 算法,是一种像空间算法,OpenGL 和 MatLab 都使用了该算法。
- 扫描线算法。是一种像空间算法,是扫描线填充算法的改版。
- 深度排序算法。也叫画家算法,是一种像空间算法,MatLab 使用了该算法。

这里只介绍图形软件包中最常用的深度缓冲器算法。

7.2.1 基本思想

将投影平面上每个像素所对应面片的深度进行比较,然后取最近面片的属性值作为该像素的属性值。

7.2.2　深度比较的实现

在 PC 中,多边形面片上的每个点(x,y,z)均对应于观察面上的像素(x,y)。因此,对观察面上的每个像素(x,y),物体的深度比较可以通过 z 值的比较实现。如图 7-1 所示。

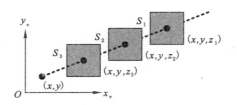

图 7-1　深度比较的实现

7.2.3　在 NC 中实现深度缓冲器算法

1. z 值范围

在 OpenGL 等图形软件包中,z 值的范围是-1(对应近裁剪面)到 1(对应远裁剪面)之间。

2. 缓冲器

共 2 个,分别是深度缓冲器和刷新缓冲器。

- 深度缓冲器。保存面片上各像素所对应的深度值,初始化为 1(最大深度)。
- 刷新缓冲器。保存各点的属性值,初始化为背景属性。

3. 算法步骤

① 初始化深度缓冲器和刷新缓冲器的所有单元。

$$\text{depth}(x,y)=1,\text{frame}(x,y)=I_{\text{back}}(\text{背景属性})$$

② 将每个多边形面片上各点的深度与深度缓冲器中记录的相应深度值比较,以确定这些点的可见性。每次处理一个面片。

- 计算多边形面片上各点的深度 z。
- 若 $z<\text{depth}(x,y)$,则 $\text{depth}(x,y)=z,\text{frame}(x,y)=I_{\text{surf}}(x,y)$(面片属性)。

③ 处理完毕以后,深度缓冲器中保存的是可见面的深度值,刷新缓冲器中保存的是相应的属性值。

图 7-2 使用三个不同深度和颜色的矩形面片演示了上述步骤。

7.2.4　深度值的计算

1. 每条扫描线上的深度值计算

如图 7-3 所示。

(x,y) 处的深度值为

$$z=\frac{-Ax-By-D}{C}$$

$(x+1,y)$ 处的深度值为

$$z'=\frac{-A(x+1)-By-D}{C}=z-A/C$$

由上可知,对于每条扫描线,后一点的深度值可以通过前一点的深度值加上一个常数得到。

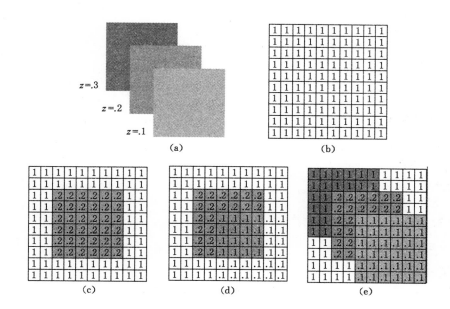

图 7-2　深度缓冲器算法步骤演示

2. 扫描线与多边形左边的交点和深度

对于多边形的每条左边,由最上方顶点出发,沿该边递推计算交点的 x 坐标和深度值。如图 7-4 所示。设 m 为该边的斜率,易知,$x' = x - 1/m$。

(x, y) 处的深度值

$$z = \frac{-Ax - By - D}{C}$$

$(x', y-1)$ 处的深度值

$$z' = \frac{-A(x - 1/m) - B(y - 1) - D}{C} = z + \frac{A/m + B}{C}$$

从而得到扫描线 $y-1$ 与多边形左边的交点和深度为

$$\begin{cases} x' = x - 1/m \\ z' = z + \dfrac{A/m + B}{C} \end{cases}$$

若左边为垂直边(如图 7-5 所示),则

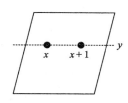

图 7-3　扫描线上的深度值

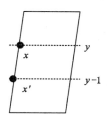

图 7-4　扫描线与边的交点

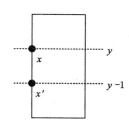

图 7-5　垂直边的情况

$$\begin{cases} x' = x \\ z' = z + B/C \end{cases}$$

7.3 光源

7.3.1 光源的含义

1. 含义

所有发射辐射能量的物体都可以称为光源。

2. 举例

- 发光体：太阳、灯泡。
- 反射光源：墙壁、月亮。

7.3.2 光源的分类

主要有点光源、分布式光源和环境光等三类。

1. 点光源

① 特征。光线向四周发散。

② 举例。下列光源可抽象为点光源。

- 光源远远小于物体，如小灯泡。
- 光源远离物体，如太阳。

2. 分布式光源

① 特征。需要计算光源外表面各点共同产生的光照。

② 举例。下列光源可抽象为分布式光源。

- 跟物体相比，光源不够小，如日光灯。
- 光源靠近物体，如台灯。

③ 处理。通常分解成若干个点光源进行处理。

3. 环境光

① 含义。从不同物体表面产生的反射光的统一照明。

② 模拟方法。改变一个场景的基准光亮度。

③ 大小。用 I_a 表示。

④ 特征。环境光主要有下列特征。

- 每个物体表面得到同样大小的光照。
- 反射光与观察方向和物体的朝向无关。
- 反射光强度决定于各个表面的材料属性。

7.3.3 反射的分类

- 漫反射。粗糙物体的表面往往将反射光向各个方向散射。
- 镜面反射。当观察一个光照下的光滑物体表面时，可能在某个观察方向看到高光或强光。

7.3.4 入射角和反射角

如图 7-6 所示。

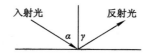

图 7-6　入射角和反射角

- 入射角。入射光线与物体表面法向量之间的夹角。
- 反射角。反射光线与物体表面法向量之间的夹角。

7.4　基本光照模型

只考虑环境光和点光源。

7.4.1　漫反射

1. 漫反射系数

入射光中被反射部分的百分比,用 k_d 表示。

2. 环境光的漫反射

若环境光强度为 I_a,则反射光强度为 $I_{a,\text{diff}} = k_d I_a$。

3. 点光源的漫反射

相关的几何量如图 7-7 所示。

θ:入射角。

N:物体表面的单位法向量。

L:物体表面到点光源的单位向量。

若点光源强度为 I_l,则反射光强度为

$$I_{l,\text{diff}} = k_d I_l \cos\theta = k_d I_l (N \cdot L)$$

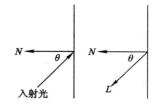

图 7-7　入射线向量和表面法向量

【提示】　本章出现的正弦、余弦和内积都是非负的,否则,直接用 0 代替。

4. 完整的漫反射方程

$$I_{\text{diff}} = k_a I_a + k_d I_l (N \cdot L)$$

其中,k_a 是环境光漫反射系数;k_d 是点光源漫反射系数。

5. 不同反射系数对应的效果演示

图 7-8 演示了不同反射系数对应的效果。其中,横向反映点光源漫反射系数的变化,纵向反映环境光漫反射系数的变化,取值分别是 0、0.25、0.5、0.75 和 1。

7.4.2　镜面反射和 Phong 光照模型

1. 镜面反射

① 含义。当观察一个光照下的光滑物体表面时,可能在某个观察方向看到高光或强光。如图 7-9 所示。

② 特性。镜面反射主要有下列特征(如图 7-10 所示)。

- 入射光线、表面法向量、反射光线共面。
- 入射光线和反射光线位于表面法向量的两侧。

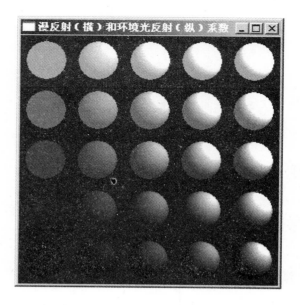

图 7-8　不同反射系数对应的效果演示

· 反射角＝入射角。

2. Phong 模型的相关几何量

如图 7-11 所示。

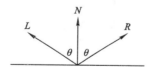

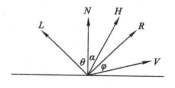

图 7-9　镜面反射　　　　图 7-10　镜面反射的特性　　　　图 7-11　Phong 模型

· L：指向点光源的单位向量。
· N：物体表面法向量。
· V：指向视点的单位向量。
· R：反射方向的单位向量。
· H：L 与 V 的半角向量，$H=(L+V)/|L+V|$。
· ϕ：R 与 V 的夹角。
· α：N 和 H 的夹角。

3. Phong 模型的计算公式

$$I_{spec}=k_sI_l\cos^{n_s}\alpha=k_sI_l(N\cdot H)^{n_s}$$

4. Phong 模型的相关物理量

• I_l：光源强度。

• I_{spec}：反射光强度。

• k_s：镜面反射系数，取值在 0～1 之间，与物体表面材质相关，仅适用于不透明材质。

• n_s：光泽度或镜面反射指数。反映镜面反射光的聚集程度，由物体表面材料属性决定。n_s 越大，反射光越集中在反射方向附近。光滑表面，n_s 比较大（如 100 或更大）。粗糙表面，n_s 比较小（如 1 或更小），理想反射器，n_s 为无限大。

7.4.3　漫反射和镜面反射的合并

考虑环境光、漫反射和镜面反射。

1. 单个点光源

$$I = k_a I_a + k_d I_l (\boldsymbol{N} \cdot \boldsymbol{L}) + k_s I_l (\boldsymbol{N} \cdot \boldsymbol{H})^{n_s}$$

2. 多个光源

$$I = k_a I_a + \sum_{i=1}^{n} I_{l_i} \left[k_d (\boldsymbol{N} \cdot \boldsymbol{L}_i) + k_s (\boldsymbol{N} \cdot \boldsymbol{H}_i)^{n_s} \right]$$

7.4.4　强度衰减

1. 简单模型

① 方法。光线强度按照因子 $1/d^2$ 衰减，即 $f(d) = 1/d^2$，其中，d 是光线经过的路程长度。

② 缺陷。过于简单，不能总产生真实感图形（可能有 $f(d) > 1$）。

2. 改进模型

① 公式。改进后的计算公式为 $f(d) = 1/(a_0 + a_1 d + a_2 d^2)$。

② 调整参数得到不同的光照效果。调整 a_0, a_1, a_2 可以得到不同的光照效果。

• a_0 可以防止当 d 太小时 $f(d)$ 太大。

• 调节 a_0, a_1, a_2 和物体表面参数，可以防止反射光的强度超过允许上限。

③ 限制衰减函数的范围。使用公式 $f(d) = \min(1, 1/(a_0 + a_1 d + a_2 d^2))$ 计算。

3. 改进后的基本光照模型

$$I = k_a I_a + \sum_{i=1}^{n} f(d_i) I_{l_i} \left[k_d (\boldsymbol{N} \cdot \boldsymbol{L}_i) + k_s (\boldsymbol{N} \cdot \boldsymbol{H}_i)^{n_s} \right]$$

7.4.5　颜色

1. 描述颜色的方法

每个颜色用 R、G、B 三个分量表示。用 R、G、B 三个分量表示光源强度和物体表面颜色，根据光照模型计算反射光线中的 R、G、B 分量。

2. 设置表面颜色的方法

有多种设置表面颜色的方法，这里只介绍将反射系数表示为三元向量的方法。OpenGL 使用了这种方法。

① 三元向量的表示。表示为 (k_{dR}, k_{dG}, k_{dB})，其中，$k_{dR}, k_{dG}, k_{dB} \in (0, 1]$。

② 计算方法。使用下列公式计算物体表面颜色。

$$I_R = k_{aR}I_{aR} + \sum_{i=1}^{n} f(d_i)I_{lR_i}\left[k_{dR}(\mathbf{N}\cdot\mathbf{L}_i) + k_{sR}(\mathbf{N}\cdot\mathbf{H}_i)^{n_s}\right]$$

$$I_G = k_{aG}I_{aG} + \sum_{i=1}^{n} f(d_i)I_{lG_i}\left[k_{dG}(\mathbf{N}\cdot\mathbf{L}_i) + k_{sG}(\mathbf{N}\cdot\mathbf{H}_i)^{n_s}\right]$$

$$I_B = k_{aB}I_{aB} + \sum_{i=1}^{n} f(d_i)I_{lB_i}\left[k_{dB}(\mathbf{N}\cdot\mathbf{L}_i) + k_{sB}(\mathbf{N}\cdot\mathbf{H}_i)^{n_s}\right]$$

③ OpenGL 中的相关函数调用。主要有下列调用形式。

• glMaterialfv(face,GL_AMBIENT,mater); // 指定 face 面的环境光漫反射系数（RGBA,数组）。

• glMaterialfv(face,GL_DIFFUSE,mater); // 指定 face 面的点光源漫反射系数（RGBA,数组）。

• glMaterialfv(face,GL_SPECULAR,mater); // 指定 face 面的镜面反射系数（RGBA,数组）。

• glMaterialfv(face,GL_SHININESS,mater); // 指定 face 面的镜面反射指数（单值,数组）。

• glMaterialf(face,GL_SHININESS,mater); // 指定 face 面的镜面反射指数（单值）。

7.4.6 透明效果

1. 对问题的简化

不考虑折射导致的光线路径平移（如图 7-12(a)所示）。

2. 物体表面光强度的计算

如图 7-12(b)所示,透明物体表面的光强度是透射光强度和反射光强度的结合强度。

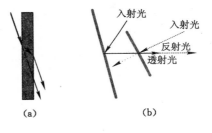

图 7-12 透明物体表面光强度
(a) 问题简化;(b) 光强度的结合

① 计算公式。$I=(1-k_t)I_{refl}+k_tI_{trans}$。

② 有关参数说明。

• I_{refl}:反射光强度,对透明物体用反射光照模型计算。

• I_{trans}:透射光强度,对后面的物体用反射光照模型计算。

• k_t:透明系数,介于 0 与 1 之间,表示有多少背景光被透射。高度透明物体,接近于 1,不透明物体,接近于 0。

3. 透明效果的实现

通常使用可见面判别算法来实现。例如使用深度缓冲器算法的实现方法为如下步骤。

• 处理不透明物体,确定可见不透明表面的深度。

• 将透明物体的深度值与深度缓冲器中的值比较。

• 若透明物体的表面是可见的,则计算反射光强度并且和刷新缓冲器中的光强度结合。

7.5　多边形面绘制算法

多边形面绘制算法用于利用扫描线算法从基本光照模型来实现多边形面片的绘制。基本方法有两种。

- 平面明暗处理。将每个多边形面片用单一光强度绘制。
- 光滑明暗处理。利用扫描线算法得到面片上各点的光强度,如 Gouraud 明暗处理、Phong 明暗处理等。

在 OpenGL 中,使用函数 glShadeModel(GL_FLAT)选择平面明暗处理,使用 glShadeModel(GL_SMOOTH)选择光滑明暗处理(Gouraud 明暗处理)。两种方法的比较如图 7-13 所示。

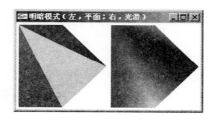

图 7-13　光滑明暗处理与平面明暗处理

7.5.1　平面明暗处理

1. 方法

每个多边形面片均使用一个光强度,面片上所有点均使用相同的光强度显示。如图 7-13所示。

2. 可以准确绘制的物体

用平面明暗处理可以准确绘制的物体应满足下列条件。

- 物体本身是一个多面体。
- 所有照明光源离物体足够远,使得 $N \cdot L$ 和衰减函数对物体表面来讲是一个常数。
- 视点离物体足够远,使得 $V \cdot R$ 对物体表面来讲是一个常数。

3. 缺陷

存在光强度不连续的现象。

7.5.2　Gouraud 明暗处理

1. 方法

- 通过在面片上将光强度进行线性插值来绘制多边形面片。

2. 特点

- 强度值沿相邻多边形的公共边界均匀过渡。
- 消除了光强度不连续的现象。

Gouraud 明暗处理与平面明暗处理的比较如图 7-13 所示。

3. 所需计算

• 确定每个顶点处的平均单位法向量。

• 对每个顶点处根据光照模型计算光强度。

• 在多边形投影区域内对顶点光强度进行线性插值。

4. 顶点处平均法向量的计算

如图 7-14 所示。设面片 $S_1, S_2, \cdots, S_m$ 都通过顶点 V，其单位法向量分别为 $N_1, N_2, \cdots, N_m$，则顶点 V 处的平均单位法向量为

$$N_V = \sum_{k=1}^{m} N_k \Big/ \Big| \sum_{k=1}^{m} N_k \Big|$$

5. 沿多边形边界对光强度插值（边界的光强度）

① 方法。对每一条扫描线，它与多边形交点处的光强度可以通过边界的两端点的光强度进行线性插值得到（只使用扫描线的 y 坐标进行插值）。

② 举例。如图 7-15，若已知某边界两端点 y_1 和 y_2 处的光强度，则沿该边界在扫描线 y 处的光强度为

$$I = I_1 + \frac{I_2 - I_1}{y_2 - y_1}(y - y_1)$$

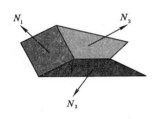

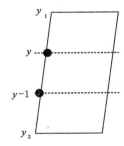

图 7-14 平均法向量　　　　　　　　图 7-15 沿边界插值

③ 使用增量法获得相邻扫描线上后续点的光强度。对于上述例子，沿该边界在扫描线 $y-1$ 处的光强度为

$$I' = I_1 + \frac{I_2 - I_1}{y_2 - y_1}(y - 1 - y_1) = I - \frac{I_2 - I_1}{y_2 - y_1}$$

6. 沿扫描线对光强度插值（内部的光强度）

① 方法。一旦一条扫描线在边界处的光强度已知，内部点的光强度可以通过扫描线在边界处的光强度进行线性插值得到（只使用扫描线的 x 坐标进行插值）。

② 举例。如图 7-16，若已知沿某扫描线在边界 x_1 和 x_2 处的光强度，则沿该扫描线在 x 处的光强度为

$$I = I_1 + \frac{I_2 - I_1}{x_2 - x_1}(x - x_1)$$

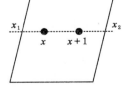

③ 使用增量法获得沿扫描线后续点的光强度。对于上述例子，则沿该扫描线在 $x+1$ 处的光强度为

图 7-16 沿扫描线插值

$$I' = I_1 + \frac{I_2 - I_1}{x_2 - x_1}(x + 1 - x_1) = I + \frac{I_2 - I_1}{x_2 - x_1}$$

7.6　练习题

7-1　请概括深度缓冲器算法的步骤。

7-2　对于光照模型 $I = k_a I_a + k_d I_l (\boldsymbol{N} \cdot \boldsymbol{L}) + k_s I_l (\boldsymbol{N} \cdot \boldsymbol{H})^{n_s}$，公式中的三项分别表示何含义？公式中各符号的含义是什么？

7-3　如何计算几个法向量的平均单位法向量。

7-4　简要介绍一些处理透明物体表面的方法(至少一种)。

7-5　描述沿多边形边界对光强度插值的增量方法。

7-6　描述沿扫描线对光强度插值的增量方法。

第 8 章　OpenGL 的真实感图形

8.1　光照处理

8.1.1　光照处理的基本概念

OpenGL 的光是由红、绿、蓝组成的。光源的颜色由其所发出的红绿蓝颜色的数量决定，材料的属性用反射的红绿蓝颜色的百分比表示。

OpenGL 的光可来自多个光源，每个光源可以单独控制开关。有的光源来自某个特定的方向或位置，有的光源分散于整个场景。

1. 光源的构成

光源由环境光成分（简称为泛光）、漫反射成分和镜面反射成分三部分构成。

- 环境光成分。来自环境，在各方向均匀分布。
- 漫反射成分。来自某一特定方向，一旦照射到表面上，无论在何处观察，亮度都相同。
- 镜面反射成分。来自某一特定方向，以一特定方向离开。

2. 材料颜色

- 取决于材料对红绿蓝光的反射能力，包括环境光反射（简称为泛射）、漫反射和镜面反射。
- 材料的环境光反射与光源的环境光成分相对应。
- 材料的漫反射与光源的漫反射成分相对应。
- 材料的镜面反射与光源的镜面反射成分相对应。
- 材料的环境光反射和漫反射定义材料的颜色，两者通常是相似的，镜面反射通常是白或灰。

8.1.2　光源属性

光源有许多属性，如颜色、位置、方向等。通常使用 glLightfv()和 glLightiv()定义光源属性。后续内容主要介绍这 2 个函数。

【函数原型】

- void glLightfv(GLenum light,GLenum pname,GLfloat *params);
- void glLightiv(GLenum light,GLenum pname,GLint *params);

【功能】　设置光源参数。

【参数】

- light：指定待设置的光源，用形式为 GL_LIGHTi 的符号常数表示，$0 \leqslant i < 8$。

- pname:标识待设置的属性。
- params:给出 pname 对应的属性值。

下面按照光源的属性分类描述 pname 和 params 的取值。

1. 颜色

① 环境光成分。pname 为 GL_AMBIENT。

【调用形式】

- glLightfv(GLenum light,GL_AMBIENT,float *params)
- glLightiv(GLenum light,GL_AMBIENT,int *params)

【功能】　用于指定环境光成分的 RGBA 强度。

【说明】　默认值为 $(0,0,0,1)$,表示没有环境光。

② 漫反射成分。pname 为 GL_DIFFUSE。

【调用形式】

- glLightfv(GLenum light,GL_DIFFUSE,float *params)
- glLightiv(GLenum light,GL_DIFFUSE,int *params)

【功能】　用于指定漫反射成分的 RGBA 强度。

【说明】　对于 GL_LIGHT0,默认值为 $(1,1,1,1)$,对于其他光源,默认值为 $(0,0,0,0)$。

③ 镜面反射成分。pname 为 GL_SPECULAR。

【调用形式】

- glLightfv(GLenum light,GL_SPECULAR,float *params)
- glLightiv(GLenum light,GL_SPECULAR,int *params)

【功能】　用于指定镜面反射成分的 RGBA 强度。

【说明】　对于 GL_LIGHT0,默认值为 $(1,1,1,1)$,对于其他光源,默认值为 $(0,0,0,0)$。

2. 位置

【调用形式】

- glLightfv(GLenum light,GL_POSITION,float *params)
- glLightiv(GLenum light,GL_POSITION,int *params)

【功能】　用于指定光源位置的齐次坐标 (x,y,z,w)。

【说明】　若 $w=0$,表示该光源是位置光源,距离场景较近,位置用齐次坐标 (x,y,z,w) 表示。若 $w=0$,表示该光源是方向光源,距离场景无限远,方向用从坐标原点到 (x,y,z) 的射线方向表示。(x,y,z,w) 的默认值为 $(0,0,1,0)$。

下列语句将 GL_LIGHT0 定义为方向光源(需 C99 支持)。

```
glLightfv(GL_LIGHT0,GL_POSITION,(float[]) { 1,0,1,0});
```

3. 衰减

- 光线的强度随光源距离的增加而减少。
- 对于方向光源,不需要随距离的增加而衰减光强度。
- 对于位置光源,OpenGL 使用 $1/(k_c+k_ed+k_qd^2)$ 来衰减光线的强度;d 为光源位置到物体顶点之间的距离;k_c 为常数衰减因子,默认值为 1;k_e 为线性衰减因子,默认值为 0;k_q 为二次衰减因子,默认值为 0。
- 通常使用下列调用形式设置光源的衰减因子。

- glLightf(GLenum light,GL_CONSTANT_ATTENUATION,float param)
- glLightf(GLenum light,GL_LINEAR_ATTENUATION,float param)
- glLightf(GLenum light,GL_QUADRATIC_ATTENUATION,float param)
- glLightfv(GLenum light,GL_CONSTANT_ATTENUATION,float *params)
- glLightfv(GLenum light,GL_LINEAR_ATTENUATION,float *params)
- glLightfv(GLenum light,GL_QUADRATIC_ATTENUATION,float *params)

4. 全局环境光

场景中的每一个光源都可以向场景提供环境光。除此以外,还可以为场景指定无源的全局环境光。

【调用形式】

- glLightModelfv(GL_LIGHT_MODEL_AMBIENT,float *params)
- glLightModeliv(GL_LIGHT_MODEL_AMBIENT,int *params)

【功能】 用于指定全局环境光的强度。

【说明】 全局环境光的默认强度为{0.2,0.2,0.2,1}。

5. 举例说明

下面语句定义了一个编号为 GL_LIGHT0 的光源(需 C99 支持)。

```
// 环境光成分的 RGBA 强度
glLightfv(GL_LIGHT0,GL_AMBIENT,(float[]) {0,0,0,1});
// 漫反射成分的 RGBA 强度
glLightfv(GL_LIGHT0,GL_DIFFUSE,(float[]) {1,1,1,1});
// 镜面反射成分的 RGBA 强度
glLightfv(GL_LIGHT0,GL_SPECULAR,(float[]) {1,1,1,1});
// 光源位置(齐次坐标)
glLightfv(GL_LIGHT0,GL_POSITION,(float[]) {1,1,1,1});
```

8.1.3　材质属性

物体表面材料有许多属性,如漫反射系数、环境光反射系数、镜面反射系数等。通常使用 glMaterialfv()定义材质属性。后续内容主要介绍这个函数。

【函数原型】

- void glMaterialfv(GLenum face,GLenum pname,GLfloat *params);

【功能】 为物体指定当前材质的某一属性。

【参数】

- face:可以选用 GL_FRONT、GL_BACK 或 GL_FRONT_AND_BACK。
- pname:标识待设置的属性。
- params:给出 pname 对应的属性值(数组)。

1. 漫反射和环境光反射

① 漫反射系数。pname 为 GL_DIFFUSE。

【调用形式】 glMaterialfv(GLenum face,GL_DIFFUSE,float *params)

【功能】 用于定义物体对光源漫反射成分的反射系数。

【说明】 漫反射系数对物体的颜色起着最重要的作用,默认值为(0.8,0.8,0.8,1)。

② 环境光反射系数。pname 为 GL_AMBIENT。

【调用形式】 glMaterialfv(GLenum face,GL_AMBIENT,float *params)

【功能】 用于定义物体对环境光的反射系数。

【说明】

· 默认值为(0.2,0.2,0.2,1)。

· 环境光反射系数影响物体的整体颜色,因为直射到物体上的漫反射光最亮,而没有被直射的物体的环境光反射最明显。

· 一个物体的环境光反射强度受全局环境光和光源环境光成分的双重影响。

③ 同时指定漫反射系数和环境光反射系数。在现实世界中,漫反射系数和环境光反射系数通常是相同的,因此 OpenGL 提供一种简便的方法为它们赋相同的值。

【调用形式】

　glMaterialfv(GLenum face,GL_AMBIENT_AND_DIFFUSE,float *params)

【功能】 用于同时指定漫反射系数和环境光反射系数。

【说明】 默认值为(0.8,0.8,0.8,1)。

2. 镜面反射

① 镜面反射系数。pname 为 GL_SPECULAR。

【调用形式】 glMaterialfv(GLenum face,GL_SPECULAR,float *params)

【功能】 用于定义物体对光源镜面反射成分的反射系数,即亮斑的颜色。

【说明】 默认值为(0,0,0,1)。

② 镜面反射指数。pname 为 GL_SHINESS。

【调用形式】

· glMaterialf(GLenum face,GL_SHINESS,float param)

· glMaterialfv(GLenum face,GL_SHINESS,float *params)

【功能】 用于控制亮斑大小和亮度,称为镜面反射指数或光洁度。

【说明】 镜面反射指数的取值范围为[0,128],值越大,亮斑的尺寸越小且亮度越高。默认值为 0。

3. 发光

【调用形式】 glMaterialfv(GLenum face,GL_EMISSION,float *params)

【功能】 用于定义发光体的发光强度,默认值为(0,0,0,1)。

8.1.4 小结

表 8-1 对光源属性和材质属性设置的函数调用作了一个小结。

表 8-1　　　　　　　　　　　　光源属性和材质属性

属　性	光　源	材　质
位置	glLightfv(light,GL_POSITION,xyzw)	
泛光	glLightfv(light,GL_AMBIENT,rgba)	glMaterialfv(face,GL_AMBIENT,rgba)
漫射	glLightfv(light,GL_DIFFUSE,rgba)	glMaterialfv(face,GL_DIFFUSE,rgba)
镜射	glLightfv(light,GL_SPECULAR,rgba)	glMaterialfv(face,GL_SPECULAR,rgba)

属　性	光　源	材　质
光洁度		glMaterialf(face,GL_SHINESS,s) glMaterialfv(face,GL_SHINESS,v)
发光		glMaterialfv(face,GL_EMISSION,rgba)

8.2　光照处理的几个例子

8.2.1　光照处理的相关函数调用

　　1. 光源和光照效果的启用和关闭
- glEnable(GL_LIGHTi); // 打开第 i 号光源,0≤i<8。
- glDisable(GL_LIGHTi); // 关闭第 i 号光源,0≤i<8。
- glEnable(GL_LIGHTING); // 启用光照效果。
- glDisable(GL_LIGHTING); // 禁止光照效果。
　　2. 明暗模式的选择
- glShadeModel(GL_SMOOTH); // 光滑明暗模式,使用 Gouraud 算法。
- glShadeModel(GL_FLAT); // 平面明暗模式,使用其中一个顶点的颜色填充。

8.2.2　关于光照模型的例子

　　下列程序定义了一个光源和多个物体,演示了在光源相同、材质不同时的光照效果。图 8-1 给出了最终的显示效果。

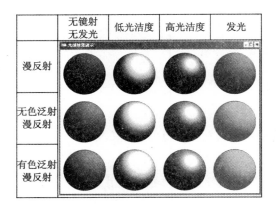

图 8-1　关于光照模型的例子

```
// Material.c
#include <gl/glut.h>
void Viewport(int x,int y,int w,int h) // 创建视口,指定投影变换
{     glViewport(x,y,w,h); // 根据指定位置和大小创建视口
      glMatrixMode(GL_PROJECTION); // 投影矩阵栈
```

```
        glLoadIdentity(); // 当前矩阵改为单位矩阵
        // 指定透视变换,视角 30 度,宽高比 w/h,近平面 1,远平面 1000
        gluPerspective(30,(float)w / h,1,1000);
        glTranslatef(0,0,-3.6); // 场景适当远移
        glMatrixMode(GL_MODELVIEW); // 视图造型矩阵栈
        glLoadIdentity(); // 当前矩阵改为单位矩阵
}
void Light() // 光源
{     glLightfv(GL_LIGHT0,GL_POSITION,(float[]) {2,3,3,1}); // 位置
        glEnable(GL_LIGHTING); // 激活光照
        glEnable(GL_LIGHT0); // 打开 0 号光源
}
void Material(float *mater[]) // 材质
{     int pname[]=
        {  GL_AMBIENT, // 环境光反射系数
            GL_DIFFUSE, // 漫反射系数
            GL_SPECULAR, // 镜面反射系数
            GL_SHININESS, // 光洁度(镜面反射指数)
            GL_EMISSION // 发光强度
        };
        for(int k=0; k<5;++k) // 按顺序指定材质属性
          glMaterialfv(GL_FRONT,pname[k],mater[k]);
}
void Paint() // 场景绘制函数
{     // 建立材质数据库
        float no_mat[]={0,0,0,1}; // 无泛射、漫反射或镜面反射
        float amb[]={0.7,0.7,0.7,1}; // 不带颜色的泛射
        float amb_color[]={0.8,0.8,0.2,1}; // 带颜色的泛射
        float diff[]={0.1,0.5,0.8,1}; // 漫反射
        float spec[]={1,1,1,1}; // 镜面反射
        float no_shin[]={0}; // 光洁度(镜面反射指数)
        float low_shin[]={4}; // 低光洁度
        float high_shin[]={16}; // 高光洁度
        float emiss[]={0.3,0.2,0.2,0}; // 发光强度
        float *mater[3][4][5]=
        {  // 每行分别对应一个物体的材质属性
            // 每列分别对应泛射、漫反射、镜面反射、光洁度、发光
            no_mat,diff,no_mat,no_shin,no_mat, // 漫
            no_mat,diff,spec,low_shin,no_mat, // 漫、低
```

```
            no_mat,diff,spec,high_shin,no_mat,  // 漫、高
            no_mat,diff,no_mat,no_shin,emiss,  // 漫、发
            amb,diff,no_mat,no_shin,no_mat,  // 泛、漫
            amb,diff,spec,low_shin,no_mat,  // 泛、漫、低
            amb,diff,spec,high_shin,no_mat,  // 泛、漫、高
            amb,diff,no_mat,no_shin,emiss,  // 泛、漫、发
            amb_color,diff,no_mat,no_shin,no_mat,  // 色、漫
            amb_color,diff,spec,low_shin,no_mat,  // 色、漫、低
            amb_color,diff,spec,high_shin,no_mat,  // 色、漫、高
            amb_color,diff,no_mat,no_shin,emiss  // 色、漫、发
    };
    int w=glutGet(GLUT_WINDOW_WIDTH) / 4; // 视口宽度
    int h=glutGet(GLUT_WINDOW_HEIGHT) / 3; // 视口高度
    // 清除颜色缓存和深度缓存
    glClear(GL_COLOR_BUFFER_BIT | GL_DEPTH_BUFFER_BIT);
    // 按照 3 行 4 列绘制 12 个球
    for(int i=0; i<3;++i)
        for(int j=0; j<4;++j)
        {   Viewport(w *j,(2-i) *h,w,h); // 第 i 行第 j 列
            Material(mater[i][j]); // 指定材质属性
            // 定义实体球,半径 0.8,经线 120,纬线 60
            glutSolidSphere(0.8,120,60);
        }
    glFlush();
}
int main()
{   glutInitWindowSize(640,480); // 程序窗口大小
    glutCreateWindow("光照效果演示"); // 创建程序窗口
    Light(); // 光源
    glEnable(GL_DEPTH_TEST); // 打开深度测试
    glutDisplayFunc(Paint); // 注册场景绘制函数
    glutMainLoop();
}
```

8.2.3　简单日地月系统的真实感绘制

下列程序演示了地球和月球的公转和自转,地球上的白天黑夜和四季变化,月球的圆缺等效果。为了增强演示效果,还绘制了日、地、月的经纬线,并在赤道上放置了一个小物体。

在 Paint() 中,首先定义太阳,然后规定地球的公转角度和放置位置,考虑地球的黄赤角以保证地轴方向,规定自转角度并定义地球,最后规定月球的公转角度(自转角度无须指定)和放置位置,并定义月球。日、地、月的公转和自转周期等均使用真实数据。

运行时某一时刻的画面如图 8-2 所示。

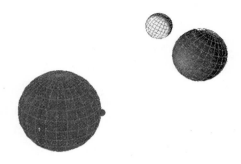

图 8-2　简单日、地、月系统的真实感绘制

```
// Planetary.c
#include <math.h>  // fmod()等
#include <gl/glut.h>
float day=0; // 地球自转角度
float month=0; // 月亮自转和公转角度
float year=0; // 地球公转角度
float sun=0; // 太阳自转角度
void Keyboard(unsigned char key,int x,int y) // 键盘按键响应函数
{   if(key==27) exit(0); // 按下 Esc 键退出
}
void Timer(int millis) // 定时器回调函数
{   float dday=6,speed=4;
    float dmonth=speed*dday/29.5; // 月亮自转和公转角度的增量
    float dyear=speed*dday/365.2475; // 地球公转角度的增量
    float dsun=speed*dday/27.5; // 太阳自转角度的增量
    day=fmod(day+dday,360); // 计算地球自转角度
    month=fmod(month+dmonth,360); // 计算月亮自转和公转角度
    year=fmod(year+dyear,360); // 计算地球公转角度
    sun=fmod(sun+dsun,360); // 计算太阳自转角度
    glutPostRedisplay(); // 调用场景绘制函数
    // 指定定时器函数,参数为:间隔毫秒数,函数名,函数参数值
    glutTimerFunc(millis,Timer,millis);
}
void Reshape(int w,int h) // 窗口变化回调函数
{   glViewport(0,0,w,h); // 视口的位置和大小
    glMatrixMode(GL_PROJECTION); // 当前变换类型为投影变换
    glLoadIdentity(); // 当前矩阵为单位矩阵
```

```
        // 定义投影变换,参数为:y向张角;x/y;近平面;远平面
        gluPerspective(30,(float)w / h,1,1000);
        glTranslatef(0,0,-8); // 适当远移
        glRotatef(30,1,0,0); // 调整观察角度
        glMatrixMode(GL_MODELVIEW); // 当前变换类型为视图造型变换
        glLoadIdentity();
}
void Light(float r) // 设置光源
{   float pos[][4]=  // 在太阳与坐标轴交点处各放置一个光源
    {   {r,0,0,1},{-r,0,0,1},{0,r,0,1},{0,-r,0,1},
        {0,0,r,1},{0,0,-r,1}
    };
    for(int i=0;i<6;++i)
    {   glLightfv(GL_LIGHT0+i,GL_POSITION,pos[i]); // i号光源位置
        glLightfv(GL_LIGHT0+i,GL_DIFFUSE,
            (float[]) {0.9,0.9,0.9,1}); // i号光源漫反射成分
        glEnable(GL_LIGHT0+i); // 启用 i 号光源
    }
}
void Material(float r,float g,float b) // 使用颜色指定物体表面材质
{   glEnable(GL_LIGHTING); // 使用光照效果
    // 指定漫反射材质
    glMaterialfv(GL_FRONT,GL_DIFFUSE,(float[]) {r,g,b,1});
}
void Color(float r,float g,float b) // 直接指定物体表面颜色
{   glDisable(GL_LIGHTING); // 不使用光照效果
    glColor3f(r,g,b); // 直接指定颜色
}
void Wire(float r) // 经纬线
{   Color(0.5,0.5,0.5); // 经纬线是灰色的
    glutWireSphere(r*1.005,24,12); // 经纬线将星球包裹在内
}
void Ball(float r) // 在赤道上放置一个小球验证自转
{   glTranslatef(-r,0,0); // 在赤道与负 x 轴交点处放置一个小球
    Color(0.9,0.1,0.9); // 小物体是紫色的
    glutSolidSphere(r*0.1,12,6); // 小球
}
void Sun(float r) // 太阳
{   glPushMatrix(); // 保存当前矩阵
```

```
        glRotatef(90,-1,0,0); // 将物体的高度方向从 z 调整到 y
        Color(0.9,0.1,0.1); // 太阳是红色的
        glutSolidSphere(r,24,12); // 太阳
        Wire(r); // 经纬线
        Ball(r); // 在赤道上放置一个小球验证自转
        glPopMatrix(); // 恢复当前矩阵,避免上述变换影响到其他物体
}
void Planet(float r) // 地球
{   glPushMatrix(); // 保存当前矩阵
        glRotatef(90,-1,0,0); // 将物体的高度方向从 z 调整到 y
        Material(0.1,0.1,0.9); // 地球是蓝色的
        glutSolidSphere(r,24,12); // 地球
        Wire(r); // 经纬线
        Ball(r); // 在赤道上放置一个小球验证自转
        glPopMatrix(); // 恢复当前矩阵,避免上述变换影响到其他物体
}
void Moon(float r) // 月亮
{   glPushMatrix(); // 保存当前矩阵
        glRotatef(90,-1,0,0); // 将物体的高度方向从 z 调整到 y
        Material(0.75,0.75,0.1); // 月亮是浅黄色的
        glutSolidSphere(r,24,12); // 月亮
        Wire(r); // 经纬线
        Ball(r); // 在赤道上放置一个小球验证自转
        glPopMatrix(); // 恢复当前矩阵,避免上述变换影响到其他物体
}
void Paint() // 场景绘制函数
{   // 清除颜色缓存和深度缓存
        glClear(GL_COLOR_BUFFER_BIT | GL_DEPTH_BUFFER_BIT);
        glLoadIdentity();
        Light(0.4); // 设置光源
        // 太阳:自转
        // 地球:自转-->黄赤角-->位置-->公转
        // 月亮:自转-->位置--公转-->地球黄赤角
        glPushMatrix();
        glRotatef(sun,0,1,0); // 太阳自转
        Sun(0.4); // 太阳
        glPopMatrix(); // 取消太阳自转的影响
        glRotatef(year,0,1,0); // 地球公转
        glTranslatef(2,0,0); // 地球相对太阳的初始位置
```

```
        glRotatef(-year,0,1,0); // 取消地球公转的影响,保证地轴方向不变
        glRotatef(-23.5,0,0,1); // 黄赤交角,即公转平面与自转平面的夹角
        glPushMatrix();
        glRotatef(day,0,1,0); // 地球自转
        Planet(0.3); // 地球
        glPopMatrix(); // 取消地球自转的影响
        glRotatef(month,0,1,0); // 月亮公转
        glTranslatef(0.6,0,0); // 月亮相对地球的初始位置
        // 月亮自转周期与公转相同,无须指定
        Moon(0.15); // 月亮
        glutSwapBuffers(); // 交换颜色缓存
    }
    int main()
    {   glutInitDisplayMode(GLUT_RGBA | GLUT_DOUBLE);
        // 显示模式为:双缓冲区,RGBA 颜色模式
        glutCreateWindow("一个简单的日地月系统"); // 窗口标题
        glutFullScreen(); // 使用全屏幕窗口
        glutKeyboardFunc(Keyboard); // 指定键盘按键响应函数
        // 指定定时器函数,参数为:间隔毫秒数,函数名,函数参数值
        glutTimerFunc(25,Timer,25);
        glutReshapeFunc(Reshape); // 指定窗口变化回调函数
        glutDisplayFunc(Paint); // 指定场景绘制函数
        glEnable(GL_DEPTH_TEST); // 打开深度测试,用于比较远近
        glutMainLoop(); // 开始循环执行 OpenGL 命令
    }
```

8.3　融合

8.3.1　融合的含义

融合处理常用于透明或半透明的物体。在 RGBA 模式下,假设源色(新引入)为(R_s, G_s, B_s, A_s),目标色(存在帧缓存中)为(R_d, G_d, B_d, A_d),源因子为(S_r, S_g, S_b, S_a),目标因子为(D_r, D_g, D_b, D_a),则融合效果为$(R_s S_r + R_d D_r, G_s S_g + G_d D_g, B_s S_b + B_d D_b, A_s S_a + A_d D_a)$,然后再归一。这里的关键是如何设定融合因子$(S_r, S_g, S_b, S_a)$和$(D_r, D_g, D_b, D_a)$来实现不同的融合效果。

8.3.2　相关函数

1. 启用、关闭融合

使用 glEnable(GL_BLEND)启用融合处理,使用 glDisable(GL_BLEND)关闭融合处理。

2. 融合函数

在 RGBA 模式下,可以使用把新引入的 RGBA 值(源)与存储在帧缓存中的 RGBA 值(目标)相融合的融合函数来绘制像素。

【函数原型】 void glBlendFunc(GLenum sfactor,GLenum dfactor);

【功能】 选择融合因子。

【参数】

• sfactor:源因子,可以选用表 8-1 中的所有值,最常用的是 GL_SRC_ALPHA。

• dfactor:目标因子,可以选用表 8-1 中的前 8 个值,最常用的是 GL_ONE 或 GL_ONE_MINUS_SRC_ALPHA。

【说明】 glBlendFunc(GL_SRC_ALPHA,GL_ONE_MINUS_SRC_ALPHA)常用于实现透明效果以及点和线的反走样。glBlendFunc(GL_SRC_ALPHA_SATURATE,GL_ONE)常用于优化多边形的反走样。

表 8-1　　　　　　　　　　　源因子和目标因子的可能值及其含义

可能值	含　义
GL_ZERO	$(0,0,0,0)$
GL_ONE	$(1,1,1,1)$
GL_DST_COLOR	(R_d,G_d,B_d,A_d)
GL_ONE_MINUS_DST_COLOR	$(1-R_d,1-G_d,1-B_d,1-A_d)$
GL_SRC_ALPHA	(A_s,A_s,A_s,A_s)
GL_ONE_MINUS_SRC_ALPHA	$(1-A_s,1-A_s,1-A_s,1-A_s)$
GL_DST_ALPHA	(A_d,A_d,A_d,A_d)
GL_ONE_MINUS_DST_ALPHA	$(1-A_d,1-A_d,1-A_d,1-A_d)$
GL_SRC_ALPHA_SATURATE	$(f,f,f,f),f=\min(A_s,1-A_d)$

8.3.3 举例

下列程序首先绘制一个半透明的红色矩形,不透明程度为 0.7;其次绘制一个完全不透明的绿色矩形;最后绘制一个透明的蓝色矩形,不透明程度为 0.3。运行结果如图 8-3 所示。

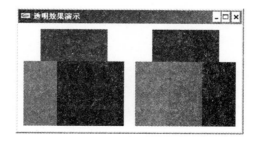

图 8-3　关于融合的例子

// Blend.c

```
#include <gl/glut.h>
void Rects() // 三个方块
{    // 三个不同颜色和透明度的方块重合,颜色融合的效果
    glLoadIdentity(); // 红色方块在默认位置
    glColor4f(1,0,0,0.7); // 红色,半透明
    glRectf(-0.6,-0.3,0.6,0.9);
    glTranslatef(0,0,0.2); // 绿色方块移近 0.2
    glColor4f(0,1,0,1); // 绿色,不透明
    glRectf(-0.9,-0.9,0.3,0.3);
    glTranslatef(0,0,0.2); // 蓝色方块再移近 0.2
    glColor4f(0,0,1,0.3); // 蓝色,透明
    glRectf(-0.3,-0.9,0.9,0.3);
}
void Paint() // 场景绘制函数
{    int w=glutGet(GLUT_WINDOW_WIDTH) / 2; // 视口宽度
    int h=glutGet(GLUT_WINDOW_HEIGHT); // 视口高度
    glClear(GL_COLOR_BUFFER_BIT); // 清除颜色缓存
    glViewport(0,0,w,h); // 左侧视口
    glDisable(GL_BLEND); // 禁用融合
    Rects(); // 三个方块
    glViewport(w,0,w,h); // 右侧视口
    glEnable(GL_BLEND); // 启用融合
    Rects();
    glFlush();
}
int main()
{    glutInitWindowSize(400,200);
    glutCreateWindow("透明效果演示");
    glutDisplayFunc(Paint); // 注册场景绘制函数
    // 设置融合因子
    glBlendFunc(GL_SRC_ALPHA,GL_ONE_MINUS_SRC_ALPHA);
    glutMainLoop();
}
```

8.4 纹理

纹理映射是把图像应用到物体表面的一种技术,就如同在物体表面贴上印花图案一样。图像在纹理空间中创建,值用(s,t)坐标系统,坐标范围通常为 0~1。纹理通常是一维或二维图像。在 OpenGL 中使用纹理映射的基本步骤如下。

① 定义纹理。

② 控制滤波。

③ 给出顶点的纹理坐标和几何坐标。

【注】　纹理映射只能在 RGBA 模式下使用,不适用于颜色索引模式。

8.4.1　纹理定义

1. 二维纹理定义函数

【调用形式】　glTexImage2D(GL_TEXTURE_2D,int level,int components,int width,int height,int border,GLenum format,GLenum type,void *pixels)

【功能】　用于定义一个二维纹理映射。

【参数】

- 第一个参数必须是 GL_TEXTURE_2D,使用其他值会产生错误。
- level:多分辨率纹理图像的级数。通常,纹理图像只有一种分辨率,level=0。
- components:纹理中颜色分量的数目,必须是 1(R)、2(RA)、3(RGB)和 4(RGBA)。
- width 和 height:纹理图像的宽度和高度,必须是 $2^n + 2 \times border$。
- border:边界的宽度,必须为 0 或 1。
- format:像素数据的格式,可用 GL_RED、GL_GREEN、GL_BLUE、GL_ALPHA、GL_RGB、GL_RGBA、GL_BGR_EXT、GL_BGRA_EXT 等。
- type:像素数据的类型,可选 GL_UNSIGNED_BYTE、GL_BYTE、GL_UNSIGNED_SHORT、GL_SHORT、GL_UNSIGNED_INT、GL_INT、GL_FLOAT 等。
- pixels:纹理图像数据(含边界)。

2. 一维纹理定义函数

【调用形式】　glTexImage1D(GL_TEXTURE_1D,int level,int components,int width,int border,GLenum format,GLenum type,void *pixels)

【功能】　用于定义一个一维纹理映射。

【参数】

- 第一个参数必须是 GL_TEXTURE_1D,使用其他值会产生错误。
- level:多分辨率纹理图像的级数。通常,纹理图像只有一种分辨率,level=0。
- components:纹理中颜色分量的数目,必须是 1(R)、2(RA)、3(RGB)和 4(RGBA)。
- width:纹理图像的宽度,必须是 $2^n + 2 \times border$。
- border:边界的宽度,必须是 0 或 1。
- format:像素数据的格式,可用 GL_RED、GL_GREEN、GL_BLUE、GL_ALPHA、GL_RGB、GL_RGBA、GL_BGR_EXT、GL_BGRA_EXT 等。
- type:像素数据的类型,可选 GL_UNSIGNED_BYTE、GL_BYTE、GL_UNSIGNED_SHORT、GL_SHORT、GL_UNSIGNED_INT、GL_INT、GL_FLOAT 等。
- pixels:纹理图像数据(含边界)。

8.4.2　控制滤波

以二维纹理为例说明。原始的纹理图像是一个方形图像,要把它映射到奇形怪状的物体上,一个纹素对应一个屏幕像素一般是做不到的,需要定义合适的滤波方式。

【调用形式】

- void glTexParameteri(GL_TEXTURE_2D,GL_TEXTURE_MAG_FILTER,int param)
- void glTexParameteri(GL_TEXTURE_2D,GL_TEXTURE_MIN_FILTER,int param)

【功能】

- 放大滤波(GL_TEXTURE_MAG_FILTER)。表示当把应用纹理的像素映射到小于或等于一个纹素的区域上时使用哪种纹理映射方法。
- 缩小滤波(GL_TEXTURE_MIN_FILTER)。表示当把应用纹理的像素映射到大于一个纹素的区域上时使用哪种纹理映射方法。

【参数】

- param 指定使用哪种纹理映射方法,通常选用 GL_NEAREST 或 GL_LINEAR。
- GL_NEAREST 表示使用最靠近像素(该像素使用纹理)中心的纹素值与像素值结合。
- GL_LINEAR 表示使用最靠近像素(该像素使用纹理)中心的四个纹素值的加权平均与像素值结合。

8.4.3 纹理坐标

1. 纹理坐标的设置

纹理图像是方形的,纹理坐标可定义成齐次坐标(S,T,R,Q)。用 void glTexCoord{1234}{sifd}[v](TYPE coords)设置当前纹理坐标,此后调用 glVertex *()所产生的顶点都赋予当前的纹理坐标。

2. 自动生成纹理坐标

有时不需要或者不方便为每个物体顶点赋予纹理坐标,可以使用 glTexGen *()自动产生纹理坐标。

① 选取纹理坐标生成函数。

【函数原型】

- void glTexGend(GLenum coord,GLenum pname,GLdouble param);
- void glTexGenf(GLenum coord,GLenum pname,GLfloat param);
- void glTexGeni(GLenum coord,GLenum pname,GLint param);

【参数】

- coord:指明哪个分量自动产生,可选 GL_S、GL_T、GL_R 和 GL_Q。
- pname:必须使用 GL_TEXTURE_GEN_MODE。
- param:纹理坐标生成函数的符号常量名,通常选用 GL_OBJECT_LINEAR(在物空间中计算)或 GL_EYE_LINEAR(在像空间中计算)。

【说明】 通常使用函数 glTexGeni()选取纹理坐标生成函数。

② 指定生成函数的参数。

【函数原型】

- void glTexGendv(GLenum coord,GLenum pname,GLdouble *params);
- void glTexGenfv(GLenum coord,GLenum pname,GLfloat *params);
- void glTexGeniv(GLenum coord,GLenum pname,GLint *params);

【参数】

• coord：指明哪个分量自动产生，可选 GL_S、GL_T、GL_R 和 GL_Q。

• pname：纹理坐标生成函数的符号常量名，只能选用 GL_OBJECT_PLANE（在物空间中计算）或 GL_EYE_PLANE（在像空间中计算）。

• params：纹理坐标生成函数 $g = ax + by + cz + dw$ 的系数 (a, b, c, d)。

【说明】　参数 pname 的值必须和 glTexGeni() 等函数中的 param 参数值对应。

8.4.4　举例说明

1. 指定纹理坐标的例子

下列程序使用图像文件定义纹理图像（使用 256×256 的 24 位位图文件 Flower.bmp），并将纹理图像映射到一个灰色矩形和一个灰色三角形上，便于看出纹理映射的特点。程序运行结果如图 8-4 所示。可以看出，最终屏幕像素的颜色是物体颜色和纹理像素颜色的结合，并且该程序将纹理图像映射到三角形时产生了变形。

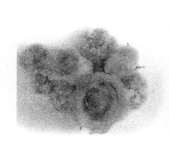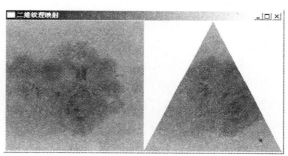

图 8-4　关于纹理的例子

```
// Texture2d.c
#include <stdio.h>  // 文件读写
#include <windows.h>  // 位图文件相关数据结构，可抄出
#include <gl/glut.h>
#ifndef GL_BGR_EXT // VC 在 gl.h 中定义 GL_BGR_EXT
#include <gl/glext.h>  // gcc 在 glext.h 中定义 GL_BGR_EXT
#endif
void Texture(char *FileName) // 创建并启用纹理，使用 24 位的位图文件
{   FILE *file=fopen(FileName,"rb"); // 打开文件
    // 跳过文件头
    fseek(file,sizeof(BITMAPFILEHEADER),SEEK_SET);
    BITMAPINFOHEADER info; // 位图信息头
    fread(&info,sizeof(info),1,file); // 获取位图信息头
    long Width=info.biWidth; // 图像宽度，不含边界时是 2 的整数次幂
    long Height=info.biHeight; // 图像高度，不含边界时是 2 的整数次幂
    GLubyte Pixels[Width*Height*3]; // 图像数据
```

```
        fread(Pixels,1,sizeof(Pixels),file); // 获取图像数据
        fclose(file); // 关闭文件
        // 定义二维纹理,参数为:目标纹理,分辨率级别,
        // 颜色分量数目,宽度,高度,边界宽度,
        // 像素数据格式,像素数据类型,图像数据
        glTexImage2D(GL_TEXTURE_2D,0,3,Width,Height,0,
                    GL_BGR_EXT,GL_UNSIGNED_BYTE,Pixels);
        // 放大滤波,用 z 坐标靠近像素中心的 4 个纹理元素进行线性插值
        glTexParameteri(GL_TEXTURE_2D,GL_TEXTURE_MAG_FILTER,GL_LINEAR);
        // 缩小滤波,用 z 坐标靠近像素中心的 4 个纹理元素进行线性插值
        glTexParameteri(GL_TEXTURE_2D,GL_TEXTURE_MIN_FILTER,GL_LINEAR);
        glEnable(GL_TEXTURE_2D); // 启用二维纹理
    }
void Quads() // 定义四边形
{   glBegin(GL_QUADS); // 开始定义四边形
    glTexCoord2f(0,0),glVertex2f(-1,-1); // 指定纹理坐标和顶点坐标
    glTexCoord2f(1,0),glVertex2f(1,-1);
    glTexCoord2f(1,1),glVertex2f(1,1);
    glTexCoord2f(0,1),glVertex2f(-1,1);
    glEnd(); // 结束四边形定义
}
void Triangles() // 定义三角形
{   glBegin(GL_TRIANGLES); // 开始定义三角形
    glTexCoord2f(0,0),glVertex2f(-1,-1); // 指定纹理坐标和顶点坐标
    glTexCoord2f(1,0),glVertex2f(1,-1);
    glTexCoord2f(0,1),glVertex2f(0,1); // 会产生变形
    glEnd(); // 结束三角形定义
}
void Paint() // 场景绘制函数
{   glClear(GL_COLOR_BUFFER_BIT); // 清除颜色缓存
    glColor3f(0.5,0.5,0.5); // 灰色物体
    int w=glutGet(GLUT_WINDOW_WIDTH) / 2; // 计算视区宽度
    int h=glutGet(GLUT_WINDOW_HEIGHT); // 计算视区高度
    glViewport(0,0,w,h); // 左侧视口
    Quads(); // 定义四边形
    glViewport(w,0,w,h); // 右侧视口
    Triangles(); // 定义三角形
    glFlush();
}
```

```
int main()
{    glutInitWindowSize(512,256); // 程序窗口大小
     glutCreateWindow("二维纹理映射"); // 创建程序窗口
     glutDisplayFunc(Paint); // 注册场景绘制函数
     Texture("Flower.bmp"); // 创建并启用纹理
     glutMainLoop();
}
```

2. 自动生成纹理坐标的例子

下列程序使用纹理坐标生成函数绘制一个有轮廓线的茶壶。运行结果如图 8-5 所示。

图 8-5　自动生成纹理坐标的例子

```
// Texture1d.c
#include <gl/glut.h>
void Reshape(int w,int h) // 窗口变化回调函数
{    glViewport(0,0,w,h); // 根据指定位置和大小创建视口
     glMatrixMode(GL_PROJECTION); // 投影矩阵栈
     glLoadIdentity(); // 当前矩阵改为单位矩阵
     // 透视变换,视场角 45 度,宽高比 w/h,近平面 1,远平面 1000
     gluPerspective(45,(float)w / h,1,1000);
     glTranslatef(-0.075,0,-2.75); // 左移 0.075,远移 2.75
     glMatrixMode(GL_MODELVIEW); // 视图造型矩阵栈
     glLoadIdentity(); // 当前矩阵改为单位矩阵
}
void TexImage() // 创建纹理图像数据
{    // 定义一个一维纹理数据,保持红色、蓝色分量 255(MAX),
     // 所以是渐变的紫色纹理,饱和度不断变化。
     enum { TEXTUREWIDTH=64 }; // 纹理图像宽度
     GLubyte Texture[TEXTUREWIDTH][3]; // 纹理图像数据
     for(int i=0; i<TEXTUREWIDTH;++i)
     Texture[i][0]=255,Texture[i][1]=255-2*i,Texture[i][2]=255;
     // 定义一维纹理,参数含义依次为:目标纹理,分辨率级别,
```

```
        // 颜色分量数目,宽度,边界宽度,像素数据格式,
        // 像素数据类型,图像数据
        glTexImage1D(GL_TEXTURE_1D,0,3,TEXTUREWIDTH,0,
                     GL_RGB,GL_UNSIGNED_BYTE,Texture);
    }
void Texture() // 创建并启用纹理
{    TexImage(); // 创建纹理图像数据
        // 放大滤波,用 z 坐标靠近像素中心的 4 个纹理元素进行线性插值
        glTexParameteri(GL_TEXTURE_1D,GL_TEXTURE_MAG_FILTER,GL_LINEAR);
        // 缩小滤波,用 z 坐标靠近像素中心的 4 个纹理元素进行线性插值
        glTexParameteri(GL_TEXTURE_1D,GL_TEXTURE_MIN_FILTER,GL_LINEAR);
        // 使用 GL_OBJECT_LINEAR 对应的函数自动产生纹理的 S 坐标
        glTexGeni(GL_S,GL_TEXTURE_GEN_MODE,GL_OBJECT_LINEAR);
        // 使用系数为{1,1,1,0}的函数自动产生纹理的 S 坐标
        glTexGenfv(GL_S,GL_OBJECT_PLANE,(float[]) {1,1,1,0});
        glEnable(GL_TEXTURE_1D); // 启用一维纹理
        glEnable(GL_TEXTURE_GEN_S); // 启用纹理 S 坐标自动产生
        glEnable(GL_LIGHTING); // 激活光照
        glEnable(GL_LIGHT0); // 打开 0 号光源
    }
void Paint() // 场景绘制函数
{    // 清除颜色缓存和深度缓存
        glClear(GL_COLOR_BUFFER_BIT | GL_DEPTH_BUFFER_BIT);
        glutSolidTeapot(1); // 构建实心茶壶
        glFlush();
    }
int main()
{    glutInitWindowSize(300,200); // 程序窗口大小
        glutCreateWindow("一维纹理映射"); // 创建程序窗口
        glutDisplayFunc(Paint); // 注册场景绘制函数
        glutReshapeFunc(Reshape); // 注册窗口变化回调函数
        glEnable(GL_DEPTH_TEST);
        Texture(); // 创建并启用纹理
        glutMainLoop();
    }
```

8.5　练习题

8.5.1　基础训练

8-1　使用 OpenGL 和 GLUT 编写一个程序,用于模拟一个非常光滑的纯白球面在烈日暴晒下的效果。

8-2　已知在一个空旷的场景中有一个粗糙的紫色球体,球体的右上角方向放置了一个白色的点光源,请使用 OpenGL 和 GLUT 编写一个程序模拟出球面上的光照效果(不考虑环境光)。

8-3　使用 OpenGL 和 GLUT 编写一个程序,绘制一个球体,在该球体上贴上一个渐变蓝色条纹的纹理。

8.5.2　阶段实习

8-4　完成一个简单的日、地、月系统演示程序。要求必须考虑太阳的自转、地球和月亮的公转和自转;能够演示地球上的白天黑夜和四季变化以及月亮的圆缺效果。为了增强演示效果,请绘制出太阳、地球和月亮的经纬线、赤道和轴线。为了增强真实感,请在太阳、地球、月亮的表面使用合适的纹理。太阳的自转周期、地球和月亮的自转和公转周期以及地球的黄赤角等数据请到互联网上查阅。

8-5　编制一个线框多面体绘制程序,要求能够显示规范化观察体中任何凸多面体的线框模型,其中隐藏线使用虚线显示,可见线使用实线显示。

第 9 章　插值样条和逼近样条

9.1　柔性物体与样条方法

9.1.1　柔性物体和样条的含义

• 柔性物体：柔性物体指在一定运动状态下或在它们接近其他物体时会改变其表面形状的物体。它们的曲面表面很难用常规形状表示。

• 样条：通过一组指定点集来生成平滑曲线的柔性带。

• 样条曲线：由多项式曲线段连接而成的曲线，在每段的边界处满足指定的连续条件。

• 样条曲面：用两组正交样条曲线描述。如图 9-1 所示。

• 控制点：一组坐标点，这些点给出了曲线的大致形状。例如，图 9-2 中的 $\{P_0, P_1, P_2, P_3, P_4, P_5\}$。

• 控制多边形（控制图、特征多边形）：连接有一定次序的控制点的直线序列。例如，图 9-2 中的 $P_0 P_1 P_2 P_3 P_4 P_5$。

• 凸包（凸壳）：包围一组控制点的凸多边形边界，每个控制点或者在凸包的边界上或者在凸包内。例如，图 9-2 中的 $P_0 P_1 P_5 P_3$。

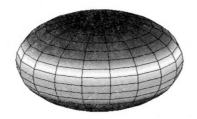

图 9-1　样条曲面

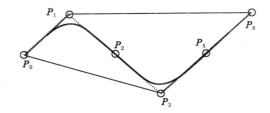

图 9-2　控制点、控制图、凸包

9.1.2　插值样条和逼近样条的含义

• 插值样条：控制点不仅给出了曲线的大致形状，并且选取的多项式使得曲线通过每个控制点，如图 9-3（a）所示。插值样条通常用于数值化绘图或指定动画路径。

• 逼近样条：控制点只是给出了曲线的大致形状，选取的多项式使得曲线不一定通过每个控制点，如图 9-3（b）所示。逼近样条一般作为设计工具来构造物体形状。

图 9-3　插值和逼近样条

(a) 插值样条；(b) 逼近样条

9.1.3　参数连续性条件

- 0 阶参数连续性 C^0：曲线相连，如图 9-4(a) 所示。
- 1 阶参数连续性 C^1：交点处有相同的一阶导数，如图 9-4(b) 所示。
- 2 阶参数连续性 C^2：交点处有相同的二阶导数，如图 9-4(c) 所示。

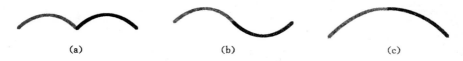

图 9-4　参数连续性条件

(a) 0 阶参数连续性；(b) 1 阶参数连续性；(c) 2 阶参数连续性

9.1.4　样条的表示方法

1. 样条的 3 种等价表示方法

给定多项式的次数和控制点位置后，指定一个具体的样条表达式有 3 种等价方法。

- 边界条件表示。列出一组加在样条上的边界条件。
- 样条基本矩阵表示。列出描述样条特征的矩阵。
- 基函数（又称混合函数、调和函数）表示。列出一组基函数，确定如何组合指定的几何约束条件，以计算曲线路径上的位置。

2. 样条路径的表达式

为了说明这三种等价描述，假设样条路径关于 x 分量的三次参数多项式表达式为 $\boldsymbol{x}(u)=a_x u^3+b_x u^2+c_x u+d_x$，$0 \leqslant u \leqslant 1$，写成矩阵形式，得

$$\boldsymbol{x}(u)=(u^3 \quad u^2 \quad u \quad 1)\begin{pmatrix} a_x \\ b_x \\ c_x \\ d_x \end{pmatrix}$$

其中，$\boldsymbol{U}=(u^3 \quad u^2 \quad u \quad 1)$ 是参数矩阵，$\boldsymbol{C}=(a_x \quad b_x \quad c_x \quad d_x)^\mathrm{T}$ 是系数矩阵。

3. 边界条件表示

已知 4 个控制点的 x 坐标分别是 x_0、x_1、x_2 和 x_3，三次均匀 B-样条的样条路径关于 x 分量在这 4 个控制点上的边界条件是

$$\begin{cases} x(0) = \dfrac{1}{6}(x_0 + 4x_1 + x_2) \\[2mm] x(1) = \dfrac{1}{6}(x_1 + 4x_2 + x_3) \\[2mm] x'(0) = \dfrac{1}{2}(x_2 - x_0) \\[2mm] x'(1) = \dfrac{1}{2}(x_3 - x_1) \end{cases}$$

4. 样条基本矩阵表示

对 $\boldsymbol{x}(u)$ 的矩阵形式求导数，得

$$\boldsymbol{x}'(u) = (3u^2 \quad 2u \quad 1 \quad 0) \begin{pmatrix} a_x \\ b_x \\ c_x \\ d_x \end{pmatrix}$$

从而

$$\begin{pmatrix} x(0) \\ x(1) \\ x'(0) \\ x'(1) \end{pmatrix} = \begin{pmatrix} 0 & 0 & 0 & 1 \\ 1 & 1 & 1 & 1 \\ 0 & 0 & 1 & 0 \\ 3 & 2 & 1 & 0 \end{pmatrix} \begin{pmatrix} a_x \\ b_x \\ c_x \\ d_x \end{pmatrix}$$

将边界条件写成矩阵形式，得

$$\begin{pmatrix} x(0) \\ x(1) \\ x'(0) \\ x'(1) \end{pmatrix} = \frac{1}{6} \begin{pmatrix} 1 & 4 & 1 & 0 \\ 0 & 1 & 4 & 1 \\ -3 & 0 & 3 & 0 \\ 0 & -3 & 0 & 3 \end{pmatrix} \begin{pmatrix} x_0 \\ x_1 \\ x_2 \\ x_3 \end{pmatrix}$$

由此可得方程

$$\begin{pmatrix} 0 & 0 & 0 & 1 \\ 1 & 1 & 1 & 1 \\ 0 & 0 & 1 & 0 \\ 3 & 2 & 1 & 0 \end{pmatrix} \begin{pmatrix} a_x \\ b_x \\ c_x \\ d_x \end{pmatrix} = \frac{1}{6} \begin{pmatrix} 1 & 4 & 1 & 0 \\ 0 & 1 & 4 & 1 \\ -3 & 0 & 3 & 0 \\ 0 & -3 & 0 & 3 \end{pmatrix} \begin{pmatrix} x_0 \\ x_1 \\ x_2 \\ x_3 \end{pmatrix}$$

解得

$$\boldsymbol{C} = \begin{pmatrix} a_x \\ b_x \\ c_x \\ d_x \end{pmatrix}$$

$$= \begin{pmatrix} 0 & 0 & 0 & 1 \\ 1 & 1 & 1 & 1 \\ 0 & 0 & 1 & 0 \\ 3 & 2 & 1 & 0 \end{pmatrix}^{-1} \times \frac{1}{6} \begin{pmatrix} 1 & 4 & 1 & 0 \\ 0 & 1 & 4 & 1 \\ -3 & 0 & 3 & 0 \\ 0 & -3 & 0 & 3 \end{pmatrix} \begin{pmatrix} x_0 \\ x_1 \\ x_2 \\ x_3 \end{pmatrix}$$

$$= \frac{1}{6} \begin{pmatrix} -1 & 3 & -3 & 1 \\ 3 & -6 & 3 & 0 \\ -3 & 0 & 3 & 0 \\ 1 & 4 & 1 & 0 \end{pmatrix} \begin{pmatrix} x_0 \\ x_1 \\ x_2 \\ x_3 \end{pmatrix}$$

从而

$$\boldsymbol{x}(u) = \boldsymbol{U} \times \boldsymbol{C} = (u^3 \quad u^2 \quad u \quad 1) \frac{1}{6} \begin{pmatrix} -1 & 3 & -3 & 1 \\ 3 & -6 & 3 & 0 \\ -3 & 0 & 3 & 0 \\ 1 & 4 & 1 & 0 \end{pmatrix} \begin{pmatrix} x_0 \\ x_1 \\ x_2 \\ x_3 \end{pmatrix}$$

其中

$$\boldsymbol{M}_{\mathrm{B}} = \frac{1}{6} \begin{pmatrix} -1 & 3 & -3 & 1 \\ 3 & -6 & 3 & 0 \\ -3 & 0 & 3 & 0 \\ 1 & 4 & 1 & 0 \end{pmatrix}$$

是三次均匀 B-样条的基本矩阵。

5. 基函数表示

$$\boldsymbol{x}(u) = (u^3 \quad u^2 \quad u \quad 1) \frac{1}{6} \begin{pmatrix} -1 & 3 & -3 & 1 \\ 3 & -6 & 3 & 0 \\ -3 & 0 & 3 & 0 \\ 1 & 4 & 1 & 0 \end{pmatrix} \begin{pmatrix} x_0 \\ x_1 \\ x_2 \\ x_3 \end{pmatrix}$$

$$= \frac{1}{6}(1-u)^3 x_0 + \frac{1}{6}(3u^3 - 6u^2 + 4) x_1 + \frac{1}{6}(-3u^3 + 3u^2 + 3u + 1) x_2 + \frac{1}{6} u^3 x_3$$

其中，$N_{03}(u) = \frac{1}{6}(1-u)^3$、$N_{13}(u) = \frac{1}{6}(3u^3 - 6u^2 + 4)$、$N_{23}(u) = \frac{1}{6}(-3u^3 + 3u^2 + 3u + 1)$ 和

$N_{33}(u) = \frac{1}{6} u^3$ 是三次均匀 B-样条的基函数。

9.1.5　样条曲面

定义一个样条曲面可以通过使用在某个空间区域中的一个控制点网格指定两组正交的样条曲线来实现。假设在某一个空间区域中给定了 $(m+1) \times (n+1)$ 个控制点 $\{P_{ij} \mid i = 0,$ $\cdots, m, j = 0, \cdots, n\}$，则样条曲面上的任何一个位置都可以用样条曲线基函数的乘积来计算。计算方法为 $p(u, v) = \sum_{i=0}^{m} \sum_{j=0}^{n} p_{ij} \times F_{i,m}(u) \times F_{j,n}(v)$，其中 $u_{\min} \leqslant u \leqslant u_{\max}, v_{\min} \leqslant v \leqslant v_{\max}$，$\{F_{i,m}\}_{i=0}^{m}$ 和 $\{F_{j,n}\}_{j=0}^{n}$ 是样条曲线基函数。

9.2　三次样条插值

三次样条插值方法大多用于建立物体运动路径或提供实体表示和动画，有时也用来设计物体形状。三次多项式在灵活性和计算速度之间提供了一个合理的折中方案。它比更高次多项式需要更少的计算时间和存储空间，模拟任意曲线形状时比低次多项式更灵活。

9.2.1　三次样条插值的描述

假设有 $n+1$ 个控制点，坐标分别为 $P_k=(x_k,y_k,z_k)$，$k=0,\cdots,n$。拟合每一对控制点的插值曲线段的参数方程为

$$\begin{cases} x(u)=a_x u^3+b_x u^2+c_x u+d_x \\ y(u)=a_y u^3+b_y u^2+c_y u+d_y \quad 0\leqslant u\leqslant 1 \\ z(u)=a_z u^3+b_z u^2+c_z u+d_z \end{cases}$$

写成矩阵形式，可得

$$(x(u) \quad y(u) \quad z(u))=(u^3 \quad u^2 \quad u \quad 1)\begin{pmatrix} a_x & a_y & a_z \\ b_x & b_y & b_z \\ c_x & c_y & c_z \\ d_x & d_y & d_z \end{pmatrix}$$

为了描述方便，将插值曲线段的参数方程改写成向量形式。令 $a=(a_x,a_y,a_z)$、$b=(b_x,b_y,b_z)$、$c=(c_x,c_y,c_z)$、$d=(d_x,d_y,d_z)$，可以得到向量形式的参数方程 $p(u)=au^3+bu^2+cu+d$，$0\leqslant u\leqslant 1$，写成矩阵形式，可得

$$p(u)=(u^3 \quad u^2 \quad u \quad 1)\begin{pmatrix} a \\ b \\ c \\ d \end{pmatrix}$$

其中，$U=(u^3 \quad u^2 \quad u \quad 1)$ 是参数矩阵，$C=(a \quad b \quad c \quad d)^{\mathrm{T}}$ 是系数矩阵。

9.2.2　Hermite 插值

1. 边界条件表示

设 P_k 和 P_{k+1} 之间的曲线段是三次参数函数 $p(u)$（$0\leqslant u\leqslant 1$），则边界条件为

$$\begin{cases} p(0)=P_k \\ p(1)=P_{k+1} \\ p'(0)=DP_k \\ p'(1)=DP_{k+1} \end{cases}$$

例如，对于图 9-5 中的曲线段 Q（在 P_1 和 P_2 之间）可以给出下列形式的边界条件。

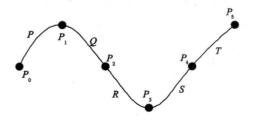

图 9-5　Hermite 插值

$$\begin{cases} Q_x(0)=x_1 \\ Q_x(1)=x_2 \\ Q_x{}'(0)=Dx_1 \\ Q_x{}'(1)=Dx_2 \end{cases} \qquad \begin{cases} Q_y(0)=y_1 \\ Q_y(1)=y_2 \\ Q_y{}'(0)=Dy_1 \\ Q_y{}'(1)=Dy_2 \end{cases} \qquad \begin{cases} Q_z(0)=z_1 \\ Q_z(1)=z_2 \\ Q_z{}'(0)=Dz_1 \\ Q_z{}'(1)=Dz_2 \end{cases}$$

2. 基本矩阵表示

$$\boldsymbol{p}(u)=(u^3 \quad u^2 \quad u \quad 1)\begin{pmatrix} a \\ b \\ c \\ d \end{pmatrix} \qquad 0 \leqslant u \leqslant 1$$

求导数，得

$$\boldsymbol{p}'(u)=(3u^2 \quad 2u \quad 1 \quad 0)\begin{pmatrix} a \\ b \\ c \\ d \end{pmatrix} \qquad 0 \leqslant u \leqslant 1$$

将边界条件代入上述方程，得

$$\begin{pmatrix} P_k \\ P_{k+1} \\ DP_k \\ DP_{k+1} \end{pmatrix} = \begin{pmatrix} p(0) \\ p(1) \\ p'(0) \\ p'(1) \end{pmatrix} = \begin{pmatrix} 0 & 0 & 0 & 1 \\ 1 & 1 & 1 & 1 \\ 0 & 0 & 1 & 0 \\ 3 & 2 & 1 & 0 \end{pmatrix}\begin{pmatrix} a \\ b \\ c \\ d \end{pmatrix}$$

解得

$$\boldsymbol{C}=\begin{pmatrix} a \\ b \\ c \\ d \end{pmatrix} = \begin{pmatrix} 0 & 0 & 0 & 1 \\ 1 & 1 & 1 & 1 \\ 0 & 0 & 1 & 0 \\ 3 & 2 & 1 & 0 \end{pmatrix}^{-1}\begin{pmatrix} P_k \\ P_{k+1} \\ DP_k \\ DP_{k+1} \end{pmatrix} = \begin{pmatrix} 2 & -2 & 1 & 1 \\ -3 & 3 & -2 & -1 \\ 0 & 0 & 1 & 0 \\ 1 & 0 & 0 & 0 \end{pmatrix}\begin{pmatrix} P_k \\ P_{k+1} \\ DP_k \\ DP_{k+1} \end{pmatrix}$$

所以

$$\boldsymbol{p}(u)=\boldsymbol{U}\times\boldsymbol{C}=(u^3 \quad u^2 \quad u \quad 1)\begin{pmatrix} 2 & -2 & 1 & 1 \\ -3 & 3 & -2 & -1 \\ 0 & 0 & 1 & 0 \\ 1 & 0 & 0 & 0 \end{pmatrix}\begin{pmatrix} P_k \\ P_{k+1} \\ DP_k \\ DP_{k+1} \end{pmatrix}$$

其中

$$\boldsymbol{M}_{\mathrm{H}}=\begin{pmatrix} 2 & -2 & 1 & 1 \\ -3 & 3 & -2 & -1 \\ 0 & 0 & 1 & 0 \\ 1 & 0 & 0 & 0 \end{pmatrix}$$

是 Hermite 插值样条的基本矩阵，称为 Hermite 矩阵。

3. 基函数表示

$p(u)=P_k\times(2u^3-3u^2+1)+P_{k+1}\times(-2u^3+3u^2)+DP_k\times(u^3-2u^2+u)+DP_{k+1}\times$

(u^3-u^2)，其中 $H_0(u)=2u^3-3u^2+1$、$H_1(u)=-2u^3+3u^2$、$H_2(u)=u^3-2u^2+u$ 和 $H_3(u)=$

u^3-u^2 是 Hermite 插值样条的基函数。

4. 参数方程表示

$$\begin{cases} x(u)=x_k\times H_0(u)+x_{k+1}\times H_1(u)+Dx_k\times H_2(u)+Dx_{k+1}\times H_3(u) \\ y(u)=y_k\times H_0(u)+y_{k+1}\times H_1(u)+Dy_k\times H_2(u)+Dy_{k+1}\times H_3(u) \quad (0\leqslant u\leqslant 1) \\ z(u)=z_k\times H_0(u)+z_{k+1}\times H_1(u)+Dz_k\times H_2(u)+Dz_{k+1}\times H_3(u) \end{cases}$$

9.3 Bézier 曲线和曲面

Bézier 样条是法国工程师 Bézier 使用逼近样条为雷诺汽车公司设计汽车外形而开发的。Bézier 样条在各种 CAD 系统、大多数图形系统、相关绘图和图形软件包中有广泛应用。

9.3.1 Bézier 基函数

1. 基函数的定义

已知 $n\geqslant 1,0\leqslant k\leqslant n,u\in[0,1]$。由公式 $B_{k,n}(u)=C_n^k u^k(1-u)^{n-k}$ 定义的 $B_{k,n}(u)$ 称为 n 次 Bézier 样条基函数。其中 $C_n^k=\dfrac{n!}{k!\,(n-k)!}$ 是二项式系数。

2. 基函数的 2 个特性

- 非负性：$B_{k,n}(u)\geqslant 0$。

- 权性：$\displaystyle\sum_{k=0}^{n}B_{k,n}(u)=\sum_{k=0}^{n}C_n^k u^k(1-u)^{n-k}=(u+(1-u))^n=1$。

9.3.2 Bézier 曲线

1. 定义

已知 $n+1$ 个控制点 $\{P_k=(x_k,y_k,z_k)\mid k=0,\cdots,n\}$，则 P_0 与 P_n 之间的逼近 Bézier 多项式函数为 $p(u)=\displaystyle\sum_{k=0}^{n}P_k\times B_{k,n}(u)$，其中 $0\leqslant u\leqslant 1$。写成参数方程就是

$$\begin{cases} x(u)=\displaystyle\sum_{k=0}^{n}x_k\times B_{k,n}(u) \\ y(u)=\displaystyle\sum_{k=0}^{n}y_k\times B_{k,n}(u) \quad 0\leqslant u\leqslant 1 \\ z(u)=\displaystyle\sum_{k=0}^{n}z_k\times B_{k,n}(u) \end{cases}$$

2. 实例

图 9-6 给出了几个 Bézier 曲线的例子，分别绘制了控制点、控制图和曲线本身。

9.3.3 Bézier 曲线的端点特征

1. 通过端点

如图 9-7 所示。

① 起点。显然，当 $k>0$ 时 $B_{k,n}(0)=0$，所以 $p(0)=P_0 B_{0,n}(0)$。由 $B_{0,n}(u)=(1-u)^n$ 可得 $p(0)=P_0$。

② 终点。显然，当 $k<n$ 时 $B_{k,n}(1)=0$，所以 $p(1)=P_n B_{n,n}(1)$。由 $B_{n,n}(u)=u^n$ 可得

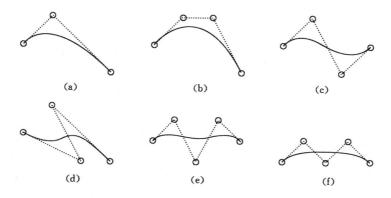

图 9-6 Bézier 曲线的例子

(a) 3 个控制点；(b) 4 个控制点 1；(c) 4 个控制点 2；(d) 4 个控制点 3；(e) 5 个控制点 1；(f) 5 个控制点 2

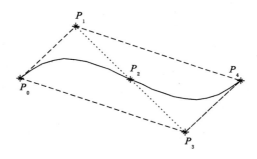

图 9-7 Bézier 曲线的特征

$p(1)=P_n$。

2. 端点处的切线

如图 9-7 所示。

① 起点处。显然，当 $k>1$ 时 $B'_{k,n}(0)=0$，所以 $p'(0)=P_0 B'_{0,n}(0)+P_1 B'_{1,n}(0)$。由 $B'_{0,n}(u)=-n(1-u)^{n-1}$ 和 $B'_{1,n}(u)=n(1-u)^{n-2}(1-nu)$ 可得 $p'(0)=n(P_1-P_0)$，即 P_0 处的切线为 $P_0 P_1$。

② 终点处。显然，当 $k<n-1$ 时 $B'_{k,n}(1)=0$，所以 $p'(1)=P_n B'_{n,n}(0)+P_{n-1}B'_{n-1,n}(0)$。由 $B'_{n,n}(u)=nu^{n-1}$ 和 $B'_{n-1,n}(u)=nu^{n-2}(n-1-nu)$ 可得 $p'(1)=n(P_n-P_{n-1})$，即 P_n 处的切线为 $P_{n-1}P_n$。

9.3.4 三次 Bézier 曲线

1. 基函数

$$\begin{cases} B_{0,3}(u)=(1-u)^3 \\ B_{1,3}(u)=3u(1-u)^2 \\ B_{2,3}(u)=3u^2(1-u) \\ B_{3,3}(u)=u^3 \end{cases}$$

$$\boldsymbol{p}(u)=P_0 \times B_{0,3}(u)+P_1 \times B_{1,3}(u)+P_2 \times B_{2,3}(u)+P_3 \times B_{3,3}(u)$$

2. 矩阵形式

$$p(u)=(u^3 \quad u^2 \quad u \quad 1)\begin{pmatrix} -1 & 3 & -3 & 1 \\ 3 & -6 & 3 & 0 \\ -3 & 3 & 0 & 0 \\ 1 & 0 & 0 & 0 \end{pmatrix}\begin{pmatrix} P_0 \\ P_1 \\ P_2 \\ P_3 \end{pmatrix}=U\times M_{\text{Bez}}\times M_{\text{geom}}$$

其中 M_{Bez} 是三次 Bézier 样条的基本矩阵。

3. 举例

给定四个控制点 $P_0=(0,0)$、$P_1=(1,1)$、$P_2=(2,-1)$ 和 $P_3=(3,0)$，请构造一条三次 Bézier 曲线，并计算参数为 0、1/3、2/3 和 1 时的值。该曲线的图像如图 9-8 所示。

$$p(u)=(u^3 \quad u^2 \quad u \quad 1)\begin{pmatrix} -1 & 3 & -3 & 1 \\ 3 & -6 & 3 & 0 \\ -3 & 3 & 0 & 0 \\ 1 & 0 & 0 & 0 \end{pmatrix}\begin{pmatrix} 0 & 0 \\ 1 & 1 \\ 2 & -1 \\ 3 & 0 \end{pmatrix}$$

$$=(u^3 \quad u^2 \quad u \quad 1)\begin{pmatrix} 0 & 6 \\ 0 & -9 \\ 3 & 3 \\ 0 & 0 \end{pmatrix}$$

$$=(3u \quad 6u^3-9u^2+3u)$$

所以 $p(0)=(0,0)$，$p(1/3)=(1,2/9)$，$p(2/3)=(2,-2/9)$，$p(1)=(3,0)$。

9.3.6 Bézier 曲面

1. 含义

如果在某一个空间区域中给定了 $(m+1)\times(n+1)$ 个控制点 $\{P_{ij} \mid i=0,\cdots,m,j=0,\cdots,n\}$，则称由 $p(u,v)=\sum\limits_{i=0}^{m}\sum\limits_{j=0}^{n}p_{ij}B_{i,m}(u)B_{j,n}(v)$ 定义的参数曲面为 $m\times n$ 次 Bézier 曲面，其中 $0\leqslant u,v\leqslant1$。

2. 示例图

使用两组正交的 Bézier 曲线描述。如图 9-9 所示。其中左侧曲面共 4×4 个控制点，右侧曲面共 5×5 个控制点。

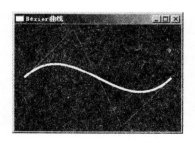

图 9-8　一条三次 Bézier 曲线

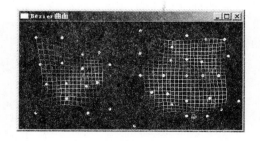

图 9-9　2 个 Bézier 曲面

9.4　Bézier 曲线和曲面的 OpenGL 实现

【注】　为了方便,将在本章和下一章中编写的一些通用函数组织在文件 xtGlu. h 中。下面列出了 xtGlu. h 的预处理部分。

```
// xtGlu. h
#pragma once
#include <stdio. h> // sprintf 等
#include <stdlib. h> // 随机数函数等
#include <string. h> // 字符串函数
#include <stdarg. h> // 可变参数
#include <gl/glut. h>
// GL、GLU 和 GLUT 函数
#include <complex. h> // 复数函数,需 C99 支持
typedef float _Complex Complex;  // xtGlu. h 的复数类型,需 C99 支持
```

9.4.1　需要的函数和调用

1. Bézier 曲线坐标值的计算方法

【调用形式】

• void glMap1d(GL_MAP1_VERTEX_3,GLdouble u1,GLdouble u2,GLint stride, GLint order,GLdouble *points)

• void glMap1f(GL_MAP1_VERTEX_3,GLfloat u1,GLfloat u2,GLint stride, GLint order,GLfloat *points)

【功能】　指定 Bézier 曲线坐标值的计算方法。

【参数】

• u1 和 u2:参数起始值和终止值。

• stride:相邻控制点的距离(包含其他属性分量)。

• order 和 points:控制点个数和控制点数组。

2. Bézier 曲线颜色值的计算方法

【调用形式】

• void glMap1d(GL_MAP1_COLOR_4,GLdouble u1,GLdouble u2,GLint stride, GLint order,GLdouble *colors)

• void glMap1f(GL_MAP1_COLOR_4,GLfloat u1,GLfloat u2,GLint stride, GLint order,GLfloat *colors)

【功能】　指定 Bézier 曲线颜色值的计算方法。

【参数】

• u1 和 u2:参数起始值和终止值。

• stride:相邻颜色值的距离(包含其他属性分量)。

• order 和 colors:颜色值个数和颜色数组。

3. glEvalCoord1 *()

【函数原型】

• void glEvalCoord1d(GLdouble u);

• void glEvalCoord1f(GLfloat u);

• void glEvalCoord1dv(GLdouble *u);

• void glEvalCoord1fv(GLfloat *u);

【功能】 根据参数值自动计算 Bézier 曲线坐标值。

4. glMapGrid1 *()

【函数原型】

• void glMapGrid1d(GLint un,GLdouble u1,GLdouble u2);

• void glMapGrid1f(GLint un,GLfloat u1,GLfloat u2);

【功能】 定义一个一维网格,将参数区间[u1,u2]均匀分成 un 份,对于 Bézier 曲线,参数区间一般取[0,1]。

5. glEvalMesh1()

【函数原型】 void glEvalMesh1(GLenum mode,GLint i1,GLint i2);

【功能】 用与 for(i=i1; i<=i2; ++i) … 等价的办法自动计算[i1~i2]对应的坐标值,生成对象,第一个参数可取 GL_POINT 或 GL_LINE。

6. glMapGrid2 * ()

【函数原型】

• void glMapGrid2d(GLint un,GLdouble u1,GLdouble u2,GLint vn,GLdouble v1,GLdouble v2);

• void glMapGrid2f(GLint un,GLfloat u1,GLfloat u2,GLint vn,GLfloat v1,GLfloat v2);

【功能】 定义一个二维网格,将参数区间[u1,u2][v1,v2]均匀分成 un * vn 份。

7. glEvalMesh2()

【函数原型】 void glEvalMesh2(GLenum mode,int i1,int i2,int j1,int j2);

【功能】 用与双重循环 for(i=i1; i<=i2; ++i){ for(j=j1; j<=j2; ++j) … }等价的办法自动计算[i1~i2][j1~j2]对应的坐标值,定义对象,第一个参数可取:GL_POINT、GL_LINE、GL_FILL。

8. 计算函数启用和禁用

• glEnable(GL_MAP1_VERTEX_3); // 启用 Bézier 曲线坐标值的计算函数。

• glDisable(GL_MAP1_VERTEX_3); // 禁用 Bézier 曲线坐标值的计算函数。

• glEnable(GL_MAP1_COLOR_4); // 启用 Bézier 曲线颜色值的计算函数。

• glDisable(GL_MAP1_COLOR_4); // 禁用 Bézier 曲线颜色值的计算函数

• glEnable(GL_MAP2_VERTEX_3); // 启用曲面坐标值的计算函数。

• glDisable(GL_MAP2_VERTEX_3); // 禁用曲面坐标值的计算函数。

9.4.2 实现方法

保存在文件 xtGlu. h 中。

1. 绘制 Bézier 曲线

```
void BezCurve(float pts[],int npts,int un)
{    // 参数为:控制点数组;控制点个数;参数区间分割数
     glEnable(GL_MAP1_VERTEX_3); // 启用坐标值计算函数
     // 指定坐标值的计算方法,参数为:GL_MAP1_VERTEX_3;
     // 参数起始值;参数终止值;相邻控制点的距离(包含其他属性分量);
     // 控制点个数;控制点数组
     glMap1f(GL_MAP1_VERTEX_3,0,1,3,npts,pts);
     glMapGrid1f(un,0,1); // 定义一个一维网格,将[0,1]均匀分成 un 份
     glEvalMesh1(GL_LINE,0,un); // 计算 0- - un 对应的坐标值,生成对象
     glDisable(GL_MAP1_VERTEX_3); // 禁用坐标值计算函数
}
```

2. Bézier 曲面的实现方法

```
void BezSurface(GLenum mode,float pts[],int uorder,int vorder,int un,
int vn)
{    // 参数为:绘制方式;控制点数组;控制点列数;控制点行数;
     // u 参数区间分割数;v 参数区间分割数
     glEnable(GL_MAP2_VERTEX_3); // 启用坐标值计算函数
     // 指定坐标值的计算方法,参数为:GL_MAP2_VERTEX_3;
     // u 参数起始值;u 参数终止值;控制点 P(i,j+1)和 P(i,j)的距离;
     // 控制点列数;v 参数起始值;v 参数终止值;
     // 控制点 P(i+ 1,j)和 P(i,j)的距离;控制点行数;控制点数组
     glMap2f(GL_MAP2_VERTEX_3,0,1,3,uorder,0,1,3*uorder,vorder,pts);
     // 定义一个二维网格,将[0,1][0,1]均匀分成 un×vn 份
     glMapGrid2f(un,0,1,vn,0,1);
     glEvalMesh2(mode,0,un,0,vn); // 计算相应坐标值,定义对象
     glDisable(GL_MAP2_VERTEX_3); // 禁用坐标值计算函数
}
```

3. 显示一组点

```
void Points(float pts[],int npts)
{   float *F=pts,*L=pts+3*npts;
    glBegin(GL_POINTS);
    for(;F!=L;F+=3) glVertex3fv(F);
    glEnd();
} // 借鉴了 C++ STL 的常见做法
```

4. 显示一条折线

```
void LineStrip(float pts[],int npts)
{   float *F=pts,*L=pts+3*npts;
    glBegin(GL_LINE_STRIP);
```

```
    for(;F!=L;F+=3)glVertex3fv(F);
    glEnd();
} // 借鉴了 C++STL 的常见做法
```

9.4.3 举例说明

1. Bézier 曲线

下列程序演示单色 Bézier 曲线和彩色 Bézier 曲线的绘制方法。运行结果如图 9-10 所示。

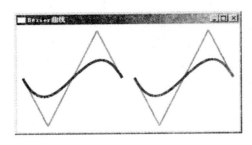

图 9-10　Bézier 曲线

```
// BezCurve.C
#include "xtGlu.h"
void Viewport(int x,int y,int w,int h) // 创建视口,指定投影变换
{   glViewport(x,y,w,h); // 根据指定位置和大小创建视口
    glMatrixMode(GL_PROJECTION); // 投影矩阵栈
    glLoadIdentity(); // 当前矩阵改为单位矩阵
    gluOrtho2D(-0.25,4.25,-2.25,2.25); // 裁剪窗口比(0,-2)~(4,2)稍大
    glMatrixMode(GL_MODELVIEW); // 视图造型矩阵栈
    glLoadIdentity(); // 当前矩阵改为单位矩阵
}
void Hint() // 设置反走样
{   glEnable(GL_LINE_SMOOTH); // 启用线段反走样
    // 设置融合因子
    glBlendFunc(GL_SRC_ALPHA,GL_ONE_MINUS_SRC_ALPHA);
    glEnable(GL_BLEND); // 启用融合
}
void BezColorCurve(float pts[],float cls[],int npts,int un)
{   glEnable(GL_MAP1_COLOR_4); // 启用颜色值计算函数
    // 指定颜色值的计算方法,参数为:GL_MAP1_COLOR_4;
    // 参数起始值;参数终止值;相邻颜色值的距离;
    // 颜色值个数;颜色数组
    glMap1f(GL_MAP1_COLOR_4,0,1,4,npts,cls);
```

```
        BezCurve(pts,npts,un); // 绘制 Bézier 曲线
        glDisable(GL_MAP1_COLOR_4); // 禁用颜色值计算函数
}
void Paint() // 场景绘制函数
{   glClearColor(1,1,1,1); // 白色背景
    glClear(GL_COLOR_BUFFER_BIT); // 清除颜色缓冲
    int w=glutGet(GLUT_WINDOW_WIDTH) / 2; // 视口宽度
    int h=glutGet(GLUT_WINDOW_HEIGHT); // 视口高度
    float pts[][3]=  // 控制点坐标
    { {0,0,0},{1,-2,0},{2,0,0},{3,2,0},{4,0,0} };
    float cls[][4]=  // 控制点颜色
    { {1,0,0,1},{0,1,0,1},{0,0,1,1},{1,0,0,1},{0,1,0,1 }};
    int npts= 5,un= 50; // 控制点个数,参数区间分割数
    Viewport(0,0,w,h); // 左视区
    glColor3f(0,1,1),glLineWidth(2.5); // 控制图颜色和线宽
    LineStrip((float *)pts,npts); // 控制图
    glColor3f(0,0,1),glLineWidth(4.5); // 曲线颜色和线宽
    BezCurve((float *)pts,npts,un); // Bézier 曲线
    Viewport(w,0,w,h); // 右视区
    glColor3f(0,1,1),glLineWidth(2.5); // 控制图颜色和线宽
    LineStrip((float *)pts,npts); // 控制图
    glColor3f(0,0,1),glLineWidth(4.5); // 曲线颜色和线宽
    BezColorCurve((float *)pts,(float *)cls,npts,un); // 彩色 Bézier 曲线
    glFlush();
}
int main()
{   glutInitWindowSize(400,200); // 窗口大小
    glutCreateWindow("Bézier 曲线"); // 窗口标题
    glutDisplayFunc(Paint); // 指定场景绘制函数
    Hint(); // 反走样设置
    glutMainLoop();
}
```

2. Bézier 曲面

下列程序演示 Bézier 曲面的绘制方法,分别绘制一个网格线曲面和一个填充曲面。运行结果如图 9-11 所示。

```
// BezSurf.c
#include "xtGlu.h"
void Viewport(int x,int y,int w,int h) // 创建视口,指定投影变换
{   glViewport(x,y,w,h); // 根据指定位置和大小创建视口
```

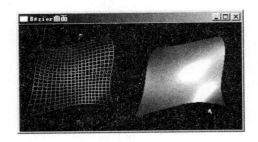

图 9-11　Bézier 曲面

```
    glMatrixMode(GL_PROJECTION); // 投影矩阵栈
    glLoadIdentity(); // 当前矩阵改为单位矩阵
    // 指定透视变换,视角 30 度,宽高比 w/h,近平面 1,远平面 1000
    gluPerspective(30,(float)w / h,1,1000);
    glTranslatef(0,0.3,-10); // 场景上移 0.3,远移 10
    glMatrixMode(GL_MODELVIEW); // 视图造型矩阵栈
    glLoadIdentity(); // 当前矩阵改为单位矩阵
}
void Hint() // 光照属性等
{   glEnable(GL_AUTO_NORMAL); // 自动计算表面法向量
    glEnable(GL_NORMALIZE); // 自动将法向量单位化
    // 设定白色材质
    glMaterialfv(GL_FRONT,GL_DIFFUSE,(float[]) {1,1,1,1});
    glEnable(GL_LIGHT0); // 启用 0 号光源
    glEnable(GL_LIGHTING); // 启用光照效果
}
void Paint() // 场景绘制函数
{   // 清除颜色缓冲和深度缓冲
    glClear(GL_COLOR_BUFFER_BIT | GL_DEPTH_BUFFER_BIT);
    int w=glutGet(GLUT_WINDOW_WIDTH) / 2; // 视口宽度
    int h=glutGet(GLUT_WINDOW_HEIGHT); // 视口高度
    float pts[4][4][3]= // 控制点坐标
    {   {{-1.5,-1.5,4},{-0.5,-1.5,2},{0.5,-1.5,-1},{1.5,-1.5,2}},
        {{-1.5,-0.5,1},{-0.5,-0.5,3},{0.5,-0.5,0},{1.5,-0.5,-1}},
        {{-1.5,0.5,4},{-0.5,-0.5,0},{0.5,0.5,3},{1.5,0.5,4}},
        {{-1.5,1.5,-2},{-0.5,1.5,-2},{0.5,1.5,0},{1.5,1.5,1}}
    };
    Viewport(0,0,w,h); // 左侧用线框模型
    // 构造 Bezier 曲面,参数为:绘制方式;控制点数组;控制点列数;
    // 控制点行数;u 参数区间分割数;v 参数区间分割数
```

```
        BezSurface(GL_LINE,(float *)pts,4,4,20,20);
        Viewport(w,0,w,h); // 右侧用填充模型
        BezSurface(GL_FILL,(float *)pts,4,4,20,20);
        glFlush();
    }
    int main()
    {   glutInitWindowSize(400,200); // 程序窗口大小
        glutCreateWindow("Bézier 曲面"); // 创建程序窗口
        glutDisplayFunc(Paint); // 注册场景绘制函数
        Hint(); // 光照属性等
        glutMainLoop();
    }
```

9.5　B-样条曲线和曲面

9.5.1　B-样条基函数

1. 定义

已知 $2 \leqslant d \leqslant n+1$，给定参数 $u(u_{\min} \leqslant u \leqslant u_{\max})$ 的一个分割 $T = \{u_i\}_{i=0}^{n+d}$，其中 $u_i \leqslant u_{i+1}$。由下列 Cox-deBoor 递归公式定义的 $N_{k,d}(u)$ 称为分割 T 的 d 阶 B-样条基函数。

$$\begin{cases} N_{k,1}(u) = \begin{cases} 1 & u_k \leqslant u < u_{k+1} \\ 0 & else \end{cases} \\ N_{k,d}(u) = \dfrac{u - u_k}{u_{k+d-1} - u_k} N_{k,d-1}(u) + \dfrac{u_{k+d} - u}{u_{k+d} - u_{k+1}} N_{k+1,d-1}(u) \end{cases}$$

其中，$T = \{u_i\}_{i=0}^{n+d}$ 称为节点向量，u_i 称为节点。在计算过程中规定 $0/0 = 0$。

2. 基函数的性质

① 局部性。由递推公式可知，要计算 $N_{k,d}(u)$，必须计算 $N_{k,1}(u)$，$N_{k+1,1}(u)$，…，$N_{k+d-1,1}(u)$。而当 $u \notin [u_k, u_{k+d}]$ 时，$N_{k,1}(u) = N_{k+1,1}(u) = \cdots = N_{k+d-1,1}(u) = 0$。所以当 $u \in [u_k, u_{k+d}]$ 时，$N_{k,d}(u) > 0$，当 $u \notin [u_k, u_{k+d})$ 时，$N_{k,d}(u) = 0$。

② 权性。当 $u_{d-1} \leqslant u \leqslant u_{n+1}$ 时，B-样条基函数满足 $\sum\limits_{k=0}^{n} N_{k,d}(u) = 1$。

③ 分段多项式。$N_{k,d}(u)$ 是次数不高于 $d-1$ 的分段多项式。其中每两个相邻节点之间的区间就是一个分段区间。

④ 连续性。$N_{k,d}(u)$ 具有 C^{d-2} 连续性。

9.5.2　B-样条曲线

1. 定义

给定 $n+1$ 个控制点 $\{P_0, \cdots, P_n\}$，使用 $p(u) = \sum\limits_{k=0}^{n} P_k N_{k,d}(u)$ 定义 B-样条曲线的坐标位置。其中，$2 \leqslant d \leqslant n+1$，参数区间为 $[u_{\min}, u_{\max}]$，曲线定义区间为 $[u_{d-1}, u_{n+1}]$。

【注】　B-样条曲线不一定定义在整个参数区间内。例如，对于给定 4 个控制点的三次

均匀 B-样条曲线,节点向量可以设置为$\{0,1,2,3,4,5,6,7\}$,即参数区间为$[0,7]$。但曲线定义使用的参数范围是$[u_{d-1},u_{n+1}]$,即$[3,4]$。

2．性质

① 分段参数多项式。$p(u)$是参数 u 的次数不高于$d-1$的分段多项式($n-d+2$ 段)。每个曲线段受 d 个控制点影响。

② 连续性。$p(u)$具有C^{d-2}连续性。

9.5.3　均匀 B-样条曲线

1．节点向量的分类

• 均匀的。两相邻节点之间的距离为常数,如$\{2,2.5,3,3.5,4\}$。

• 开放均匀的。除了两端的节点值重复 d 次以外,其余节点间距是均匀的,如$\{0,0,1,2,3,4,4\}$$(d=2,n=4)$。

• 非均匀的。可以对节点向量和间距指定任何值,如$\{0,1,3,4,7\}$。

2．均匀 B-样条节点向量

① 一般均匀节点向量。如$\{-1.5,-1,-0.5,0,0.5,1,1.5,2\}$。

② 标准均匀节点向量。介于 0 和 1 之间,如$\{0,0.2,0.4,0.6,0.8,1\}$。

③ 自然、方便的均匀节点向量。起始值为 0,间距为 1。例如,对 5 个控制点的二次均匀 B-样条,有$n=4,d=3$,节点值个数为$n+d+1=8$,节点向量可以设置为$\{0,1,2,3,4,5,6,7\}$。

3．开放均匀 B-样条节点向量

① 特点。两端节点值重复 d 次,其余节点间距均匀。

② 例子。对 6 个控制点的三次开放均匀 B-样条,有$n=5,d=4,n+d+1=10$,节点向量可以设置为$\{0,0,0,0,1,2,3,3,3,3\}$。

③ 节点向量的生成。可用公式

$$u_i=\begin{cases}0 & 0\leqslant i<d \\ i-d+1 & d\leqslant i\leqslant n \\ n-d+2 & i>n\end{cases}$$

生成。其中,$0\leqslant i\leqslant n+d$。

4．周期性基函数

均匀 B-样条有周期性基函数。令 $\Delta u=u_{i+1}-u_i$,则$N_{k,d}(u)=N_{k+1,d}(u+\Delta u)$或$N_{k,d}(u)=N_{k-1,d}(u-\Delta u)$。对于开放均匀 B-样条,不能利用这种周期性。

9.5.4　B-样条曲线举例

1．问题

给定 3 个控制点 $P_0(0,0)$、$P_1(0.5,1)$、$P_2(1,0)$,请构造一条均匀二次 B-样条曲线。该曲线图像如图9-12 所示。

2．解答

使用自然的均匀节点向量,此时参数值 $n=2$,

图 9-12　均匀二次 B-样条曲线

$d=3$，节点值个数为 $n+d+1=6$，因此设置节点向量为 $\{0,1,2,3,4,5\}$。

首先计算第一个基函数：$N_{03}(u)$，$0\leqslant u<3$。

① 当 $0\leqslant u<1$ 时，$N_{12}(u)=0$，$N_{11}(u)=0$，$N_{01}(u)=1$。

因为

$$N_{02}(u)=\frac{u-u_0}{u_1-u_0}N_{01}(u)=u$$

所以

$$N_{03}(u)=\frac{u-u_0}{u_2-u_0}N_{02}(u)=\frac{1}{2}u^2$$

② 当 $1\leqslant u<2$ 时，$N_{11}(u)=1$，$N_{01}(u)=0$。

由周期性，有 $N_{12}(u)=u-1$。

因为

$$N_{02}(u)=\frac{u_2-u}{u_2-u_1}N_{11}(u)=2-u$$

所以

$$N_{03}(u)=\frac{u-u_0}{u_2-u_0}N_{02}(u)+\frac{u_3-u}{u_3-u_1}N_{12}(u)=\frac{1}{2}u(2-u)+\frac{1}{2}(u-1)(3-u)$$

③ 当 $2\leqslant u<3$ 时，$N_{02}(u)=0$。

由周期性，有 $N_{12}(u)=3-u$，所以

$$N_{03}(u)=\frac{u_3-u}{u_3-u_1}N_{12}(u)=\frac{1}{2}(3-u)^2$$

总结上述结果得

$$N_{03}(u)=\begin{cases}\dfrac{1}{2}u^2 & 0\leqslant u<1 \\[2mm] \dfrac{1}{2}u(2-u)+\dfrac{1}{2}(u-1)(3-u) & 1\leqslant u<2 \\[2mm] \dfrac{1}{2}(3-u)^2 & 2\leqslant u<3\end{cases}$$

然后由周期性计算其余 2 个基函数。

$$N_{13}(u)=\begin{cases}\dfrac{1}{2}(u-1)^2 & 1\leqslant u<2 \\[2mm] \dfrac{1}{2}(u-1)(3-u)+\dfrac{1}{2}(u-2)(4-u) & 2\leqslant u<3 \\[2mm] \dfrac{1}{2}(4-u)^2 & 3\leqslant u<4\end{cases}$$

$$N_{23}(u)=\begin{cases}\dfrac{1}{2}(u-2)^2 & 2\leqslant u<3 \\[2mm] \dfrac{1}{2}(u-2)(4-u)+\dfrac{1}{2}(u-3)(5-u) & 3\leqslant u<4 \\[2mm] \dfrac{1}{2}(5-u)^2 & 4\leqslant u<5\end{cases}$$

多项式曲线 $p(u)$ 的参数范围是：$u_{d-1}\leqslant u\leqslant u_{n+1}$，即 $2\leqslant u\leqslant 3$，考虑到多项式曲线 $p(u)$

具有一阶参数连续性(C^{d-2}),可以如下定义 $p(u)$:

当 $2 \leqslant u \leqslant 3$ 时,

$$p(u) = P_0 \times \frac{1}{2}(3-u)^2 + P_1 \times \left[\frac{1}{2}(u-1)(3-u) + \frac{1}{2}(u-2)(4-u)\right] +$$

$$P_2 \times \frac{1}{2}(u-2)^2$$

$$= (0,0) \times \left(\frac{1}{2}u^2 - 3u + \frac{9}{2}\right) + (0.5,1) \times \left(-u^2 + 5u - \frac{11}{2}\right) +$$

$$(1,0) \times \left(\frac{1}{2}u^2 - 2u + 2\right)$$

$$= \left(\frac{1}{2}u - \frac{3}{4}, -u^2 + 5u - \frac{11}{2}\right)$$

9.5.6 B-样条曲面

如果在某一个空间区域中给定了 $(m+1) \times (n+1)$ 个控制点 $\{P_{ij} \mid i = 0, \cdots, m, j = 0,$ $\cdots, n\}$,则使用 $p(u,v) = \sum\limits_{i=0}^{m} \sum\limits_{j=0}^{n} p_{ij} N_{i,k}(u) N_{j,h}(v)$ 定义的参数曲面为 $k \times h$ 阶 B-样条曲面。其中,$2 \leqslant k \leqslant m+1, 2 \leqslant h \leqslant n+1$,参数范围是 $u_{\min} \leqslant u \leqslant u_{\max}, v_{\min} \leqslant v \leqslant v_{\max}$,曲面定义范围是 $u_{k-1} \leqslant u \leqslant u_{m+1}, v_{h-1} \leqslant v \leqslant v_{n+1}$。图 9-13 给出的 4×4 阶 B-样条曲面使用了 4×4 个控制点。

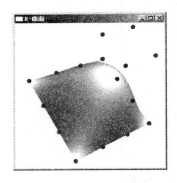

图 9-13　一个 B-样条曲面

9.5.7 有理 B-样条

如果在某一个空间区域中给定了 $n+1$ 个控制点 $\{P_0, \cdots, P_n\}$,则称下列形式的参数曲线为 d 阶有理 B-样条曲线。

$$p(u) = \sum_{k=0}^{n} \omega_k P_k N_{k,d}(u) \Big/ \sum_{k=0}^{n} \omega_k N_{k,d}(u)$$

其中,$2 \leqslant d \leqslant n+1$,参数区间为 $[u_{\min}, u_{\max}]$,曲线定义区间为 $[u_{d-1}, u_{n+1}]$。ω_k 是控制点的加权因子。ω_k 越大,曲线越靠近控制点 P_k。一般图形软件包(例如 OpenGL)通常使用非均匀节点向量来构造有理 B-样条。这种样条称为 NURBS(非均匀有理 B-样条)。

9.6　B-曲线和曲面的 OpenGL 实现

9.6.1　需要的函数

1. gluNewNurbsRenderer()

【函数原型】　GLUnurbs *gluNewNurbsRenderer();

【功能】　创建一个 NURBS 对象,返回指向该对象的指针。

2. gluDeleteNurbsRenderer()

【函数原型】　void gluDeleteNurbsRenderer(GLUnurbs *obj);

【功能】　删除 NURBS 对象。

3. gluBeginCurve()

【函数原型】　void gluBeginCurve(GLUnurbs *obj);

【功能】　开始 NURBS 曲线的定义。

4. gluEndCurve()

【函数原型】　void gluEndCurve(GLUnurbs *obj);

【功能】　结束 NURBS 曲线的定义。

5. gluNurbsCurve()

【函数原型】　void gluNurbsCurve(GLUnurbs *obj,GLint nknots,GLfloat *knots,GLint stride,GLfloat *pts,GLint order,GLenum type);

【功能】　定义一条 NURBS 曲线。

【参数】

• obj:NURBS 对象。

• nknots 和 knots:节点值个数和节点向量。

• stride:相邻控制点的偏移量。

• pts:控制点数组,坐标必须与曲线类型一致。

• order:NURBS 曲线的阶数(次数＋1)。

• type:曲线类型,GL_MAP1_VERTEX_3 表示 B-曲线,GL_MAP1_VERTEX_4 表示有理 B-曲线。

6. gluBeginSurface()

【函数原型】　void gluBeginSurface(GLUnurbs *obj);

【功能】　NURBS 曲面定义开始。

7. gluEndSurface()

【函数原型】　void gluEndSurface(GLUnurbs *obj);

【功能】　结束 NURBS 曲面的定义。

8. gluNurbsSurface()

【函数原型】　void gluNurbsSurface(GLUnurbs *obj,GLint nsknots,GLfloat *sknots,GLint ntknots,GLfloat *tknots,GLint sstride,GLint tstride,GLfloat *pts,GLint sorder,GLint torder,GLenum type);

【功能】　定义 NURBS 曲面。

【参数】

- obj：NURBS 对象。
- nsknots 和 sknots：s 节点值个数和 s 节点向量。
- ntknots 和 tknots：t 节点值个数，t 节点向量。
- sstride 和 tstride：相邻行控制点偏移量和相邻控制点偏移量。
- pts：控制点数组，坐标必须与曲线类型一致。
- sorder 和 torder：s 阶数和 t 阶数。
- type：曲面类型，GL_MAP2_VERTEX_3 表示 B-曲面，GL_MAP2_VERTEX_4 表示有理 B-曲面。

9. gluNurbsProperty()

【函数原型】 void gluNurbsProperty (GLUnurbs *nobj, GLenum property, GLfloat value);

【功能】 控制存储在 NURBS 对象中的属性，这些属性影响 NURBS 对象的绘制方式。

【说明】 这里只介绍 property 使用 GLU_SAMPLING_TOLERANCE 的情形，即调用形式为 void gluNurbsProperty (GLUnurbs *nobj，GLU_SAMPLING_TOLERANCE，GLfloat value)。该调用形式用于将对象 nobj 的采样间隔规定为 value 像素，即用于表示曲线的折线中每条线段的长度不超过 value 像素。

9.6.2 实现方法

保存在文件 xtGlu. h 中。

1. 生成均匀节点向量

```
void Uniknots(float knots[],int npts,int order)
{    // 参数为：节点向量；控制点个数；阶数
     int nknots=npts+order; // 节点值个数
     for(int i=0;i<nknots;i++) knots[i]=i; // 生成均匀节点向量
}
```

2. 生成开放均匀节点向量

节点向量的生成公式为

$$u_i = \begin{cases} 0 & 0 \leqslant i < d \\ i-d+1 & d \leqslant i \leqslant n \\ n-d+2 & i > n \end{cases}$$

```
void OpenUniknots(float knots[],int npts,int order)
{    // 参数为：节点向量；控制点个数；阶数
     int i,nknots=npts+order; // 节点值个数
     for(i=0;i<order;i++)knots[i]=0; // 0≤i< d
     for(i=order;i<npts;i++)knots[i]= i-order+1; // d≤i≤n
     for(i=npts; i<nknots;i++) knots[i]=npts-order+1; // i> n
}
```

3. 绘制 B-样条曲线

```
void BCurve(float knots[],int npts,float pts[],int order,float value)
```

```
{   // 参数为：节点向量；控制点个数；控制点数组；阶数；
    // 采样间隔，单位是像素
    int nknots=npts+order; // 节点值个数
    GLUnurbsObj *nobj=gluNewNurbsRenderer(); // 创建 NURBS 对象
    // 指定采样间隔为 value 像素
    gluNurbsProperty(nobj,GLU_SAMPLING_TOLERANCE,value);
    gluBeginCurve(nobj); // 开始 NURBS 曲线的定义
    // 定义 NURBS 曲线，参数为：NURBS 对象；节点值个数；节点向量；
    // 相邻控制点的距离；控制点数组；阶数；曲线类型（B 样条曲线）
    gluNurbsCurve(nobj,nknots,knots,3,pts,order,GL_MAP1_VERTEX_3);
    gluEndCurve(nobj); // 结束 NURBS 曲线的定义
    gluDeleteNurbsRenderer(nobj); // 删除 NURBS 对象
}
```

4. 绘制均匀 B-样条曲线

```
void UniBCurve(int npts,float pts[],int order,float value)
{   // 参数为：控制点个数；控制点数组；阶数；
    // 采样间隔，单位是像素
    float knots[npts+order]; // 节点向量
    Uniknots(knots,npts,order); // 生成均匀节点向量
    BCurve(knots,npts,pts,order,value); // 绘制 B 样条曲线
}
```

5. 绘制开放均匀 B-样条曲线

```
void OpenUniBCurve(int npts,float pts[],int order,float value)
{   // 参数为：控制点个数；控制点数组；阶数；
    // 采样间隔，单位是像素
    float knots[npts+order]; // 节点向量
    OpenUniknots(knots,npts,order); // 生成开放均匀节点向量
    BCurve(knots,npts,pts,order,value); // 绘制 B-样条曲线
}
```

6. 绘制 B-样条曲面

```
void BSurface(float sknot[],float tknot[],int nspts,int ntpts,float
pts[],int sorder,int torder)
{   // 参数为：s 节点向量；t 节点向量；控制点行数；
    // 控制点列数；控制点数组；s 阶数；t 阶数
    int nsknots=nspts+sorder; // s 节点值个数
    int ntknots=ntpts+torder; // t 节点值个数
    GLUnurbsObj *nobj=gluNewNurbsRenderer(); // 创建 NURBS 对象
    gluBeginSurface(nobj); // 曲面定义开始
    // 定义曲面，参数为：NURBS 对象；s 节点值个数；s 节点向量；
```

```
// t 节点值个数；t 节点向量；相邻行控制点距离；相邻控制点距离；
// 控制点数组；s 阶数；t 阶数；曲面类型（B-样条曲面）
gluNurbsSurface (nobj,nsknots,sknot,ntknots,tknot,3*ntpts,3,pts,
                sorder,torder,GL_MAP2_VERTEX_3);
gluEndSurface(nobj); // 结束曲面的绘制
gluDeleteNurbsRenderer(nobj); // 删除 NURBS 对象
}
```

7. 绘制均匀 B-样条曲面

```
void UniBSurface(int nspts,int ntpts,float pts[],int sorder,int torder)
{    // 参数为：控制点行数；控制点列数；控制点数组；s 阶数；t 阶数
    float sknot[nspts+sorder],tknot[ntpts+torder]; // s、t 节点向量
    Uniknots(sknot,nspts,sorder); // 生成均匀 s 节点向量
    Uniknots(tknot,ntpts,torder); // 生成均匀 t 节点向量
    BSurface(sknot,tknot,nspts,ntpts,pts,sorder,torder); // 绘制 B 曲面
}
```

8. 绘制开放均匀 B-样条曲面

```
void OpenUniBSurface (int nspts,int ntpts,float pts[],int sorder,int
                torder)
{    // 参数为：控制点行数；控制点列数；控制点数组；s 阶数；t 阶数
    float sknot[nspts+sorder],tknot[ntpts + torder]; // s、t 节点向量
    OpenUniknots(sknot,nspts,sorder); // 生成开放均匀 s 节点向量
    OpenUniknots(tknot,ntpts,torder); // 生成开放均匀 t 节点向量
    BSurface(sknot,tknot,nspts,ntpts,pts,sorder,torder); // 绘制 B 曲面
}
```

9.6.3　举例说明

1. B-样条曲线

下列程序绘制了一条均匀 B-样条曲线和一条开放均匀 B-样条曲线；并绘制了它们的控制图以比较两者的不同。运行结果如图 9-14 所示。

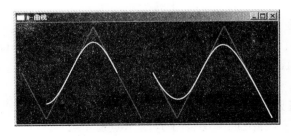

图 9-14　B-样条曲线

```
// B_Curve.C
#include "xtGlu.h"
```

```
void Viewport(int x,int y,int w,int h) // 创建视口,指定投影变换
{   glViewport(x,y,w,h); // 根据指定位置和大小创建视口
    glMatrixMode(GL_PROJECTION); // 投影矩阵栈
    glLoadIdentity(); // 当前矩阵改为单位矩阵
    gluOrtho2D(-0.25,5.25,-2.2,2.2); // 裁剪窗口,比[0,5][-2,2]稍大
    glMatrixMode(GL_MODELVIEW); // 视图造型矩阵栈
    glLoadIdentity(); // 当前矩阵改为单位矩阵
}
void Hint() // 设置反走样
{   glEnable(GL_LINE_SMOOTH); // 启用线段反走样
    // 指定融合因子
    glBlendFunc(GL_SRC_ALPHA,GL_ONE_MINUS_SRC_ALPHA);
    glEnable(GL_BLEND); // 启用融合
    glLineWidth(2.5); // 线宽
}
void Paint() // 场景绘制函数
{   glClear(GL_COLOR_BUFFER_BIT);    // 清除颜色缓冲
    int w=glutGet(GLUT_WINDOW_WIDTH) / 2; // 视口宽度
    int h=glutGet(GLUT_WINDOW_HEIGHT); // 视口高度
    float pts[][3]=  // 控制点坐标
    {{0,0,0},{1,-2,0},{2,0,0},{3,2,0},{4,0,0},{5,-2,0}};
    int npts=6,order=4; // 控制点个数,阶数
    Viewport(0,0,w,h); // 左视区,均匀 B 曲线
    glColor3f(0.5,0.5,0.5); // 控制图颜色
    LineStrip((float * )pts,npts); // 控制图
    glColor3f(1,1,1); // 曲线颜色
    UniBCurve(npts,(float * )pts,order,1); // 均匀 B 曲线
    Viewport(w,0,w,h); // 右视区,开放均匀 B 曲线
    glColor3f(0.5,0.5,0.5); // 控制图颜色
    LineStrip((float*)pts,npts); // 控制图
    glColor3f(1,1,1); // 曲线颜色
    OpenUniBCurve(npts,(float*)pts,order,1); // 开放均匀 B 曲线
    glFlush();
}
int main()
{   glutInitWindowSize(500,200); // 程序窗口大小(5∶2)
    glutCreateWindow("B-曲线"); // 创建程序窗口
    Hint(); // 设置反走样
    glutDisplayFunc(Paint); // 注册场景绘制函数
```

```
    glutMainLoop();
}
```

2. B-样条曲面

下列程序绘制了一个均匀 B-样条曲面和一个开放均匀 B-样条曲面;并绘制了它们的控制点以比较两者的不同。运行结果如图 9-15 所示。

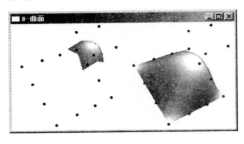

图 9-15　B-样条曲面

```
// B_Surf.C
#include "xtGlu.h"
void Viewport(int x,int y,int w,int h) // 创建视口,指定投影变换
{   glViewport(x,y,w,h); // 根据指定位置和大小创建视口
    glMatrixMode(GL_PROJECTION); // 投影矩阵栈
    glLoadIdentity(); // 当前矩阵改为单位矩阵
    // 透视变换,视角 30 度,宽高比 w/h,近平面 1,远平面 1000
    gluPerspective(30,(float)w / h,1,1000);
    glTranslatef(1,1,-16); // 场景右移 1,上移 1,远移 16
    glRotatef(45,-1,1,1); // 绕(- 1,1,1)方向旋转 45 度
    glMatrixMode(GL_MODELVIEW); // 视图造型矩阵栈
    glLoadIdentity(); // 当前矩阵改为单位矩阵
}
void Hint() // 光照属性等
{   glPointSize(4); // 点的大小
    glEnable(GL_POINT_SMOOTH); // 启用点的反走样
    glEnable(GL_AUTO_NORMAL); // 自动计算表面法向量
    glEnable(GL_NORMALIZE); // 自动将法向量单位化
    glEnable(GL_LIGHT0); // 启用 0 号光源
    glEnable(GL_LIGHTING); // 启用光照效果
}
void Paint() // 场景绘制函数
{   glClearColor(1,1,1,1); // 白色背景
    glClear(GL_COLOR_BUFFER_BIT | GL_DEPTH_BUFFER_BIT);
    // 清除颜色缓存和深度缓存
```

```
    int w=glutGet(GLUT_WINDOW_WIDTH) / 2; // 视口宽度
    int h=glutGet(GLUT_WINDOW_HEIGHT); // 视口高度
    float pts[4][4][3]=  // 控制点坐标
    {   {{-3,-3,-3},{-3,-1,-3},{-3,1,-3},{-3,3,-3}},
        {{-1,-3,-3},{-1,-1,3},{-1,1,3},{-1,3,-3}},
        {{1,-3,-3},{1,-1,3},{1,1,3},{1,3,-3}},
        {{3,-3,-3},{3,-1,-3},{3,1,-3},{3,3,-3}}
    };
    Viewport(0,0,w,h); // 左侧,均匀 B-样条曲面
    // 曲面颜色
    glMaterialfv(GL_FRONT,GL_DIFFUSE,(float[]) {1,1,1,1});
    UniBSurface(4,4,(float *)pts,4,4); // 均匀 B-曲面
    // 控制点颜色
    glMaterialfv(GL_FRONT,GL_DIFFUSE,(float[]) {0.3,0.3,0.3,1});
    Points((float *)pts,4*4); // 绘制控制点
    Viewport(w,0,w,h); // 右侧,开放均匀 B 样条曲面
    // 曲面颜色
    glMaterialfv(GL_FRONT,GL_DIFFUSE,(float[]) {1,1,1,1});
    OpenUniBSurface(4,4,(float *)pts,4,4); // 开放均匀 B-曲面
    // 控制点颜色
    glMaterialfv(GL_FRONT,GL_DIFFUSE,(float[]) {0.3,0.3,0.3,1});
    Points((float *)pts,4*4); // 绘制控制点
    glFlush();
}
int main()
{   glutInitWindowSize(400,200); // 程序窗口大小
    glutCreateWindow("B-曲面"); // 创建程序窗口
    Hint(); // 光照属性等
    glutDisplayFunc(Paint); // 注册场景绘制函数
    glutMainLoop();
}
```

9.7　练习题

9.7.1　基础训练

9-1　请指出插值样条和逼近样条的区别。

9-2　假设在控制点 p_k 和 p_{k+1} 之间的曲线段是参数三次函数 $p(u)$,Hermite 曲线段的边界条件是什么?请解释所使用符号的含义。

9-3　请写出 Bézier 样条曲线基函数的定义。

9-4　请写出 B-样条曲线基函数的定义。

9-5　使用 Hermite 方法求 $P_0(0,0)$ 和 $P_1(5,6)$ 之间的曲线段 $p(u)(0 \leqslant u \leqslant 1)$，并计算参数值为 0.5 时的结果，其中 $p(0)=(0,0)$，$p(1)=(5,6)$，$p'(0)=(3,8)$，$p'(1)=(5,1)$。

9-6　给定四个控制点 $P_0(0,0,0)$、$P_1(1,1,1)$、$P_2(2,-1,-1)$ 和 $P_3(3,0,0)$，请构造一条三次 Bézier 曲线，并计算参数为 0、1/3、2/3 和 1 时的值。

9-7　给定三个控制点 $P_0(0,0,0)$、$P_1(50,60,0)$ 和 $P_2(100,10,0)$，请构造一条二次均匀 B-样条曲线。

9-8　给定四个控制点 $P_0(0,0,0)$、$P_1(1,0,1)$、$P_2(2,0,0)$ 和 $P_3(3,0,0)$，请使用边界条件定义的方法构造一条三次均匀 B-样条曲线，并计算参数为 0,1/3,2/3,1 时的值。

9.7.2　阶段实习

9-9　给定四个控制点 $P_0(0,0,0)$、$P_1(1,1,1)$、$P_2(2,-1,-1)$ 和 $P_3(3,0,0)$，编写 1 个程序绘制这些控制点生成的三次 Bézier 曲线。

9-10　给定四个控制点 $P_0(0,0,0)$、$P_1(1,0,1)$、$P_2(2,0,0)$ 和 $P_3(3,0,0)$，编写 1 个程序绘制这些控制点生成的三次均匀 B-样条曲线。

第 10 章　数字图像处理概述

10.1　数字图像处理的研究内容及应用

所谓数字图像处理,就是指利用数字计算机及其他有关数字技术,对图像施加某种运算和处理,从而达到某种预期效果。例如,使褪色模糊了的照片重新变清晰;从医学显微微图片中提取有意义的细胞特征等。数字图像处理发展至今,已经广泛地应用到科学研究、工农业生产、军事技术、政府部门、医疗卫生等许多领域,因此,数字图像处理是一门具有很强实用价值的学科。

10.1.1　数字图像处理的研究内容

数字图像处理的研究内容通常包括以下几个方面。

• 图像的数字化。研究如何把一幅连续的光学图像表示成一组数值,既不失真又便于计算机分析处理。

• 图像的增强。增强图像中的有用信息,削弱干扰和噪声,以便于观察识别以及进一步分析、处理。增强后的图像不一定和源图像一致。

• 图像恢复。把褪色、模糊的图像复原,复源图像要尽可能和源图像保持一致。

• 图像编码。在满足指定保真度的前提下,简化图像的表示,压缩表示图像的数据,便于存储和传输。

• 图像分析。对图像中的不同对象进行分割、分类、识别、描述、解释等。

10.1.2　数字图像处理的主要应用

数字图像处理发展至今,已经广泛地应用于许多领域,一些主要应用可归纳为如下几个方面。

• 通信技术。如图像传真,电视电话,卫星通信,数字电视等。

• 宇宙探索。主要是地外星体图像的处理。

• 遥感技术。主要用于农林资源调查,农作物长势监视,自然灾害监测、预报,地势、地貌及地质构造测绘,找矿,水文、海洋调查,环境污染监测等。

• 生物医学。包括 X 射线、超声、显微图片分析,内窥镜图、温谱图分析,断层及核磁共振分析等。

• 工业生产。包括无损探伤,石油勘探,生产过程的自动化(识别零件,装配,质量检查),工业机器人视觉等。

- 计算机科学。包括文字图像输入的研究,计算机辅助设计,人工智能研究,多媒体计算机与智能计算机研究等。
- 气象预报。包括天气云图测绘、传输等。
- 军事技术。包括航空及卫星侦察照片的判读,导弹制导,雷达、声呐图像处理,军事仿真等。
- 高能物理。主要用于核子泡室图片分析等。
- 商业应用及侦缉破案。主要是纹鉴别,印鉴、伪钞识别,手迹分析等。
- 考古。用于恢复珍贵的文物图片、名画、壁画等。

10.2　图像和图像处理的含义

1. 图像的含义

图像这个词包含的内容很广,凡是记录在纸上,拍摄在照片上,显示在屏幕上的所有具有视觉效果的画面都可以称为图像。

2. 图像的分类

根据图像记录方式的不同,图像可分为两大类。

- 模拟图像。通过某种物理量(光、电)的强弱变化来记录图像上各点的灰度信息(如电视等)。
- 数字图像。用数值记录图像的灰度信息。其中,灰度信息是指图像上各点处的颜色深浅程度,单色黑白图像的灰度就是黑白程度等级,彩色图像的灰度是红、绿、蓝三种单色图像上的灰度。

3. 图像处理

图像处理的任务是将源图像的灰度分布作某种变换,使图像中的某部分信息更加突出,以适应某种特殊需求。例如,一张曝光量没有掌握准确的照片,不论其是曝光过度还是曝光不足,都可以通过图像处理变得明暗适中。

4. 基本的数字图像处理技术

现在一般提到的图像处理,若未加特别说明都是指使用计算机的数字图像处理。基本的数字图像处理技术包括图像数据格式、图像变换、图像分析和图像数据压缩等。

10.3　图像数据

10.3.1　图像在计算机上的存在形式

1. 位图

数字图像在计算机上是以位图形式存在的。位图是一个矩形点阵,每一个点都称为一个像素。像素是数字图像中的基本单位,一幅 $W \times H$ 大小的图像,是由 $W \times H$ 个明暗不等的像素组成的。

2. 灰度值

在数字图像中,各像素的明暗程度由一个称为灰度值的数值标识。通常将白色的灰度值定义为 255,黑色的灰度值定义为 0。由黑到白之间的明暗度均匀地划分成 256 个等级,每个等级由一个相应的灰度值定义,这样就定义了一个 256 个等级的灰度表。任何一幅用这个灰度表记录的图像,它的每一个像素的灰度值都是由 0~255 之间的某一个数值标定的。显然,描述一个像素需要用 8 位二进制数据。

3. 单色图像的处理

对于一幅单色图像来说,256 个等级的灰度变化足以描述它的各个细微部分。如果采用少于 256 个等级的灰度表,将发现图像上原来很清楚的细微部分会变得模糊起来,这显然是由于记录图像的信息不够而引起的。反之,如果采用多于 256 等级的灰度表,虽然从理论上说图像的表现会变得更加细致入微,但是,因为人眼很难分辨 256 个等级以上的灰度变化,实际上观察者感觉不到明显的变化。这样,采用多于 256 个等级的灰度表只会无益地增加图像的数据量。所以,采用 256 个等级的灰度表是比较理想的。

4. 彩色图像的处理

在彩色图像中,每个像素需用三个字节的数据记录。这是因为任何彩色图像都可以分解成红、绿、蓝三个单色图像,任何一种其他的颜色都可以由这三种颜色混合而成。根据上面的讨论,每一个单色图像中的像素都分别由一个字节记录,所以,记录一幅红绿蓝各 256 种灰度的彩色图像,每一个像素需要占用三个字节。在图像处理中,彩色图像的处理通常是通过对三个单色图像分别进行处理来实现的。

10.3.2　图像的采样

1. 图像采样和灰度级量化的含义

通常的图像,如一幅画、一张照片,都能由一个二维连续函数 $f(x,y)$ 来描述。其中 (x, y) 是图像平面上任意一个二维坐标点,f 指出该点颜色的深浅。

为了便于用计算机处理图像,图像 $f(x,y)$ 必须对空间和颜色深浅的幅度都进行数字化。空间坐标 (x,y) 的数字化称为图像采样,而颜色深浅幅度的数字化称为灰度级量化。

2. 图像的点阵表示

假定连续图像 $f(x,y)$ 被等距离取点采样形成一个 $W \times H$ 的矩形点阵,则 $f(x,y)$ 可用下式表示。

$$f(x,y) \approx \begin{bmatrix} f_{0,0} & f_{0,1} & \cdots & f_{0,W-1} \\ f_{1,0} & f_{1,1} & \cdots & f_{1,W-1} \\ \cdots & \cdots & \cdots & \cdots \\ f_{H-1,0} & f_{H-1,1} & \cdots & f_{H-1,W-1} \end{bmatrix}$$

上式右边的矩阵就是一幅数字图像,每一个元素称为一个像素。

3. 记录图像所需位数的计算

图像进行上述数字化处理时,关键是要决定 W 和 H 的大小及允许给每个像素赋予离散灰度值的灰度级数 G。为了便于处理,通常将灰度级数 G 设计成 2 的方次数,即 $G = 2^m$(m 是正整数)。这样,记录一幅图像所需的位数为 $b = W \times H \times m$。

4. 采样点数和灰度级数的选取

图像的分辨率与采样点数和灰度级数紧密相关。

• 采样点数和灰度级数越大,数字图像就越接近原来的连续图像。

• 随着采样点数和灰度级数的增大,存储图像的空间以及处理图像所需的时间也同时迅速增加。

　　• 减少采样点数(缩小 W 值和 H 值)将使图像趋于模糊;降低信息记录位数 m 会使图像质量劣化。

　　• 要评价一幅图像质量的优劣通常很困难,因为对于图像质量的要求是随不同的应用目的而变的。

　　• 根据经验,要使一幅数字图像具有黑白电视画面的画质,应使 W,$H \geqslant 512$,$m=8$。

　　5. 用数字化扫描仪对图像进行数字化处理

　　在用数字化扫描仪对图像进行数字化处理时,通常要定出分辨率和灰度级。

　　灰度级由每个像素所需的位数 m 给出,一般可选择 $1,4,8,24$。

　　分辨率通常是由 dpi 值给出的。dpi 表示在每英寸长度上采样的像素数。例如,对一幅 5×5 平方英寸的图像进行扫描,如果选择 100 dpi,扫描生成的是一幅 500×500 个像素的图像。现在的扫描仪一般都可以从一个比较大的范围内自由选择 dpi 值。目前普通的 A4 幅面平板扫描仪,dpi 范围为 $0 \sim 1\,200$ dpi,使用滚筒式扫描仪可以选用更高的 dpi 值。

10.3.3　图像的数据格式

　　1. 像素数据的记录方法

　　图像是由排成矩形点阵的像素组成的。因此把一幅图像记录到文件中时,必须同时记录下各像素在点阵中的位置及像素的灰度值。但是实际上可以利用各像素在文件中的记录位置来暗示像素在图像点阵中的位置,这样就可以省去记录像素位置坐标的数据量,而各像素的数据只用来记录其灰度值。在一个存储一幅 $W \times H$ 图像的数据文件中,$W \times H$ 个像素数据通常按照下述方式排列。

　　• 最初 W 个数据对应第 1 行从左到右的 W 个像素;

　　• 第 $W+1$ 到 $2W$ 个数据对应第 2 行从左到右的 W 个像素;

　　• ……

　　• 最后 W 个数据对应第 H 行从左到右的 W 个像素。

　　2. 文件头

　　必须在文件中注明图像的尺寸(宽度与高度,单位为像素),以便在读取数据时能够根据该尺寸正确构造图像的二维点阵。图像的尺寸通常记录在文件头中,文件头是有关图像整体的信息数据块,除记录图像的尺寸外,还记录诸如像素的位长、图像的颜色表等有关信息。文件头之后才是图像数据。

　　图像数据的文件格式随着图像的各种信息的内容取舍与记录次序的不同而异,其中,关于图像数据的记录方式基本相同,主要的差异在于文件头的内容。

　　这里只介绍目前应用较广,比较常见的 BMP 文件格式。

　　3. BMP 文件格式

　　基于调色板的 BMP 文件由文件头、信息头、调色板和图像像素四个部分组成,而真彩色的 BMP 文件则由文件头、信息头和 BGR 图像像素构成。

　　① 文件头。文件头是一个 BITMAPFILEHEADER 数据结构,其内容如下(bfSize 和 bfOffBits 各 4 字节,其余各 2 字节,共 14 字节)。

　　• bfType。图像文件类型,固定为 BM。

　　• bfSize。图像文件大小。

- bfReservedl。保留,应设定为 0。
- bfReserved2。保留,应设定为 0。
- bfOffBits。图像数据偏移量,从文件起始位置到图像数据的距离。

② 信息头。信息头是一个 BITMAPINFOHEADER 数据结构,包含与设备无关的点阵位图的尺寸和颜色格式等信息,内容如下(biPlanes 和 biBitCount 各 2 字节,其余各 4 字节,共 40 字节)。

- biSize。本数据结构的大小。
- biWidth。图像的宽度(列数,单位为像素)。
- biHeight。图像的高度(行数,单位为像素)。
- biPlanes。目标设备的颜色平面数,固定为 1。
- biBitCount。每个像素所需位数,通常选用 1、4、8 或 24。
- biCompression。图像数据的压缩格式,通常选用 BI_RGB。
- biSizeImage。实际图像数据的大小(单位为字节,非压缩格式无需补齐时为 0)。
- biXPelsPerMeter。目标设备水平分辨率(单位为像素/米)。
- biYPelsPerMeter。目标设备垂直分辨率(单位为像素/米)。
- biClrUsed。调色板中被图像实际使用的颜色数目。
- biClrImportant。调色板中显示图像时需要的颜色数目,0 表示所有颜色都需要。

③ 调色板。调色板(也叫颜色表)是可变长的,长度由信息头中的 biBitCount 值决定。调色板中的每一项是一个 RGBQUAD 数据结构,项数由 biBitCount 值决定。数据结构 RGBQLIAD 的内容如下(各 1 字节,共 4 字节)。

- rgbBlue。蓝色分量。
- rgbGreen。绿色分量。
- rgbRed。红色分量。
- rgbReserved。保留,必须为 0。

④ 图像数据。

- BMP 图像像素数据的存储顺序是由下往上,从左往右。
- BMP 图像的宽度(单位为字节)必须是 4 的倍数,如果不到 4 的倍数则必须补足。
- 虽然 BMP 文件的像素数据有 BI_RLE8 及 BI_RLE4 等几种压缩格式,但是 BMP 文件通常不采用压缩格式。
- 真彩色图像没有调色板,由 BGR 像素值直接表示颜色。

10.4　OpenCV 简介

10.4.1　OpenCV 概述

1. 什么是 OpenCV

OpenCV 是 Intel 的开源计算机视觉库,由一系列 C 函数和 C++ 类构成,实现了图像处理和计算机视觉方面的很多通用算法。

2. 重要特性

- OpenCV 拥有包括 300 多个 C 函数的跨平台的中、高层 API。它不依赖于其他外部库。

- OpenCV 对非商业应用和商业应用都是免费(Free)的。

- OpenCV 为 Intel® Integrated Performance Primitives(IPP)提供了透明接口。如果有为特定处理器优化的 IPP 库,OpenCV 将在运行时自动加载这些库。

3. OpenCV 模块

- cv。OpenCV 主要函数。

- cvaux。辅助(实验性)OpenCV 函数。

- cxcore。数据结构与线性代数算法。

- highgui。GUI 函数。

4. 主要功能

- 图像数据操作。分配,释放,复制,设定,转换。

- 图像与视频 I/O。基于文件/摄像头输入,图像/视频文件输出。

- 矩阵与向量操作和线性代数计算。相乘,求解,特征值,奇异值分解。

- 各种动态数据结构。列表,队列,集,树,图。

- 基本图像处理。滤波,边缘检测,角点检测,采样与插值,色彩转换,形态操作,直方图,图像金字塔。

- 结构分析。连接成分,轮廓处理,距离转换,模板匹配,Hough 转换,多边形近似,线性拟合,椭圆拟合,Delaunay 三角化。

- 摄像头标定。寻找并跟踪标定模板,标定,基础矩阵估计,单应性估计,立体匹配。

- 动作分析。光流,动作分割,跟踪。

- 对象辨识。特征方法,马尔可夫链模型。

- 基本 GUI。显示图像/视频,键盘鼠标操作,滚动条。

- 图像标识。直线,圆锥,多边形,文本绘图。

10.4.2 OpenCV 命名约定

1. 函数命名

cv <Action> < Target> [Mod]

　　Action=核心功能(例如设定 Set,创建 Create)

　　Target=操作目标(例如轮廓 Contour,多边形 Polygon)

　　Mod=可选修饰词(例如说明参数类型)

例如,cvSet2D 表示修改二维数组中指定元素的值。

2. 类型命名

Cv <Type> [Mod]

　　Type=类型核心名字(例如矩阵 Mat,点 Point)

　　Mod=可选修饰词(例如说明成员类型)

例如,CvPoint2D32f 表示 32 位浮点数二维点坐标。

3. 矩阵数据类型

包含位深度和通道数。格式为 CV_<位数>{SUF}C<通道数>,其中 S 表示带符号整数,U 表示无符号整数,F 表示浮点数。例如,CV_8UC1 表示单通道的 8 位无符号整数矩阵,CV_16SC2 表示双通道的 16 位带符号整数矩阵,CV_32FC3 表示 3 通道的 32 位浮点数矩阵。CV_＜位数＞{SUF}称为位深度,表示每个元素中各通道的基本数据类型。

4. 图像数据类型

只指明位深度,不含通道数。格式为 IPL_DEPTH_＜位数＞{SUF}。例如,IPL_DEPTH_8U 表示 8 位无符号整数图像,IPL_DEPTH_16S 表示 16 位带符号整数图像,IPL_DEPTH_32F 表示 32 位浮点数图像。

5. 头文件

```
#include <cv.h>
#include <cvaux.h>
#include <highgui.h>
#include <cxcore.h>  // 不必要,已包含在 cv.h 文件中。
```

10.5　用 Dev-C++开发 OpenCV 应用

10.5.1　开发环境的安装和配置

1. 开发环境的下载和安装

① Dev-C++的下载和安装。Dev-C++原始版本为 Bloodshed Dev-C++,最高版本号为 4.9.9.2,4.9.9.2 以后的版本为 Orwell Dev-C++。

Orwell Dev-C++的下载地址为“http：// orwelldevcpp.blogspot.com/”,下载完成后直接运行安装程序,按照提示完成安装。

② OpenCV 的下载和安装。OpenCV 2.1.0 是经典 OpenCV 的最后版本,以后的版本变化比较大,体积也有大幅度增加,而且配置也比较繁琐。本书使用 OpenCV 2.1.0 for Windows Visual Studio 2008 特别版。

•下载。从互联网上搜索并下载 OpenCV 2.1.0 for Windows Visual Studio 2008 特别版。

•安装。首先运行已下载的安装程序,按照提示完成安装。然后将 OpenCV 安装目录(例如 C:\OpenCV2.1)下的 bin、include 和 lib 三个文件夹复制到 Dev-C++的安装目录(例如 C:\Dev－Cpp)。

2. 编译器设置

① 设置方法。从 Tools 菜单中选择 Compiler Options 打开 Compiler Options,在 Compiler Options 中完成编译器设置。

② 语言支持。后续章节中有很多程序使用到了 C99 和 C11 新增的特性,可以使用选项 －std＝c11 使得编译器支持 C99 和 C11(如图 10-1 所示)。

③ 链接库。在 Dev-C++中编译 OpenGL 应用程序需要的静态链接库包括 cv210.lib、cvaux210.lib、cxcore210.lib、cxts210.lib、highgui210.lib 和 ml210.lib,可以使用选项 －lcv210、－lcvaux210、－lcxcore210、－lcxts210、－lhighgui210 和－lml210 设置这些链接库文件(如图 10-1 所示)。

④ 可执行文件路径。首先从 Directories 页中选择 Binaries,然后将编译和运行应用程序所需要的可执行文件的路径添加到列表中,最后调整这些路径的顺序(如图 10-2 所示)。

⑤ 链接库文件路径。首先从 Directories 页中选择 Libraries,然后将编译应用程序所需

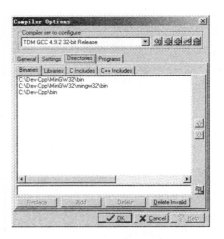

图 10-1　语言支持和链接库设置　　　　　图 10-2　可执行文件路径设置

要的链接库文件的路径添加到列表中,最后调整这些路径的顺序(如图 10-3 所示)。

⑥ C Include 文件路径。首先从 Directories 页中选择 C Includes,然后将编译应用程序所需要的 C Include 文件的路径添加到列表中,最后调整这些路径的顺序(如图 10-4 所示)。

图 10-3　链接库文件路径设置　　　　　图 10-4　C Include 文件路径设置

⑦ C++Include 文件路径。首先从 Directories 中选择 C++Includes,然后将编译应用程序所需要的 C++Include 文件的路径添加到列表中,最后调整这些路径的顺序(如图 10-5 所示)。

⑧ 编译器文件。在 Programs 页中指定编译器各主要组成文件的文件名(如图 10-6 所示)。

3. 使用方法

在完成开发环境的安装和编译器的设置以后,使用 Dev-C++ 开发 OpenCV 应用的方法非常简单,打开 Dev-C++ 集成开发环境,创建一个空白源程序文件,编写源程序、编译、调试、运行。

 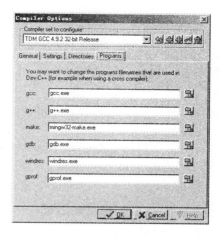

图 10-5　C++ Include 文件路径设置　　　　图 10-6　编译器文件路径设置

10.5.2　C 程序实例

下列程序读入并显示一幅图像。程序运行结果如图 10-7 所示。

图 10-7　OpenCV C 程序实例

```c
// FirstCV.c
#include <opencv/cv.h>  // CV
#include <opencv/highgui.h>  // GUI
int main()
{   IplImage *im=  // 载入灰度图像
           cvLoadImage("lena.jpg",CV_LOAD_IMAGE_GRAYSCALE);
    if(im==0) return-1; // 载入失败
    cvNamedWindow("First OpenCV",CV_WINDOW_AUTOSIZE); // 创建窗口
    cvShowImage("First OpenCV",im); // 显示图像
    while(cvWaitKey(0)!= 27) {} // 等待按 Esc 键
    cvDestroyWindow("First OpenCV"); // 销毁窗口
```

```
cvReleaseImage(&im); // 释放图像
}
```

10.6 练习题

10-1 请计算大小为 720 * 450 的真彩色图像至少需要占用多少字节的存储空间?(结果为 972,000)

10-2 大小为 720 * 450 的真彩色图像保存为真彩色 BMP 图像文件,请计算该文件的长度是多少字节。(结果为 972 054)

10-3 大小为 450 * 720 的真彩色图像保存为真彩色 BMP 图像文件,请计算该文件的长度是多少字节。(结果为 973 494)

10-4 请根据 BMP 文件的格式编写一个 C 函数 unsigned char *loadBmp24(char *path)。该函数用于从一个真彩色 BMP 文件中读取图像数据,保存在 unsigned char 数组中。

10-5 随意从互联网下载一幅真彩色图像,使用 OpenCV 编写一个读入并显示该图像的程序,要求使用真彩色图像和灰度图像两种方式显示。相关函数的使用请参阅例题和 OpenCV 手册。

第 11 章　OpenCV 核心功能

11.1　OpenCV GUI 命令

HighGUI 只是用来建立快速软件原型或试验用的,它提供了简单易用的图形用户接口,但是功能并不强大,也不是很灵活。

【注】　本节暂时不对函数原型中出现的基础数据结构进行介绍,这些基础数据结构将在"OpenCV 基础数据结构"一节中介绍。

11.1.1　窗口管理

1. 创建窗口

【函数原型】　int cvNamedWindow(char *name,int flags);

【参数】

• name:窗口名字,用来区分不同的窗口,并显示为窗口标题。

• flags:窗口属性标志。

【说明】　该函数创建一个可以通过名字引用的窗口,其中可以放置图像和滑块。窗口属性标志为 CV_WINDOW_AUTOSIZE(等于 1) 表示窗口自动调整大小以适应待显示图像,其他值表示待显示图像自动调整大小以适应窗口。

2. 销毁窗口

【函数原型】

• void cvDestroyWindow(char *name);

• void cvDestroyAllWindows();

【功能】　销毁指定名字的窗口或所有 HighGUI 窗口。

3. 显示图像

【函数原型】　void cvShowImage(char *name,CvArr *image);

【功能】　在指定窗口中显示图像。

【参数】

• name:窗口的名字。

• image:待显示图像。

【说明】　可显示彩色或灰度的字节/浮点数图像。彩色图像数据按 BGR 顺序存储。

11.1.2　读写图像

1. 读入图像

【函数原型】

- IplImage *cvLoadImage(char *filename,int flag);
- CvMat *cvLoadImageM(char *filename,int flag);

【功能】　从指定文件读入图像,载入失败返回 NULL。

【参数】

- filename:图像文件名,支持 BMP、DIB、JPEG、JPG、JPE、PNG、PBM、PGM、PPM、SR、RAS、TIFF、TIF 等格式。

- flag:通常可选 CV_LOAD_IMAGE_UNCHANGED(−1,不转换载入图像)、CV_LOAD_IMAGE_GRAYSCALE(0,载入为灰度图像)和 CV_LOAD_IMAGE_COLOR(1,载入为彩色图像)。

2. 存储图像

【函数原型】　int cvSaveImage(char *filename,CvArr *image,int *params);

【功能】　保存图像到指定文件。

【参数】

- filename:文件名。

- image:要保存的图像。

- params:是一个数组,用(id1,value1),(id2,value2),…的方式存储,是控制图像存储质量的参数(NULL 表示根据后缀名使用默认设置)。(id,value)可选

- CV_IMWRITE_JPEG_QUALITY,0~100(默认为 95,值越大质量越高)
- CV_IMWRITE_PNG_COMPRESSION,0~9(默认为 3,值越大文件越小)
- CV_IMWRITE_PXM_BINARY,0 或 1(默认为 1,是否二值)

【说明】　图像格式的选择依赖于 filename 的扩展名。只有单通道或 3 通道(通道顺序为"BGR")字节图像才可以使用该函数保存。如果位深度(每个通道的基本数据类型)、通道数或通道顺序等不符合要求,可用 cvConvertImage、cvConvert 或 cvCvtColor 等函数转换。

3. 转换为字节图像

【函数原型】　void cvConvertImage(CvArr *src,CvArr *dst,int flags);

【功能】　把非字节图像转换为字节图像,可以选择同时进行垂直翻转。

【参数】

- src:输入图像。必须是 1、3 或 4 通道图像。

- dst:目标图像。必须是 1 或 3 通道字节图像。

- flags:操作标志,可选 0(无附加操作)、CV_CVTIMG_FLIP(垂直翻转图像)和 CV_CVTIMG_SWAP_RB(交换红蓝通道),也可以组合。

【说明】　cvShowImage()函数在必要时会调用该函数。若源图像是浮点数图像,则亮度必须属于[0,1]。

11.1.3　输入设备

1. 响应鼠标事件

① 鼠标事件响应函数类型。

【类型定义】　typedef void (*CvMouseCallback)(int event,int x,int y,int flags,void *param);

【参数】

- (x,y)是鼠标指针在图像坐标系的坐标(默认原点在上方,不是窗口坐标系)。
- param 是用户定义的传递到 cvSetMouseCallback 函数调用的参数。
- event 是下列值之一(见名知义,不再解释)。

        CV_EVENT_MOUSEMOVE

        CV_EVENT_LBUTTONDOWN

        CV_EVENT_RBUTTONDOWN

        CV_EVENT_MBUTTONDOWN

        CV_EVENT_LBUTTONUP

        CV_EVENT_RBUTTONUP

        CV_EVENT_MBUTTONUP

        CV_EVENT_LBUTTONDBLCLK

        CV_EVENT_RBUTTONDBLCLK

        CV_EVENT_MBUTTONDBLCLK

- flags 是下列值的组合(见名知义,不再解释)。

        CV_EVENT_FLAG_LBUTTON

        CV_EVENT_FLAG_RBUTTON

        CV_EVENT_FLAG_MBUTTON

        CV_EVENT_FLAG_CTRLKEY

        CV_EVENT_FLAG_SHIFTKEY

        CV_EVENT_FLAG_ALTKEY

② 注册鼠标事件响应函数。

【函数原型】　void cvSetMouseCallback(char *window_name,CvMouseCallback on_mouse,void *param);

【参数】

- window_name:窗口的名字。
- on_mouse:指定窗口里鼠标事件发生时调用的回调函数。可以是 NULL,表示不需要回调函数。
- param:用户定义的传递到回调函数的参数。

③ 举例说明。下列程序演示了对鼠标事件的响应。程序运行结果如图 11-1 所示。

```
// MouseCallback.c
#include <stdio.h>
#include <opencv/highgui.h>
void on_mouse(int event,int x,int y,int flags,void *param)
{   if(event==CV_EVENT_LBUTTONDOWN) // 鼠标左键按下
            if(flags & CV_EVENT_FLAG_CTRLKEY) // 按下 CTRL
                  printf("Left button down with CTRL pressed\n");
```

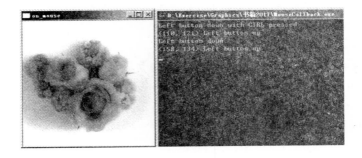

图 11-1　鼠标事件

```
        else
                printf("Left button down\n");
        else if(event==CV_EVENT_LBUTTONUP) // 鼠标左键松开
                printf("(%d,%d) Left button up\n",x,y);
}
int main()
{   CvMat*im=cvLoadImageM("Flower.bmp",0); // 读入灰度图像
    cvShowImage("on_mouse",im); // 显示图像
    cvSetMouseCallback("on_mouse",on_mouse,NULL); // 注册
    while(cvWaitKey(0)!=27) {} // 等待按 Esc 键
    cvReleaseMat(&im),cvDestroyAllWindows(); // 释放图像和窗口
}
```

2. 响应键盘事件

【函数原型】　int cvWaitKey(int delay);

【功能】　等待按键事件。

【参数】　delay 表示延迟的毫秒数。

【说明】　该函数无限等待按键事件(delay<=0)或者延迟 delay 毫秒。返回值为被按键的值,如果超过指定时间则返回-1。该函数是 HighGUI 中唯一能够获取和操作键盘事件的函数,在一般的事件处理中需要循环调用。

【举例】　下列程序演示了对键盘按键的检测。程序运行结果如图 11-2 所示。

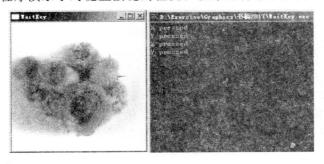

图 11-2　键盘按键

```
// WaitKey.c
#include <stdio.h>  // printf
#include <ctype.h>  // toupper
#include <opencv/highgui.h>
int main()
{    CvMat *im=cvLoadImageM("Flower.bmp",0); // 读入灰度图像
     cvShowImage("WaitKey",im); // 显示图像
     for(int c=cvWaitKey(0); c!=27; c=cvWaitKey(0)) // 按 Esc 键退出
     {    switch(toupper(c))
          {    case 'X': printf("X pressed\n"); break;
               case 'Y': printf("Y pressed\n"); break;
               case 'S': cvSaveImage("Flower.png",im,0); break; // 保存文件
          }
     }
     cvReleaseMat(&im); // 释放图像
     cvDestroyAllWindows(); // 释放窗口
}
```

3. 处理滑块事件

① 滑块事件响应函数类型定义。

【类型定义】　typedef void (*CvTrackbarCallback2)(int pos,void *userdata);

【参数】

• pos 表示滑块的位置。

• userdata 是用户定义的传递到 cvCreateTrackbar2 函数调用的参数。

② 注册滑块事件响应函数。

【函数原型】　int cvCreateTrackbar2(char *trackbar_name,char *window_name,int *value,int count,CvTrackbarCallback on_change,void *param);

【参数】

• trackbar_name:新建滑块的名字。

• window_name:新建滑块父窗口的名字。

• value:整数指针,对应变量记录滑块的位置,可用该变量指定滑块初始位置。

• count:滑块位置的最大值,最小值一定是 0。

• on_change:滑块位置改变时调用的回调函数。NULL 表示不需要回调函数。

• param:用户定义的传递到回调函数的参数

【说明】　该函数用指定的名字和范围创建滑块,指定与滑块位置同步的变量,并且指定当滑块位置改变时调用的回调函数。滑块显示在指定窗口的顶端。

③ 获取滑块当前位置。

【函数原型】　int cvGetTrackbarPos(char *trackbar_name,char *window_name);

【参数】

- trackbar_name：滑块的名字。
- window_name：滑块父窗口的名字。

【说明】　该函数返回指定滑块的当前位置。

④ 设置滑块当前位置。

【函数原型】　void cvSetTrackbarPos (char *trackbar_name, char *window_name, int pos);

【参数】

- trackbar_name：滑块的名字。
- window_name：滑块父窗口的名字。
- pos：新的位置。

【说明】　该函数设置指定滑块的位置。

⑤ 举例说明。下列程序演示了滑块的建立，滑块位置的读取和修改，程序运行结果如图 11-3 所示。

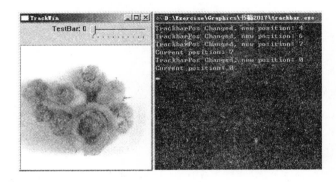

图 11-3　滑块

```c
// trackbar.c
#include <stdio.h>
#include <opencv/highgui.h>
void on_change(int pos,void *prompt)
{   printf(prompt);
    printf("%d",pos); // 显示滑块位置
    printf("\n");
}
int main()
{   CvMat *im= cvLoadImageM("Flower.bmp",0); // 读入灰度图像
    cvShowImage("TrackWin",im); // 显示图像
    int pos=3,max=10; // 滑块位置,滑块位置最大值
    cvCreateTrackbar2("TestBar","TrackWin",&pos,max,on_change,
                    "TrackbarPos Changed,new position: ");
```

```
for(int key=cvWaitKey(0); key !=27; key=cvWaitKey(0))
{   if(key=='G') // 获取滑块位置
            printf("Current position: %d\n",
                    cvGetTrackbarPos("TestBar","TrackWin"));
        else if(key=='S') // 滑块位置改为 0
            cvSetTrackbarPos("TestBar","TrackWin",0);
    }
    cvReleaseMat(&im),cvDestroyAllWindows(); // 释放图像和窗口
}
```

11.2　OpenCV 基础数据结构

11.2.1　通用数组

1. 含义

用 CvArr * 表示通用数组,即元素类型不确定的数组。CvArr *仅用于函数参数,用于指示函数接收的数组类型可以不止一种,如 IplImage *,CvMat *或 CvSeq *等。最终的数组类型在运行时通过分析数组头的前 4 个字节判断(数组头的前 4 个字节包含类型签名)。

实际上,CvArr *就是 void *,使用 CvArr *仅仅用于让使用者知道函数接收的参数是通用数组。

2. 创建新拷贝

【函数原型】　void *cvClone(void *struct_ptr);

【功能】　创建输入对象的一个拷贝并且返回该对象的指针。

【参数】　struct_ptr 指向待复制对象。

【说明】　该函数是复制数组、矩阵、图像、直方图等对象的通用形式(容器等对象不能使用该函数复制)。

3. 数组回收的通用函数

【函数原型】　void cvRelease(void **struct_ptr);

【功能】　分析指定对象的类型并释放对象。

【参数】　struct_ptr 是一个二级指针,指向待释放对象。

【说明】　该函数是释放数组、矩阵、图像、直方图等对象的通用形式(容器等对象不能使用该函数释放),不过可能有编译警告。

4. 释放多个对象

这里给出一个能够释放多个对象的函数,保存在文件 cvv.h 中。每个参数的使用方法与 cvRelease()一致,例如,cvvRelease(&src,&dst)(需 C99 支持)。

```
void cvvRelease(void *first,...)
{   va_list ap;
    va_start(ap,first);
    for(void **p=first; p!=0;p=va_arg(ap,void **))
    {   if(CV_IS_STORAGE(*p))
```

```
        cvReleaseMemStorage((CvMemStorage **)p);
    else if(CV_IS_SET(*p)) cvClearSet(*p),cvFree(p);
    else cvRelease(p); // 对其他不支持的对象会出错
    }
    va_end(ap);
}
#definecvvRelease(...) cvvRelease(__VA_ARGS__,0)
```

后续章节中一些比较通用的函数也将保存在 cvv.h 中,cvv.h 的首部如下。

```
// cvv.h
#pragma once
#include <stdio.h>
#include <stdarg.h>
#include <stdbool.h>  // 若不存在,请从 GCC 中复制
#include <opencv/cv.h>
#include <opencv/highgui.h>
```

11.2.2 矩阵

1. 类型定义

这里只给出使用 C 语言的定义形式。

```
typedef struct // 二维数组
{   int type; // 包含位深度、通道数及 CvMat 签名
    int step; // 以字节为单位的行数据长度
    int *refcount; // 底层数据引用计数(OpenCV 内部使用)
    union
    {   uchar *ptr; // 针对 unsigned char 矩阵的数据指针
        short *s; // 针对 short 矩阵的数据指针
        int*i; // 针对 int 矩阵的数据指针
        float *fl; // 针对 float 矩阵的数据指针
        double *db; // 针对 double 矩阵的数据指针
    }data; // 指向实际矩阵数据的指针
    int rows,cols; // 行数,列数
}CvMat;
```

2. 构造函数

【函数原型】 CvMat cvMat(int rows,int cols,int type,void *data);

【功能】 初始化矩阵头。

【参数】

• rows 和 cols:矩阵的行数和列数。

• type:矩阵元素类型。通常以 CV_<比特数>{SUF}C<通道数>的形式描述,例如,CV_8UC1 表示单通道的 8 位无符号整数矩阵,CV_32SC2 表示 2 通道的 32 位有符号整数矩阵,CV_32FC3 表示 3 通道的单精度浮点数矩阵。

• data：分配给矩阵头的数据指针，是实际存放数据的数组（类型必须与 type 一致）。

【注】　在 OpenCV 中，构造函数与数据结构同名，只是首字母小写，是一个普通的 C 函数，与 C++中的构造函数不同，这种函数必须显式调用。

【举例】

```
double X[2][3] =
{   {1,0,2},
    {0,1,-1}
};
CvMat M=cvMat(2,3,CV_64FC1,X);
```

3. 创建矩阵

【函数原型】

• CvMat *cvCreateMatHeader(int rows,int cols,int type);

• CvMat *cvCreateMat(int rows,int cols,int type);

【功能】

• 函数 cvCreateMatHeader 创建矩阵头。

• 函数 cvCreateMat 创建矩阵头并分配数据。

【参数】

• rows 和 cols：矩阵的行数和列数。

• type：矩阵元素类型。通常以 CV_＜比特数＞{SUF}C＜通道数＞的形式描述，例如，CV_8UC1 表示单通道的 8bit 无符号整数矩阵，CV_32SC2 表示 2 通道的 32bit 有符号整数矩阵 CV_32FC3 表示 3 通道的单精度浮点数矩阵。

【返回】　指向新矩阵的指针。

【举例】

```
// 创建一个单通道字节矩阵
CvMat *X=cvCreateMat (640,480,CV_8UC1);
// 创建一个 2 通道 16 位带符号整数矩阵
CvMat *Y=cvCreateMat (640,480,CV_16SC2);
// 创建一个 3 通道单精度浮点数矩阵
CvMat *W=cvCreateMat (640,480,CV_32FC3);
```

4. 创建新拷贝

【函数原型】　CvMat *cvCloneMat(CvMat *mat);

【参数】　mat 是输入矩阵。

【说明】　该函数创建输入矩阵的一个拷贝并且返回指向该矩阵的指针。

举例：

```
CvMat *X=cvCreateMat(4,4,CV_32FC1);
CvMat *Y=cvCloneMat(X);
```

5. 销毁矩阵

【函数原型】　void cvReleaseMat(CvMat **mat);

【参数】　image 是一个二级指针，指向矩阵。

【说明】 该函数缩减矩阵数据引用计数并且释放矩阵头。

举例：

```
CvMat *M=cvCreateMat(4,4,CV_32FC1);
cvReleaseMat(&M);
```

11.2.3 图像数据结构

1. 类型定义

IplImage 结构（IPL 图像头）来自于 Intel Image Processing Library，OpenCV 只支持部分成员。下面列出 IplImage 中通常会在 OpenCV 中使用的成员。

- intnSize; // sizeof(IplImage)，IplImage 签名
- int nChannels; // 大多数 OpenCV 函数支持 1~ 4 个通道
- int depth; // 像素的位深度，即像素每个分量的数据类型
- int origin; // 0 表示原点在上方（默认），1 表示原点在下方
- int width,height; // 图像的宽度和高度，单位为像素
- int widthStep; // 图像行大小，单位为字节
- char *imageData; // 指向图像数据的指针
- IplROI *roi; // 感兴趣区域 ROI（指定一个矩形区域和感兴趣通道 COI），非 NULL 时只处理该区域的指定通道

【说明】 像素的位深度通常以 IPL_DEPTH_<比特数>{SUF}的形式描述，例如，IPL_DEPTH_8U 表示 8 位无符号整数，IPL_DEPTH_32S 表示 32 位带符号整数，IPL_DEPTH_32F 表示单精度浮点数。通道是交叉存取的，例如彩色图像数据排列成 BGRBGR…

2. 创建图像

【函数原型】

- IplImage *cvCreateImageHeader(CvSize size,int depth,int channels);
- IplImage *cvCreateImage(CvSize size,int depth,int channels);

【功能】

- cvCreateImageHeader 创建图像头。
- cvCreateImage 创建图像头并分配数据空间。

【参数】

- size：图像的宽度和高度，单位为像素。
- depth：像素的位深度，通常以 IPL_DEPTH_<bit 数>{SUF}的形式描述，例如，IPL_DEPTH_8U 表示 8 位无符号整数，IPL_DEPTH_32S 表示 32 位带符号整数，IPL_DEPTH_32F 表示单精度浮点数。
- channels：每个像素的颜色通道数量。可以是 1、2、3 或 4。通道是交叉存取的，例如彩色图像数据排列为 BGRBGR…

【返回】 指向新图像的指针。

【举例】

```
// 创建一个单通道字节图像
IplImage *img1=cvCreateImage(cvSize(640,480),IPL_DEPTH_8U,1);
```

```
// 创建一个 2 通道 16 位带符号整数图像
IplImage *img2=cvCreateImage(cvSize(640,480),IPL_DEPTH_16S,2);
// 创建一个 3 通道单精度浮点数图像
IplImage *img3=cvCreateImage(cvSize(640,480),IPL_DEPTH_32F,3);
```

3. 创建新拷贝

【函数原型】　`IplImage *cvCloneImage(IplImage *image);`

【参数】　image 表示源图像。

【说明】　该函数制作源图像的完整拷贝,包括头和数据。

举例:

```
IplImage *img1= cvCreateImage(cvSize(640,480),IPL_DEPTH_8U,1);
IplImage *img2= cvCloneImage(img1);
```

4. 释放图像

【函数原型】　`void cvReleaseImage(IplImage **image);`

【参数】　image 是一个二级指针,指向图像内存分配单元。

【说明】　该函数释放头和图像数据。

举例:

```
IplImage *im=cvCreateImage(cvSize(640,480),IPL_DEPTH_8U,1);
cvReleaseImage(&im);
```

11.2.4　其他数据结构

1. 点

① CvPoint。二维坐标系下的点,类型为整数。

```
typedef struct { int x,y; } CvPoint;
CvPoint cvPoint(int x,int y); // 构造函数
```

② CvPoint2D32f。二维坐标下的点,类型为浮点数。

```
typedef struct { float x,y; } CvPoint2D32f;
CvPoint2D32f cvPoint2D32f(double x,double y); // 构造函数
```

③ CvPoint3D32f。三维坐标下的点,类型为浮点数

```
typedef struct { float x,y,z; } CvPoint3D32f;
CvPoint3D32f cvPoint3D32f(double x,double y,double z); // 构造函数
```

2. 矩形大小

```
typedef struct
{   int width,height; // 定义矩形宽和高,单位是像素
}CvSize;
CvSize cvSize(int width,int height); // 构造函数
```

3. 矩形框

```
typedef struct
{   int x,y; // 矩形左上角或左下角坐标(取决于原点)
    int width,height; // 定义矩形宽和高,单位是像素
}CvRect;
```

```
CvRect cvRect(int x,int y,int width,int height); // 构造函数
```

4. 多通道数量值

```
// 用于存放 1,2,3,4 元双精度数的容器
typedef struct { double val[4]; } CvScalar;
// 构造函数:分别用 v0,v1,v2,v3 初始化 val[0],val[1],val[2],val[3]
CvScalar cvScalar(double v0,double v1,double v2,double v3);
// 构造函数:用 v0123 初始化所有 val[0],...,val[3]
inline CvScalar cvScalarAll(double v0123);
// 构造函数:用 v0 初始化 val[0],用 0 初始化 val[1],val[2],val[3]
inline CvScalar cvRealScalar(double v0);
#define CV_RGB(r,g,b) cvScalar((b),(g),(r),0)
```

这里给出一个能够接受可变长参数的宏,用于初始化多通道数量值,保存在文件 cvv.h 中(需 C99 支持)。

```
#define cvvScalar(...) ((CvScalar) { __VA_ARGS__ })
```

其使用方式形如 cvvScalar(0)、cvvScalar(0,1)、cvvScalar(0,1,2)或 cvvScalar(0,1,2,3)。

11.3　OpenCV 数组的基础操作

11.3.1　对数组头的操作

1. 获得属性值

• 函数 cvGetSize。返回矩阵或图像的大小(用元素数表示的宽度和高度)。函数原型为"CvSize cvGetSize(const CvArr *arr);"。

• 函数 cvGetElemType。返回矩阵或图像的元素类型(如 CV_8UC3)。函数原型为"int cvGetElemType(const CvArr *arr);"。

• 宏 CV_MAT_CN(type)。从元素类型 type 中提取出通道数,例如从 CV_8UC3 中提取出通道数 3。

• 宏 CV_MAT_DEPTH(type)。从元素类型 type 中提取出位深度,例如从 CV_8UC3 中提取出位深度 CV_8U。

• 宏 CV_ELEM_SIZE(type)。根据元素类型 type 计算出每个元素占用的空间,例如根据 CV_64FC3 计算出每个元素占用的空间为 24 字节。

• 宏 CV_MAKETYPE(depth,cn)。通过位深度 depth 和通道数 cn 构造新的元素类型。

【举例】　为了方便获得矩阵或图像的行数、列数、通道数和位深度等属性值,这里提供一些方便获得这些属性值的函数,保存在文件 cvv.h 中。

```
int cvvGetRows(const CvArr *im) // 行数
{   return cvGetSize(im).height;
}
int cvvGetCols(const CvArr *im) // 列数
```

```
{   return cvGetSize(im).width;
}
int cvvGetChannels(const CvArr *im) // 通道数
{   return CV_MAT_CN(cvGetElemType(im));
}
int cvvGetDepth(const CvArr *im) // 位深度
{   return CV_MAT_DEPTH(cvGetElemType(im));
}
```

2. 获得矩阵头

【函数原型】　CvMat *cvGetMat(CvArr *arr,CvMat *header,int *coi,int allowND);

【功能】　从不确定数组返回矩阵头。

【参数】

• arr：输入数组。

• header：指向 CvMat 结构的指针，作为临时缓存。

• coi：记录 arr 中设置的 COI，NULL 表示不记录 COI。

• allowND：非 0 表示允许接收多维数组并且返回 2 维（如果 arr 是 2 维数组）或 1 维矩阵（如果 arr 是非 2 维的数组）。

【说明】　该函数从输入数组生成矩阵头，输入数组可以是 CvMat *（返回 arr）、IplImage *或 CvMatND *（返回 header）。输入数组必须有已分配好的底层数据或附加的数据，否则该函数调用失败。只适用于 1~4 通道的数组。

举例：

```
IplImage *src=cvLoadImage("lena.jpg",1);
CvMat head;
CvMat *dst=cvGetMat(src,&head,NULL,true);
```

3. 获得图像头

【函数原型】　IplImage *cvGetImage(CvArr *arr,IplImage *header);

【功能】　从不确定数组返回图像头。

【参数】

• arr：输入数组。

• header：指向 IplImage 结构的指针，作为临时缓存。

【说明】　该函数从输入数组获得图像头，该数组可以是 CvMat *（返回 header）或 IplImage *（返回 arr）。输入数组必须有已分配好的底层数据或附加的数据，否则该函数将调用失败。只适用于 1~4 通道的数组。

【举例】

```
CvMat *src=cvLoadImageM("lena.jpg",1);
IplImage head;
IplImage *dst=cvGetImage(src,&head);
```

4. 修改数组形状

【函数原型】　CvMat *cvReshape(const CvArr *arr,CvMat *header,int new_cn, int new_rows);

【功能】 不拷贝数据修改数组的形状,结果是二维数组。

【参数】

• arr:输入数组。

• header:新的矩阵头。

• new_cn:新的通道数。0 表示不修改通道数。

• new_rows:新的行数。0 表示不修改行数,只根据新通道数修改列数,正整数表示根据新行数和新通道数修改列数。

【说明】 该函数不修改数组数据,只返回新矩阵头的地址。只适用于 1~4 通道的数组。

举例:下列代码将一个 240 行 320 列 3 通道矩阵 X 转换成一个 240 行 960 列单通道矩阵 Y。

CvMat *X=cvCreateMat(240,320,CV_8UC3);

CvMat head;

CvMat *Y=cvReshape(X,&head,1,0);

11.3.2 对数组数据的操作

1. 填充

【函数原型】 void cvSet(CvArr *arr,CvScalar value,CvArr *mask);

【功能】 填充数组,即将数组所有元素改为指定值。

【参数】

• arr 和 value:分别是待填充数组和填充值。

• mask:操作掩码,单通道字节数组,指定需要修改的元素(NULL 表示全部)。

【说明】 若 mask[i]!=0,则 arr[i]=value。

2. 清零

【函数原型】

• void cvSetZero(CvArr *arr);

• #define cvZero cvSetZero

【功能】 清空数组。

【参数】 arr 为要被清空的数组。

【说明】 所有元素都指定为 cvScalarAll(0)。

3. 复制

【函数原型】 void cvCopy(CvArr *src,CvArr *dst,CvArr *mask);

【参数】

• src 和 dst:输入数组和输出数组,元素类型、维数和大小必须一致。

• mask:操作掩码,单通道字节数组,选择需要复制的元素(NULL 表示全部)。

【说明】 如果 mask(i)!=0,则 dst(i)=src(i)。

4. 指定数据

【函数原型】 void cvSetData(CvArr *arr,void *data,int step);

【功能】 指派用户数据给数组头。

【参数】

- arr：数组头。
- data：用户数据。
- step：整行字节数（CV_AUTOSTEP 或 0 表示自动计算 step）。

【说明】

- 使用该函数时，数组头应该已经初始化。数组头初始化可使用 cvCreate *Header、cvInit *Header 或 cvMat（对于矩阵）等函数。
- 当自动计算的 step 与 data 中的数据不匹配时必须指定 step。
- 只将用户数据与数组头关联，并不复制用户数据。

5. 释放数据

【函数原型】　void cvReleaseData(CvArr *arr);

【功能】　释放数组数据。

【参数】　arr 为数组头。

【说明】　函数 cvReleaseData 只解除外部数据与数组头的联系，不删除外部数据。

11.3.3　对数组元素的操作

这里只介绍 1 维、2 维和 3 维数组的元素读写，多维数组的情况请参阅 OpenCV 手册。

1. 读取单通道数组的元素

【函数原型】

- double cvGetReal1D(CvArr *arr,int idx0);
- double cvGetReal2D(CvArr *arr,int idx0,int idx1);
- double cvGetReal3D(CvArr *arr,int idx0,int idx1,int idx2);

【功能】　从单通道数组中读取指定元素，转换为 double 值返回。

【参数】

- arr：输入数组，必须是单通道数组。
- idx0：元素下标的第一个成员，以 0 为基准。
- idx1：元素下标的第二个成员，以 0 为基准。
- idx2：元素下标的第三个成员，以 0 为基准。

2. 修改单通道数组的元素

【函数原型】

- void cvSetReal1D(CvArr *arr,int idx0,double value);
- void cvSetReal2D(CvArr *arr,int idx0,int idx1,double value);
- void cvSetReal3D(CvArr *arr,int idx0,int idx1,int idx2,double value);

【功能】　修改单通道数组中指定元素的值（含类型转换）。

【参数】

- arr：输入数组，必须是单通道数组。
- idx0：元素下标的第一个成员，以 0 为基准。
- idx1：元素下标的第二个成员，以 0 为基准。
- idx2：元素下标的第三个成员，以 0 为基准。
- value：指派的值。

3. 读取多通道数组的元素

【函数原型】

- CvScalar cvGet1D(CvArr *arr,int idx0);
- CvScalar cvGet2D(CvArr *arr,int idx0,int idx1);
- CvScalar cvGet3D(CvArr *arr,int idx0,int idx1,int idx2);

【功能】 从数组中读取指定元素,转换为 CvScalar 值返回。

【参数】

- arr:输入数组。
- idx0:元素下标的第一个成员,以 0 为基准。
- idx1:元素下标的第二个成员,以 0 为基准。
- idx2:元素下标的第三个成员,以 0 为基准。

4. 修改多通道数组的元素

【函数原型】

- void cvSet1D(CvArr *arr,int idx0,CvScalar value);
- void cvSet2D(CvArr *arr,int idx0,int idx1,CvScalar value);
- void cvSet3D(CvArr *arr,int idx0,int idx1,int idx2,CvScalar value);

【功能】 修改多通道数组中指定元素的值(含类型转换)。

【参数】

- arr:输入数组。
- idx0:元素下标的第一个成员,以 0 为基准。
- idx1:元素下标的第二个成员,以 0 为基准。
- idx2:元素下标的第三个成员,以 0 为基准。
- value:元素的新值(CvScalar 值)。

5. 举例

这里给出 2 个例子,其中一个用于修改二维数组元素的值以及显示二维数组的所有元素,另一个用于读写数组中位于边界外的元素。

① 显示二维数组的所有元素。下面给出一个在标准输出设备中显示某个 2 维数组所有元素的函数,保存在文件 cvv.h 中。该函数仅适用于 1～4 通道数组。

```
// 显示二维数组的所有元素,仅适用于 1～4 通道数组
void cvvShow2D(const CvArr *X)
{   int rows=cvvGetRows(X),cols=cvvGetCols(X); // 行数,列数
    int cn=cvvGetChannels(X); // 通道数
    for(int i=0; i<rows;++i)
    {   for(int j=0; j<cols;++j)
        {   double *v=cvGet2D(X,i,j).val; // 元素值
            if(cn==1) printf("%g ",v[0]);
            else if(cn==2) printf("(%g,%g) ",v[0],v[1]);
            else if(cn==3) printf("(%g,%g,%g) ",v[0],v[1],v[2]);
            else printf("(%g,%g,%g,%g) ",v[0],v[1],v[2],v[3]);
```

```
        }
    printf("\n"); // 每行显示一行元素
    }
}
```

下列程序用于演示函数 cvSetReal2D()、cvSet2D()和 cvvShow2D()的使用方法。

```
// Show2D.c
#include <opencv/cv.h>
#include <opencv/highgui.h>
#include "cvv.h" // cvvShow2D
int main()
{   int rows= 2,cols= 3;
    CvMat *X=cvCreateMat(rows,cols,CV_8U);
    CvMat *Y=cvCreateMat(rows,cols,CV_8UC2);
    CvMat *Z=cvCreateMat(rows,cols,CV_8UC3);
    CvMat *W=cvCreateMat(rows,cols,CV_8UC4);
    for(int i=0;i<rows;++i)
        for(int j=0; j<cols;++j)
        {   cvSetReal2D(X,i,j,i+j+i*j);
            cvSet2D(Y,i,j,cvRealScalar(i+j+i*j));
            cvSet2D(Z,i,j,cvRealScalar(i+j+i*j));
            cvSet2D(W,i,j,cvRealScalar(i+j+i*j));
        }
    cvvShow2D(X),printf("\n");
    cvvShow2D(Y),printf("\n");
    cvvShow2D(Z),printf("\n");
    cvvShow2D(W),printf("\n");
    cvReleaseMat(&X);
    cvReleaseMat(&Y);
    cvReleaseMat(&Z);
    cvReleaseMat(&W);
}
```

```
0 1 2
1 3 5
(0,0) (1,0) (2,0)
(1,0) (3,0) (5,0)
(0,0,0) (1,0,0) (2,0,0)
(1,0,0) (3,0,0) (5,0,0)
(0,0,0,0) (1,0,0,0) (2,0,0,0)
```

(1,0,0,0) (3,0,0,0) (5,0,0,0)

② 读写数组中位于边界外的元素。在数字图像处理中,很多情况需要在源数组边界外增加元素,增加的元素通常使用使用边界元素值或常数值。这里给出一种不需要增加元素的方法,这种方法在读取边界外元素时直接使用边界元素值,在修改元素时不修改边界外元素。相关函数的定义保存在文件 cvv.h 中。这些函数仅适用于 1~4 通道数组。

```
// 支持越界的矩阵或图像元素读取
double cvvGetReal2D(const CvArr *src,int i,int j)
{   int rows=cvvGetRows(src),cols=cvvGetCols(src);
    if(i<0)i=0;
    else if(i>=rows)i=rows-1;
    if(j<0)j=0;
    else if(j>=cols)j=cols-1;
    return cvGetReal2D(src,i,j);
}
CvScalar cvvGet2D(const CvArr *src,int i,int j)
{   int rows=cvvGetRows(src),cols=cvvGetCols(src);
    if(i<0)i=0;
    else if(i>=rows)i=rows-1;
    if(j<0)j=0;
    else if(j>=cols)j=cols-1;
    return cvGet2D(src,i,j);
}
// 支持越界的矩阵或图像元素修改
void cvvSetReal2D(CvArr *src,int i,int j,double v)
{   int rows=cvvGetRows(src),cols=cvvGetCols(src);
    if(i<0||j<0||i>=rows||j>=cols) return;
    cvSetReal2D(src,i,j,v);
}
void cvvSet2D(CvArr *src,int i,int j,CvScalar v)
{   int rows=cvvGetRows(src),cols=cvvGetCols(src);
    if(i<0||j<0||i>=rows||j>=cols) return;
    cvSet2D(src,i,j,v);
}
```

11.4 OpenCV 矩阵的基础操作

1. 对角线元素赋值

【函数原型】 void cvSetIdentity(CvArr *mat,CvScalar value);

【功能】 为对角线元素指定新值。

【参数】　mat 是待初始化的矩阵(不一定是方阵),value 是对角线元素的新值。

【说明】　若 i＝j,则(i,j)元素的值为 value,否则为 0。

举例:

```
CvMat *M=cvCreateMat(4,5,CV_32FC1);
cvSetIdentity(M,cvRealScalar(1)); // 对角线元素值为 1
cvSetIdentity(M,cvRealScalar(15)); // 对角线元素值为 15
```

2. 存取指定元素

【函数原型】

- double cvmGet(const CvMat *mat,int row,int col);
- void cvmSet(CvMat *mat,int row,int col,double value);
- double cvGetReal2D(CvArr *mat,int row,int col);
- void cvSetReal2D(CvArr *mat,int row,int col,double value);
- CvScalar cvGet2D(CvArr *mat,int row,int col);
- void cvSet2D(CvArr *mat,int row,int col,CvScalar value);

【功能】

- 函数 cvmGet 返回单通道浮点数矩阵中指定元素的值(double)。
- 函数 cvmSet 为单通道浮点数矩阵的指定元素赋值(double)。
- 函数 cvGetReal2D 返回单通道矩阵中指定元素的值(double)。
- 函数 cvSetReal2D 为单通道矩阵的指定元素赋值(double)。
- 函数 cvGet2D 返回多通道矩阵中指定元素的值(CvScalar)。
- 函数 cvSet2D 为多通道矩阵的指定元素赋值(CvScalar)。

【参数】

- mat:输入矩阵。
- row 和 col:元素的行下标和列下标,以 0 为基准。
- value:元素的新值。

【说明】　函数 cvmGet 和 cvmSet 是 cvGetReal2D 和 cvSetReal2D 对于单通道浮点数矩阵的快速替代函数,运行速度比较快。

3. 以源数组为模板创建新矩阵

下列函数用于生成一个与输入数组大小和类型都相同的新矩阵,保存在文件 cvv.h 中。

```
CvMat *cvvCreateMat(const CvArr*src)
{   CvSize size=cvGetSize(src); // 矩阵大小
    int type=cvGetElemType(src); // 矩阵元素类型(如 CV_8UC3)
    return cvCreateMat(size.height,size.width,type);
}
```

11.5　OpenCV 图像的基础操作

11.5.1　以源数组为模板创建新图像

下列函数用于生成一个与输入数组大小和类型都相同的新图像,保存在文件 cvv.h 中。

其中函数调用 cvIplDepth(type)用于从元素类型 type 中提取出 IPL 位深度,例如从 CV_8UC3 中提取出位深度 IPL_DEPTH_8U。

```
IplImage *cvvCreateImage(const CvArr *src)
{   CvSize size=cvGetSize(src); // 图像大小
    int type=cvGetElemType(src); // 矩阵元素类型(如 CV_8UC3)
    int depth=cvIplDepth(type); // 位深度(如 IPL_DEPTH_8U)
    int channels=CV_MAT_CN(type); // 通道数
    return cvCreateImage(size,depth,channels);
}
```

11.5.2　图像的子集

1. 选取矩形子集

【函数原型】　CvMat *cvGetSubRect(cvArr *arr,CvMat *submat,CvRect rect);

【功能】　返回输入图像或矩阵的矩形子集的矩阵头。

【参数】

- arr:输入数组。
- submat:指向结果子集矩阵头的指针。
- rect:感兴趣的矩形区域。

【说明】　该函数返回输入数组中指定矩形区域对应子集的矩阵头,从而可以将输入数组的一个矩形子集当作一个独立数组处理。

【举例】　下列程序在源图像中选取一个矩形子集,并将该矩形子集改为白色,然后显示图像。程序运行结果如图 11-4 所示。

图 11-4　选取矩形子集

```
// SubRect.c
#include <opencv/cv.h>
#include <opencv/highgui.h>
int main()
{   CvMat *X= cvLoadImageM("lena.jpg",0); // 装入灰度图像
    CvRect R={125,125,100,50}; // 矩形区域
    CvMat head; // 结果矩阵头
    CvMat *Y=cvGetSubRect(X,&head,R); // 选取矩形子集
    cvSet(Y,cvScalarAll(255),NULL); // 矩形子集改为白色
    cvShowImage("GetSubRect",X); // 显示图像
    while(cvWaitKey(0)!=27) {} // 等待按 Esc 键
    cvDestroyAllWindows();
    cvReleaseMat(&X);
}
```

2. 分割通道

【函数原型】

- void cvSplit(CvArr *src,CvArr *dst0,CvArr *dst1,CvArr *dst2,CvArr *dst3);
- #define cvCvtPixToPlane cvSplit

【功能】　从多通道数组中提取指定的通道。

【参数】

- src:源数组。
- dst0,…,dst3:目标通道。

【说明】

- 用非 NULL 的输出数组指定需要提取的通道(按参数顺序对应),结果保存在目标数组中。
- 不能提取源数组中不存在的通道。
- 目标通道的大小和位深度与源数组一致。
- 原说明书含义有误。

3. 合并通道

【函数原型】

- void cvMerge(CvArr *src0,CvArr *src1,CvArr *src2,CvArr *src3,CvArr * dst);
- #define cvCvtPlaneToPix cvMerge

【功能】　将若干单通道数组复制到一个多通道数组中。

【参数】

- src0,…,src3:输入的通道。
- dst:输出数组。

【说明】

- 将非 NULL 的源数组复制到目标数组的对应通道中(按参数顺序对应)。
- 目标数组中必须存在非 NULL 的源数组对应的通道。
- 输入通道和输出数组的大小和位深度必须相同。
- 原说明书含义有误。

4. 通道分合举例

该例子首先从一幅真彩色图像中提取出蓝色和红色两个通道,然后将这两个通道合并到结果图像的绿色和红色两个通道中。程序运行结果如图 11-5 所示。

```
// split.c
#include <opencv/cv.h>
#include <opencv/highgui.h>
int main()
{    CvMat *X=cvLoadImageM("lena.jpg",1); // 读入彩色图像
    if(X==0) return -1;
    CvMat *B=cvCreateMat(X->rows,X->cols,CV_8U); // B 通道
```

图 11-5　通道的分割与合并

```
CvMat *R=cvCreateMat(X->rows,X->cols,CV_8U); // R 通道
cvSplit(X,B,0,R,0); // 提取 0、2 通道(B、R 通道)
CvMat *Y=cvCreateMat(X->rows,X->cols,CV_8UC3);
cvMerge(0,B,R,0,Y); // 合并到 1、2 通道(G、R 通道)
cvShowImage("源",X),cvShowImage("蓝",B); // 显示图像
cvShowImage("红",R),cvShowImage("结果",Y);
while(cvWaitKey(0)!=27) {} // 等待按 Esc 键
cvReleaseMat(&X),cvReleaseMat(&B); // 释放图像
cvReleaseMat(&R),cvReleaseMat(&Y);
cvDestroyAllWindows(); // 销毁窗口
}
```

11.6　OpenCV 绘图命令

11.6.1　线段

【函数原型】　void cvLine(CvArr *img,CvPoint pt1,CvPoint pt2,CvScalar color,int thickness,int line_type,int shift);

【功能】　绘制连接两个端点的线段。

【参数】

• img:图像。

• pt1:线段的第一个端点。

• pt2:线段的第二个端点。

• color:线段的颜色,可以使用宏 CV_RGB(r,g,b)指定。

• thickness:线段的粗细程度。

• line_type:线段的类型或绘制方法,通常可选 8 或 0(8 邻接连接线)、4(4 邻接连接线)、CV_AA(反走样线条)。

• shift:移位数,将坐标值右移 shift 个 10 进制位。

【举例】　在(100,100)与(200,200)之间绘制宽度为 1 的画绿色线段。

cvLine(im,cvPoint(100,100),cvPoint(200,200),CV_RGB(0,255,0),1,8,0);

11.6.2　矩形

【函数原型】　void cvRectangle (CvArr *img, CvPoint pt1, CvPoint pt2, CvScalar color,int thickness,int line_type,int shift);

【功能】　通过对角线上的两个顶点绘制矩形。

【参数】

- img:图像。
- pt1:矩形的一个顶点。
- pt2:矩形对角线上的另一个顶点。
- color:矩形的颜色,可以使用宏 CV_RGB(r,g,b)指定。
- thickness:矩形边框的线宽,负值(如 CV_FILLED)表示绘制填充矩形。
- line_type:线条的类型或绘制方法。
- shift:移位数,将坐标值右移 shift 个 10 进制位。

举例:用宽度为 1 的红线在(100,100)与(200,200)之间绘制一个矩形。

cvRectangle(im,cvPoint(100,100),cvPoint(200,200),CV_RGB(255,0,0),1,8,0);

11.6.3　圆

【函数原型】　void cvCircle(CvArr *img,CvPoint center,int radius,CvScalar color,int thickness,int line_type,int shift);

【功能】　绘制一个给定圆心和半径的圆。

【参数】

- img:图像。
- center:圆心坐标。
- radius:圆半径。
- color:圆的颜色,可以使用宏 CV_RGB(r,g,b)指定。
- thickness:圆弧线条的线宽,负值表示绘制填充的圆。
- line_type:线条的类型或绘制方法。
- shift:移位数,将坐标值和半径值右移 shift 个 10 进制位。

【举例】　以(100,100)为中心绘制半径为 20、宽度为 1 的绿色圆弧。

cvCircle(im,cvPoint(100,100),20,CV_RGB(0,255,0),1,8,0);

11.6.4　折线

【函数原型】　void cvPolyLine (CvArr *img, CvPoint **pts, int *npts, int contours,int is_closed, CvScalar color, int thickness, int line_type, int shift);

【功能】　绘制若干条折线。

【参数】

- img:图像。
- pts:折线的顶点指针数组(顶点集数组)。
- npts:折线的顶点个数数组(每条折线的顶点数)。

- contours：折线数量。
- is_closed：是否封闭。
- color：折线的颜色。
- thickness：线条的线宽。
- line_type：线条的类型或绘制方法。
- shift：移位数，将坐标值 shift 个 10 进制位。

【举例】 下列程序使用函数 cvPolyLine()绘制 2 条折线，运行结果如图 11-6 所示。

图 11-6　绘制折线

```c
// PolyLine.c
# include <opencv/cv.h>
# include <opencv/highgui.h>
int main()
{   CvMat *im=cvCreateMat(200,200,CV_32F); // 图像
    CvPoint *pts[]=
    {   (CvPoint[]) {10,10,10,100,100,100}, // 顶点集 1
        (CvPoint[]) {50,60,150,110,100,60,150,10} // 顶点集 2
    };
    int npts[]={3,4}; // 顶点数
    // 绘制折线(图像,顶点,顶点数,折线数 2,封闭 1,颜色,粗细 1,
    // 线型 8,移位 0)
    cvPolyLine(im,pts,npts,2,1,CV_RGB(1,1,1),1,8,0);
    cvShowImage("PolyLine",im); // 显示图像
    while(cvWaitKey(0)!=27) {} // 等待按 Esc 键
    cvReleaseMat(&im); // 释放图像
    cvDestroyAllWindows(); // 释放窗口
}
```

11.6.5 填充多边形

【函数原型】 void cvFillPoly(CvArr *img,CvPoint **pts,int *npts,int contours,CvScalar color,int line_type,int shift);

【功能】 绘制若干个内部填充的多边形。

【参数】
- img：图像。
- pts：指向多边形的数组指针（顶点集数组）。
- npts：多边形的顶点个数的数组（每个多边形的顶点数）。
- contours：组成填充区域的折线数量（多边形个数）。
- color：多边形的颜色。
- line_type：多边形边框线条的类型或绘制方法。
- shift：移位数，将坐标值右移 shift 个 10 进制位。

【说明】　该函数用于填充被多边形轮廓限定的区域。可以填充比较复杂的区域，例如，有漏洞的区域和有交叉点的区域等。

【举例】　下列程序使用函数 cvFillPoly()绘制 1 个有交叉的填充区域，运行结果如图 11-7 所示。

图 11-7　绘制填充区域

```c
// FillPoly.c
#include <opencv/cv.h>
#include <opencv/highgui.h>
int main()
{   CvMat *im=cvCreateMat(200,200,CV_32F); // 图像
    // 顶点集
    CvPoint *pts[]={(CvPoint[]) {50,50,150,50,50,150,150,150}};
    int npts[]={4}; // 顶点数
    // 绘制填充区域(图像,顶点,顶点数,区域数 1,颜色,
    // 线型 8,移位 0)
    cvFillPoly(im,pts,npts,1,CV_RGB(1,1,1),8,0);
    cvShowImage("FillPoly",im); // 显示图像
    while(cvWaitKey(0)!=27) {} // 等待按 Esc 键
    cvReleaseMat(&im); // 释放图像
    cvDestroyAllWindows(); // 释放窗口
}
```

11.6.6 文本

① 初始化字体。使用 cvInitFont。

【函数原型】 void cvInitFont (CvFont *font,int font_face,double hscale,double vscale,double shear,int thickness,int line_type);

【功能】 初始化字体结构体。

【参数】

- font：被初始化的字体结构体。
- font_face：字体名称标识符。
- hscale：字体宽度，字符宽度是初始宽度的 hscale 倍。
- vscale：字体高度，字符高度是初始高度的 vscale 倍。
- shear：字体斜度，即字符倾斜角度的近似正切值。
- thickness：字体笔画的粗细程度。
- line_type：字体笔画的类型或绘制方法。

【说明】

- 函数 cvInitFont 初始化字体对象，该对象在文字显示函数中使用。
- font_face(字体名称，外观参阅图 11-8)可选。
- CV_FONT_HERSHEY_SIMPLEX(无衬线字体)。
- CV_FONT_HERSHEY_PLAIN(小号无衬线字体)。
- CV_FONT_HERSHEY_DUPLEX(复杂的无衬线字体)。
- CV_FONT_HERSHEY_COMPLEX(有衬线字体)。
- CV_FONT_HERSHEY_TRIPLEX(复杂的有衬线字体)。
- CV_FONT_HERSHEY_COMPLEX_SMALL(小号有衬线字体)。
- CV_FONT_HERSHEY_SCRIPT_SIMPLEX(手写风格字体)。
- CV_FONT_HERSHEY_SCRIPT_COMPLEX(复杂的手写风格字体)。
- font_face(字体名称)能够由一个选定的值和可选的 CV_FONT_ITALIC 字体标记合成，就是斜体字。
- shear 表示字符倾斜角度的正切值，如 0 表示不倾斜，1 表示倾斜 45°。

② 绘制文本。使用 cvPutText。

【函数原型】 void cvPutText (CvArr *img,char *text,CvPoint org,CvFont *font,CvScalar color);

【功能】 在图像中显示文本。

【参数】

- img：输入图像。
- text：待显示文本。
- org：第一个字符的左下角坐标。
- font：字体对象。
- color：文本颜色。

【说明】 该函数将具有指定字体和指定颜色的文本加载到图像中。不属于指定字体库的字符用矩形字符替代。

③ 举例。为了简化绘制文本的步骤,这里构造一个能够直接绘制文本的函数 cvvPutText(),保存在文件 cvv.h 中。

```
// 绘制文本(图像,文本,坐标,字体,倍数,颜色,线宽)
void cvvPutText(CvArr *im,const char *text,CvPoint org,int font_face,
                double scale,CvScalar color,int thickness)
{   CvFont font; // 字体对象
    // 初始化字体(字体对象,字体,宽度倍数,高度倍数,倾斜度 0,
    // 线宽,线条类型 8)
    cvInitFont(&font,font_face,scale,scale,0,thickness,8);
    // 绘制文本(图像,文本,坐标,字体,颜色)
    cvPutText(im,text,org,&font,color);
}
```

下列程序调用函数 cvvPutText()绘制文本,给出了 OpenCV 支持的 8 种字体的外观,程序运行结果如图 11-8 所示。

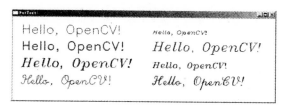

图 11-8 输出文本

```
// PutText.c
#include <opencv/cv.h>
#include <opencv/highgui.h>
#include "cvv.h"
int main()
{   CvMat *im=cvCreateMat(250,750,CV_8U); // 结果图像
    cvSet(im,cvScalarAll(255),0); // 白色背景
    CvScalar black=cvScalarAll(0); // 黑色文字
    // 字体(字体名称,字体风格)
    int font=CV_FONT_HERSHEY_SIMPLEX | CV_FONT_ITALIC;
    for(int i=0;i<8;++i) // 字体名称是连续定义的
    {   CvPoint org={i%2*375+25,i/2 *50+50}; // 坐标
        // 绘制文本(图像,文本,坐标,字体,倍数,颜色,线宽)
        cvvPutText(im,"Hello,OpenCV!",org,font+i,1.25,black,1);
    }
    cvShowImage("PutText",im); // 显示图像
    while(cvWaitKey(0)!=27) {} // 等待按 Esc 键
```

```
cvReleaseMat(&im); // 释放图像
cvDestroyAllWindows(); // 释放窗口
}
```

11.7 练习题

11.7.1 基础训练

11-1 使用 OpenCV 在一幅新的真彩色图像中（256×256）绘制一个填充的红色矩形，显示该图像并存入图像文件（Ex11-1.jpg）。其中矩形的 2 个对角顶点为（64,64）和（192,128）。

11-2 使用 OpenCV 装入一幅大小至少为 512×512 的彩色图像，并显示该图像。然后在源图像中指定一个矩形区域（左上顶点和宽高值分别为（128,256）和（256,128）的矩形），并在结果图像窗口中显示源图像中被选取的部分。

11-3 请使用 OpenCV 编写一个简单的程序，该程序首先读入一幅彩色图像，然后将这幅彩色图像的 3 个通道分离出来，得到 3 幅灰度图像，最后显示这 3 幅灰度图像并释放相关资源。

11.7.2 阶段实习

11-4 使用 OpenCV 装入一幅彩色图像，并显示该图像。然后在源图像窗口中使用鼠标选取一个矩形区域（可通过两次按下鼠标左键选取矩形的两个对角顶点来实现），并在结果图像窗口中显示源图像中被选取的部分。

11-5 使用 OpenCV 编制一个简单的徒手绘图程序。该程序使用鼠标绘制图形，当鼠标左键按下时开始绘制一条曲线，鼠标左键松开时停止当前曲线的绘制。按下"S"键将当前绘制结果存入图像文件，按下"C"清除所有绘制结果。要求使用白色背景，黑色曲线。可拓展考虑绘制封闭曲线和填充区域。

11-6 请根据 BMP 文件的格式编写一个 C 函数 CvMat *LoadBmp24(char *path)。该函数用于从一个真彩色 BMP 文件中读取图像数据，保存在 CvMat 对象中（需要实现上下翻转）。注意，不得使用 cvLoadImageM() 和 cvFlip() 之类的函数。

第 12 章　OpenCV 数组的基础运算

12.1　数组元素的算术逻辑运算

12.1.1　对应元素的运算

1. 带选择的运算

【函数原型】

- void cvAdd(CvArr *src1,CvArr *src2,CvArr *dst,CvArr *mask);
- void cvSub(CvArr *src1,CvArr *src2,CvArr *dst,CvArr *mask);
- void cvAnd(CvArr *src1,CvArr *src2,CvArr *dst,CvArr *mask);
- void cvOr(CvArr *src1,CvArr *src2,CvArr *dst,CvArr *mask);
- void cvXor(CvArr *src1,CvArr *src2,CvArr *dst,CvArr *mask);

【功能】　有选择地计算两个数组中对应元素的和、差、按位与、按位或以及按位异或。

【参数】

- src1 和 src2:源数组,类型和大小一致。
- dst:输出数组,类型和大小与源数组一致。
- mask:覆盖面,单通道字节数组,指定需要修改的元素(NULL 表示全部)。

2. 带缩放的运算

【函数原型】

- void cvMul(CvArr *src1,CvArr *src2,CvArr *dst,double scale);
- void cvDiv(CvArr *src1,CvArr *src2,CvArr *dst,double scale);

【功能】　计算两个数组中对应元素的积或商,并缩放结果。

【参数】

- src1 和 src2:源数组,类型和大小一致。
- dst:输出数组,类型和大小与源数组一致。
- scale:结果缩放系数。

【说明】　对于 cvDiv,如果 src1＝NULL,则 dst(i)＝scale / src2(i)。

3. 选取运算

【函数原型】

- void cvMax(CvArr *src1,CvArr *src2,CvArr *dst);
- void cvMin(CvArr *src1,CvArr *src2,CvArr *dst);

【功能】 选取两个数组中对应元素的较大值或较小值。

【参数】

• src1 和 src2:源数组,类型和大小一致。

• dst:输出数组,类型和大小与源数组一致。

4. 举例

```
CvMat *X= cvCreateMat(4,4,CV_32FC2); // 4*4 双通道单精度数矩阵
CvMat *Y= cvCreateMat(4,4,CV_32FC2);
CvMat *W= cvCreateMat(4,4,CV_32FC2);
cvAdd(X,Y,W,NULL); // W= X + Y
cvMul(X,Y,W,1.5); // W(i)= (X(i)*Y(i))* 1.5
cvDiv(NULL,Y,W,1.5); // W(i)= 1.5 / Y(i)
cvMax(X,Y,W); // W(i)= max(X(i),Y(i))
```

12.1.2 数量和数组的运算

1. 带选择的运算

【函数原型】

• void cvAddS(CvArr *src,CvScalar value,CvArr *dst,CvArr *mask);

• void cvSubS(CvArr *src,CvScalar value,CvArr *dst,CvArr *mask);

• void cvAndS(CvArr *src,CvScalar value,CvArr *dst,CvArr *mask);

• void cvOrS(CvArr *src,CvScalar value,CvArr *dst,CvArr *mask);

• void cvXorS(CvArr *src,CvScalar value,CvArr *dst,CvArr *mask);

【功能】 有选择地计算数组中每个元素与数量的和、差、按位与、按位或、按位异或。

【参数】

• src:源数组。

• value:与数组元素运算的数量值(CvScalar 值)。

• dst:输出数组,类型和大小与源数组一致。

• mask:操作掩码,单通道字节数组,指定需要修改的元素(NULL 表示全部)。

2. 选取运算

【函数原型】

• void cvMaxS(CvArr *src,double value,CvArr *dst);

• void cvMinS(CvArr *src,double value,CvArr *dst);

【功能】 计算数组中每个元素与数量的较大值或较小值。

【参数】

• src:源数组。

• value:与数组元素运算的数量值(double 值)。

• dst:输出数组,类型和大小与源数组一致。

3. 举例

```
CvMat *X= cvCreateMat(4,4,CV_32FC2); // 4*4 双通道单精度数矩阵
CvMat *Y= cvCreateMat(4,4,CV_32FC2);
cvAddS(X,cvScalarAll(0.75),Y,NULL); // Y(i)= X(i)+ 0.75
```

```
cvMaxS(X,1.5,Y); // Y(i)= max(X(i),1.5)
```

12.1.3　关系运算

【函数原型】

- void cvCmp(CvArr *src1,CvArr *src2,CvArr*dst,int cmp_op);
- void cvCmpS(CvArr *src1,double value,CvArr *dst,int cmp_op);

【功能】　检查两个数组中对应元素或数组中每个元素与数量是否满足指定的关系。

【参数】

- src1:第一个源数组,单通道数组。
- src2:第二个源数组,单通道数组。类型和大小与 src1 一致。
- value:与数组元素比较的数量值(double 值)。
- dst:输出数组,单通道字节数组。
- cmp_op:指定要检查的元素之间的关系,可选 CV_CMP_EQ(等于)、CV_CMP_NE(不等于)、CV_CMP_GT(大于)、CV_CMP_GE(大于或等于)、CV_CMP_LT(小于)、CV_CMP_LE(小于或等于)。

举例:

```
CvMat *X=cvCreateMat(4,4,CV_32F); // 4*4 单通道单精度数矩阵
CvMat *Y=cvCreateMat(4,4,CV_32F);
CvMat *W=cvCreateMat(4,4,CV_8U); // 4*4 单通道字节矩阵
cvCmp(X,Y,W,CV_CMP_LT); // W(i)=(X(i)<Y(i))
cvCmpS(X,1.5,W,CV_CMP_LT); // W(i)=(X(i)<1.5)
```

12.1.4　计算两数组的加权和

【函数原型】　void cvAddWeighted(const CvArr * src1,double alpha,const CvArr *src2,double beta,double gamma,CvArr *dst);

【功能】　计算两数组的加权和。

【参数】

- src1:第一个源数组。
- alpha:第一个数组元素的权值。
- src2:第二个源数组。
- beta:第二个数组元素的权值。
- dst:输出数组。
- gamma:添加的常数项。

【说明】　该函数用 dst(i)＝src1(i)*alpha＋src2(i)*beta＋gamma 计算结果。要求所有数组的类型和大小必须相同。常用于图像融合。

举例:

```
CvMat *X=cvCreateMat(4,4,CV_32F); // 4*4 单通道单精度数矩阵
CvMat *Y=cvCreateMat(4,4,CV_32F);
CvMat *W=cvCreateMat(4,4,CV_32F);
cvAddWeighted(X,0.3,Y,0.7,0,W); // W(i)= X(i) *0.3＋ Y(i) *0.7
```

12.2 数学函数

12.2.1 幂函数

【函数原型】 void cvPow(CvArr *src,CvArr *dst,double power);

【功能】 对数组内每个元素求幂。

【参数】 src 和 dst 分别是输入数组和输出数组,大小和类型必须一致,power 是幂指数。

【说明】 该函数用 dst(i)＝src(i)^power 计算结果,若幂指数不是整数,则使用输入元素的绝对值进行计算。

12.2.2 指数函数

【函数原型】 void cvExp(const CvArr *src,CvArr *dst);

【功能】 对数组内每个元素求以 e 为底的指数函数值。

【参数】 src 和 dst 分别是输入数组和输出数组,大小和类型必须一致。

【说明】 dst(i)＝exp(src(i))。

12.2.3 对数函数

【函数原型】 void cvLog(CvArr *src,CvArr *dst);

【功能】 计算每个数组元素的绝对值的自然对数。

【参数】 src 和 dst 分别是输入数组和输出数组,大小和类型必须一致。

【说明】 dst(i)＝log(|src(i)|)。0 对应一个大负数。

12.2.4 直角坐标转换为极坐标

【函数原型】 void cvCartToPolar(const CvArr * x, const CvArr * y, CvArr *magnitude,CvArr *angle,int angle_in_degrees);

【功能】 计算直角坐标形式的二维向量对应的极坐标。

【参数】

• x 和 y:x 坐标数组和 y 坐标数组,是大小和类型一致的浮点数数组。

• magnitude 和 angle:振幅数组和角度数组,大小和类型与 x 数组一致。可以是 NULL。

• angle_in_degrees:指示角度的单位是弧度还是度,0 表示弧度,1 表示度。

【说明】 振幅 $\rho = \sqrt{x^2 + y^2}$,角度 $\theta = \arctan(y/x)$。

12.2.5 极坐标转换为直角坐标

【函数原型】 void cvPolarToCart(const CvArr * magnitude, const CvArr *angle,CvArr *x,CvArr *y,int angle_in_degrees);

【功能】 计算极坐标形式的二维向量对应的直角坐标。

【参数】

• magnitude 和 angle:振幅数组和角度数组,是大小和类型一致的浮点数数组。

• x 和 y:x 坐标数组和 y 坐标数组,大小和类型与振幅数组一致。可以是 NULL。

- angle_in_degrees:指示角度的单位是弧度还是度,0 表示弧度,1 表示度。

【说明】　$x = \rho\cos\theta, y = \rho\sin\theta$。

12.3　统计

12.3.1　非 0 元素数

【函数原型】　int cvCountNonZero(const CvArr *arr);

【功能】　计算数组中的非零元素数目。

【参数】　src 为输入数组,是单通道数组。

12.3.2　数组元素的和

【函数原型】　CvScalar cvSum(const CvArr *arr);

【功能】　独立地为每一个通道计算数组元素的和。

【参数】　arr 为输入数组。

12.3.3　数组元素的平均值

【函数原型】　CvScalar cvAvg(const CvArr *arr,const CvArr *mask);

【功能】　独立地为每一个通道计算数组元素的平均值。

【参数】　arr 和 mask 分别是输入数组和操作掩码。

12.3.4　数组元素的均方差

1. 均方差的计算方法

设 $x = (x_1, x_2, \ldots, x_n)$,则平均值 $\overline{x} = (1/n)(x_1 + x_2 + \ldots + x_n)$,均方差 $\sigma = \sqrt{(1/n)\left[(x_1 - \overline{x})^2 + (x_2 - \overline{x})^2 + \ldots + (x_n - \overline{x})^2\right]}$。

2. OpenCV 中的相关函数

【函数原型】　void cvAvgSdv(const CvArr *arr,CvScalar *mean,CvScalar *std_dev,const CvArr *mask);

【功能】　独立地为每一个通道计算数组元素的平均值和均方差。

【参数】

- arr:输入数组。
- mean:指向平均值的指针,可以为 NULL。
- std_dev:指向标准差的指针。
- mask:操作掩码。

12.3.5　数组元素的最小最大值

【函数原型】　void cvMinMaxLoc(const CvArr *arr,double *min_val,double *max_val,CvPoint *min_loc,CvPoint *max_loc,const CvArr *mask);

【功能】　寻找数组元素的最小值和最大值。

【参数】

- arr:输入数组,单通道数组。
- min_val 和 max_val:指向保存最小值和最大值的变量。

- min_loc 和 max_loc：指向保存最小值和最大值位置的变量。
- mask：操作掩码。

12.3.6 数组元素的范数

1. 几种常用的范数

- C——范数：绝对值的最大值，计算公式为 $\|X\| = \max_{0 \leqslant i < n} |x_i|$。

- $L1$——范数：绝对值的和，计算公式为 $\|X\| = \sum_{0 \leqslant i < n} |x_i|$。

- $L2$——范数：欧几里得范数，计算公式为 $\|X\| = \sqrt{\sum_{0 \leqslant i < n} x_i^2}$。

2. OpenCV 中计算范数的函数

【函数原型】 double cvNorm(const CvArr *arr1,const CvArr *arr2,int norm_type,const CvArr *mask);

【功能】 计算 arr1 — arr2 的范数。

【参数】

- arr1 和 arr2：输入图像，类型和大小必须一致。
- normType：范数类型，通常选用 CV_C(C-范数)、CV_L1(L1-范数)和 CV_L2(L2-范数)。
- mask：操作掩码。

【说明】 如果 arr2 为 NULL，计算 arr1 的范数。多通道数组当作单通道数组处理。

12.4 线性代数

12.4.1 归一化

【函数原型】 void cvNormalize(CvArr *src,CvArr *dst,double a,double b,int norm_type,CvArr *mask);

【功能】 根据某种范数或者数值范围归一化数组。

【参数】

- src：输入数组。
- dst：输出数组，大小和通道数与输入数组一致。
- a：输出数组的最小/最大值或者输出数组的范数。
- b：输出数组的最大/最小值。
- norm_type：归一化的类型，可选 CV_C(用 C-范数归一化)、CV_L1(用 L1-范数归一化)、CV_L2(用 L2-范数归一化)和 CV_MINMAX(数组的数值线性地变换到 a 和 b 指定的范围)。
- mask：操作掩码。

【说明】

- 对于 CV_MINMAX 归一化，计算公式为
$$d_i = (s_i - s_{\min})(d_{\max} - d_{\min})/(s_{\max} - s_{\min}) + d_{\min}$$
- 其他归一化相当于将向量单位化以后再乘以 a，即 $d_i = a * s_i / \|s\|$。
- CV_MINMAX 归一化只能用于单通道数组。为了方便，这里提供一个能够使用多

通道数组的函数 cvvMinMax()，保存在文件 cvv.h 中。

```
// 多通道数组的 CV_MINMAX 归一化
void cvvMinMax(const CvArr *X,CvArr *Y,double a,double b,CvArr *mask)
{   CvMat head1,head2; // 单通道数组的数组头
    CvMat *T1=cvReshape(X,&head1,1,0); // X 转换成单通道数组
    CvMat *T2=cvReshape(Y,&head2,1,0); // Y 转换成单通道数组
    cvNormalize(T1,T2,a,b,CV_MINMAX,mask); // CV_MINMAX 归一化
}
```

12.4.2　线性变换

【函数原型】

• void cvConvertScale(CvArr *src,CvArr *dst,double scale,double shift);

• void cvConvertScaleAbs (CvArr * src, CvArr * dst, double scale, double shift);

• #definecvCvtScale cvConvertScale

• #definecvScale cvConvertScale

• #definecvConvert(src,dst) cvConvertScale((src),(dst),1,0)

• #definecvCvtScaleAbs cvConvertScaleAbs

【功能】　使用线性变换转换数组。

【参数】

• src:输入数组。

• dst:输出数组，大小和通道数与输入数组一致。

• scale:线性变换的 1 次项系数。

• shift:线性变换的常数项。

【说明】

• cvConvertScale():用 dst(i)＝src(i) * scale＋shift 计算结果，同时进行类型转换。

• cvConvertScaleAbs():用 dst(i)＝abs(src(i) * scale＋shift) 计算结果，同时进行类型转换。

• cvConvertScaleAbs():的输出数组必须是字节数组。

• 多通道数组对各个通道单独处理。

• 如果需要将数组的数值线性地变换到 a 和 b 指定的范围，则采用下列调用形式比较方便(只能用于单通道数组)。

$$\text{cvNormalize(src,dst,a,b,CV\_MINMAX,0);}$$

12.4.3　应用举例

下列程序演示了归一化和线性变换函数的使用，运行结果如图 12-1 所示。

```
// cvScale.c
#include <opencv/cv.h>
#include <opencv/highgui.h>
int main()
```

图 12-1　线性变换函数的使用

```
{   CvMat *X=cvLoadImageM("lena.jpg",0); // 读入灰度图像
    // 结果图像是与源图像大小相同的双精度数矩阵
    CvMat *Y=cvCreateMat(X->rows,X->cols,CV_64F);
    cvScale(X,Y,1.25,192); // Y(i)=1.25X(i)+192
    cvNormalize(Y,Y,1,0,CV_C,0); // Y(i)=Y(i)/max(Y)
    cvShowImage("Source",X),cvShowImage("Scale",Y); // 显示图像
    while(cvWaitKey(0)!=27) {} // 等待按 Esc 键
    cvReleaseMat(&X),cvReleaseMat(&Y);
    cvDestroyAllWindows();
}
```

12.5　练习题

12.5.1　基础训练

12-1　随机生成一幅浮点数灰度图像(大小和亮度都是随机的,大小值位于区间[128,639]),然后将该图像变换成亮度是 0～1 的浮点数图像,最后变换成字节图像并显示该图像。

12-2　首先使用 OpenCV 装入一幅灰度图像,然后使用函数 cvMinS()过滤掉源图像中亮度大于指定值(例如 128)的像素,并显示源图像和结果图像以便对比。

12.5.2　阶段实习

12-3　首先使用 OpenCV 装入一幅灰度图像,并创建一个滑块(初始值为 255)。然后使用函数 cvCmpS()和 cvCopy()过滤掉源图像中亮度大于滑块位置的像素(过滤掉的像素亮度值为 0),并显示结果图像。

12-4　编写一个简单的向源图像加入噪声的程序。首先随机选择若干噪声位置,然后对每个噪声位置随机产生噪声值,将噪声值与源图像相应像素直接平均作为结果像素值,源图像中非噪声位置的像素值保持不变。要求考虑灰度图像、彩色图像、字节图像和浮点数图像等情况。

第 13 章　图 像 变 换

13.1　颜色空间转换

13.1.1　几种常用的颜色空间转换

1. RGB 颜色与灰度级的转换

① RGB 颜色转换为灰度级。$Y=0.299R+0.587G+0.114B$。

② 灰度级转换为 RGB 颜色。$R=G=B=Y$。

2. RGB 颜色与 CIE XYZ Rec 709 颜色的转换

CIE XYZ 颜色模型使用三种假想的标准基色，用 X、Y 和 Z 表示产生一种颜色所需要的 CIE 基色的量。因此，在 XYZ 模型中描述一种颜色的方式与 RGB 模型类似。在讨论颜色性质时，可以使用下列方式对 X、Y 和 Z 进行规范化。

$$\begin{cases} x=X/(X+Y+Z) \\ y=Y/(X+Y+Z) \\ z=Z/(X+Y+Z) \end{cases}$$

① RGB 颜色转换为 XYZ 颜色。

$$\begin{bmatrix} X \\ Y \\ Z \end{bmatrix} = \begin{bmatrix} 0.412 & 0.358 & 0.180 \\ 0.213 & 0.715 & 0.072 \\ 0.019 & 0.119 & 0.950 \end{bmatrix} \begin{bmatrix} R \\ G \\ B \end{bmatrix}$$

② XYZ 颜色转换为 RGB 颜色。

$$\begin{bmatrix} R \\ G \\ B \end{bmatrix} = \begin{bmatrix} 3.240 & -1.537 & -0.499 \\ -0.969 & 1.876 & 0.042 \\ 0.056 & -0.204 & 1.057 \end{bmatrix} \begin{bmatrix} X \\ Y \\ Z \end{bmatrix}$$

3. RGB 颜色与 YC_rC_b 颜色的转换

JPEG 采用的颜色模型是 YC_rC_b。YC_rC_b 颜色空间的一个重要特性是亮度信号 Y 和色差信号 C_r、C_b 是分离的。如果只有 Y 分量而没有 C_r、C_b 分量，则这样表示的图像就是灰度图像。白光的亮度 Y 和红、绿、蓝三色光的关系是 $Y=0.299R+0.587G+0.114B$，而色差 C_r 和 C_b 分别由 R-Y 和 B-Y 按照不同比例压缩得到。

① RGB 颜色转换为 YC_rC_b 颜色。

$$\begin{cases} Y = 0.299R + 0.587G + 0.114B \\ C_r = 0.713(R - Y) + \delta \\ C_b = 0.564(B - Y) + \delta \end{cases}$$

② YC_rC_b 颜色转换为 RGB 颜色。

$$\begin{cases} R = Y + 1.403(C_r - \delta) \\ G = Y - 0.344(C_r - \delta) - 0.714(C_b - \delta) \\ B = Y + 1.773(C_b - \delta) \end{cases}$$

其中,对于 8 位图像,$\delta = 128$,对于 16 位图像,$\delta = 32768$,对于浮点数图像,$\delta = 0.5$。

4. RGB 颜色与 HSV 颜色的转换

HSV 颜色模型使用色相 H、饱和度 S 和色明度 V 表示一种颜色。其中色相 H 是一个角度,从 0 度到 360 度变化,红色对应 0 度,绿色对应 120 度,蓝色对应 240 度。饱和度 S 表示颜色的纯度,从 0 到 1 变化,纯色对应 1,灰度颜色对应 0,掺入黑色会降低颜色纯度。色明度 V 表示颜色的明亮程度,从 0 到 1 变化,最亮的颜色对应 1,黑色对应 0,掺入白色会增加颜色的明亮程度。

① RGB 颜色转换为 HSV 颜色。假定 RGB 图像和 HSV 图像都是浮点数图像,各分量值从 0 到 1 变化。

$$V_0 = \min(R, G, B), V_1 = \max(R, G, B)$$

$$V = V_1$$

$$S = \begin{cases} (V - V_0)/V & V \neq 0 \\ 0 & V = 0 \end{cases}$$

$$H = \begin{cases} (1/6)(G - B)/S & V = R \\ 2/6 + (1/6)(B - R)/S & V = G \\ 4/6 + (1/6)(R - G)/S & V = B \end{cases}$$

$$H = \text{fract}(H + 1)$$

② HSV 颜色转换为 RGB 颜色。假定 RGB 图像和 HSV 图像都是浮点数图像,各分量值从 0 到 1 变化。若 $V = 0$,则 $R = G = B = 0$,否则,令 $V_1 = V$,$V_0 = (1 - S)V$,考虑 H 的取值情况。

- 当 $0 \leq H < 1/6$ 时,$R = V_1$,$B = V_0$,$G = V_0 + 6HS$。
- 当 $1/6 \leq H < 2/6$ 时,$G = V_1$,$B = V_0$,$R = V_0 - (6H - 2)S$。
- 当 $2/6 \leq H < 3/6$ 时,$G = V_1$,$R = V_0$,$B = V_0 + (6H - 2)S$。
- 当 $3/6 \leq H < 4/6$ 时,$B = V_1$,$R = V_0$,$G = V_0 - (6H - 4)S$。
- 当 $4/6 \leq H < 5/6$ 时,$B = V_1$,$G = V_0$,$R = V_0 + (6H - 4)S$。
- 当 $5/6 \leq H < 1$ 时,$R = V_1$,$G = V_0$,$B = V_0 - 6HS$。

5. RGB 颜色转换为 HLS 颜色

HLS 颜色模型使用色相 H、亮度 L 和饱和度 S 表示一种颜色。其中色相 H 是一个角度,从 0 度到 360 度变化,红色对应 0 度,绿色对应 120 度,蓝色对应 240 度。亮度 L 表示颜色的明亮程度,从 0 到 1 变化,白色对应 1,黑色对应 0,纯色对应 0.5。饱和度 S 表示颜色的纯度,从 0 到 1 变化,纯色对应 1,灰度颜色对应 0。

① RGB 颜色转换为 HLS 颜色。假定 RGB 图像和 HLS 图像都是浮点数图像,各分量

值从 0 到 1 变化。

$$V_0 = \min(R,G,B), V_1 = \max(R,G,B)$$
$$L = (V_1 + V_0)/2$$
$$S = \begin{cases} (V_1 - V_0)/(2L) & L < 0.5 \\ (V_1 - V_0)/(2-2L) & L \geqslant 0.5 \end{cases}$$
$$H = \begin{cases} (1/6)(G-B)/S & V_1 = R \\ 2/6 + (1/6)(B-R)/S & V_1 = G \\ 4/6 + (1/6)(R-G)/S & V_1 = B \end{cases}$$
$$H = \text{fract}(H+1)$$

② HLS 颜色转换为 RGB 颜色。假定 RGB 图像和 HLS 图像都是浮点数图像,各分量值从 0 到 1 变化。

当 $L=0$ 或 $L=1$ 时,$R=G=B=L$。

当 $0 < L < 1$ 时,若 $L < 0.5$,则令 $V_1 = (S+1)L, V_0 = 2L - V_1$,否则,令 $V_1 = L + S - LS$,$V_0 = 2L - V_1$,考虑 H 的取值情况。

- 当 $0 \leqslant H < 1/6$ 时,$R=V_1, B=V_0, G=V_0 + 6HS$。
- 当 $1/6 \leqslant H < 2/6$ 时,$G=V_1, B=V_0, R=V_0 - (6H-2)S$。
- 当 $2/6 \leqslant H < 3/6$ 时,$G=V_1, R=V_0, B=V_0 + (6H-2)S$。
- 当 $3/6 \leqslant H < 4/6$ 时,$B=V_1, R=V_0, G=V_0 - (6H-4)S$。
- 当 $4/6 \leqslant H < 5/6$ 时,$B=V_1, G=V_0, R=V_0 + (6H-4)S$。
- 当 $5/6 \leqslant H < 1$ 时,$R=V_1, G=V_0, B=V_0 - 6HS$。

13.1.2　OpenCV 中的相关函数

OpenCV 使用 CvtColor() 函数进行颜色空间转换。

【函数原型】　`void cvCvtColor(const CvArr *src,CvArr *dst,int code);`

【功能】　输入图像从一个颜色空间转换为另外一个颜色空间。

【参数】

- src:输入数组,是 8 位、16 位或单精度数图像。
- dst:输出数组,大小和位深度与输入数组一致。
- code:标志颜色转换操作的常数,通常选用以下值:
    - CV_BGR2GRAY、CV_GRAY2BGR(RGB 颜色与灰度级的转换);
    - CV_BGR2XYZ、CV_XYZ2BGR(RGB 颜色与 XYZ 颜色的转换);
    - CV_BGR2YCrCb、CV_YCrCb2BGR(RGB 颜色与 YC_rC_b 颜色的转换);
    - CV_BGR2HSV、CV_HSV2BGR(RGB 颜色与 HSV 颜色的转换);
    - CV_BGR2HLS、CV_HLS2BGR(RGB 颜色与 HSV 颜色的转换)。

13.1.3　应用举例

颜色空间转换可以用于由灰度图像创建伪彩色图像。下述例子演示了一种非常简单的将灰度图像转换成伪彩色图像的方法,程序运行结果如图 13-1 所示。

```
// CvtColor.c
#include <opencv/cv.h>
```

图 13-1　颜色空间转换

```
#include <opencv/highgui.h>
int main()
{    CvMat *src=cvLoadImageM("lena.jpg",0);
     cvShowImage("Source",src);
     int rows=src->rows,cols=src->cols;
     CvMat *X=cvCreateMat(rows,cols,CV_8UC3);
     cvCvtColor(src,X,CV_GRAY2BGR);
     CvMat *Y=cvCreateMat(rows,cols,CV_8UC3);
     cvCvtColor(X,Y,CV_XYZ2BGR);
     CvMat *Z=cvCreateMat(rows,cols,CV_8UC3);
     cvCvtColor(X,Z,CV_HLS2BGR);
     cvAddWeighted(Y,0.7,Z,0.3,0,Z);
     cvShowImage("Result",Z);
     while(cvWaitKey(0)!=27) {}
     cvReleaseMat(&src),cvReleaseMat(&X),
         cvReleaseMat(&Y),cvReleaseMat(&Z);
     cvDestroyAllWindows();
}
```

13.2　仿射变换

13.2.1　关于插值方法

　　通常,在图像进行旋转和缩放等变换以后,很难保证结果像素和源像素一一对应,从而结果像素的亮度很难直接使用源像素的亮度。必须采用某种方法从源像素的亮度计算出结果像素的亮度。最常用的方法有最近邻插值和双线性插值。

　　1. 最近邻插值

　　假设需要计算结果像素(x',y')的亮度。

　　• 使用逆变换获得位置(x,y),这里的(x,y)不一定是一个源像素。

• 令 $x_0 = \mathrm{int}(x)$，$y_0 = \mathrm{int}(y)$，$x_1 = x_0 + 1$，$y_1 = y_0 + 1$。显然，(x_0, y_0)，(x_0, y_1)，(x_1, y_0)，(x_1, y_1) 是源像素。

• 在 (x_0, y_0)，(x_0, y_1)，(x_1, y_0)，(x_1, y_1) 中选取距离 (x, y) 最近的位置 (u, v)，将 (u, v) 处的亮度 f 作为结果像素 (x', y') 的亮度。如图 13-2 左侧所示。

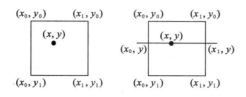

图 13-2　最近邻插值与双线性插值

2. 双线性插值

假设需要计算结果像素 (x', y') 的亮度。线性插值方法的前 2 个步骤与最近邻插值方法完全相同。

• 设 (x_0, y_0)，(x_0, y_1)，(x_1, y_0)，(x_1, y_1) 处的亮度分别是 f_{00}，f_{01}，f_{00}，f_{11}。

• 用 $f_0 = \dfrac{f_{01} - f_{00}}{y_1 - y_0}(y - y_0) + f_{00}$ 计算 (x_0, y) 处的亮度 f_0。

• 用 $f_1 = \dfrac{f_{11} - f_{10}}{y_1 - y_0}(y - y_0) + f_{10}$ 计算 (x_1, y) 处的亮度 f_1。

• 用 $f = \dfrac{f_1 - f_0}{x_1 - x_0}(x - x_0) + f_0$ 计算 (x, y) 处的亮度 f。

• 将 (x, y) 处的亮度 f 作为结果像素 (x', y') 的亮度。如图 13-2 右侧所示。

13.2.2　变换方程

1. 变换矩阵

为节省存储空间，使用矩阵

$$\begin{bmatrix} a_{11} & a_{12} & a_{13} \\ a_{21} & a_{22} & a_{23} \end{bmatrix}$$

代替变换矩阵

$$\begin{bmatrix} a_{11} & a_{12} & a_{13} \\ a_{21} & a_{22} & a_{23} \\ 0 & 0 & 1 \end{bmatrix}$$

2. 正变换

$$\begin{bmatrix} x' \\ y' \\ 1 \end{bmatrix} = \begin{bmatrix} a_{11} & a_{12} & a_{13} \\ a_{21} & a_{22} & a_{23} \\ 0 & 0 & 1 \end{bmatrix} \begin{bmatrix} x \\ y \\ 1 \end{bmatrix} \Rightarrow \begin{cases} x' = a_{11}x + a_{12}y + a_{13} \\ y' = a_{21}x + a_{22}y + a_{23} \end{cases}$$

3. 逆变换

$$\begin{bmatrix} x' \\ y' \\ 1 \end{bmatrix} = \begin{bmatrix} a_{11} & a_{12} & a_{13} \\ a_{21} & a_{22} & a_{23} \\ 0 & 0 & 1 \end{bmatrix}^{-1} \begin{bmatrix} x \\ y \\ 1 \end{bmatrix}$$

13.2.3　OpenCV 对仿射变换的支持

1. 翻转图像

【函数原型】

- void cvFlip(const CvArr *src,CvArr *dst,int flip_mode);
- #definecvMirror cvFlip

【功能】　翻转图像。

【参数】

- src 和 dst:输入图像和目标图像,大小和类型一致。
- flip_mode:指定怎样翻转图像,0 表示垂直翻转,正数表示水平翻转,负数表示垂直和水平翻转。

【说明】　dst=NULL 表示翻转在内部替换。

2. 改变图像大小

【函数原型】　void cvResize(const CvArr *src,CvArr *dst,int interpolation);

【功能】　使源图像大小与目标图像相同,结果保存在目标图像中。

【参数】

- src 和 dst:输入图像和输出图像,类型一致。
- interpolation:插值方法,通常选用 CV_INTER_NN(最近邻插值)、CV_INTER_LINEAR(双线性插值)和 CV_INTER_CUBIC(立方插值)。

3. 完成仿射变换

【函数原型】　void cvWarpAffine(CvArr *src,CvArr *dst,CvMat *map_matrix,int flags,CvScalar fillval);

【功能】　对图像做仿射变换。

【参数】

- src 和 dst:输入图像和输出图像,类型一致。
- map_matrix:2×3 变换矩阵。
- flags:插值方法和以下开关选项的组合。
    - CV_WARP_FILL_OUTLIERS(填充输出图像的所有像素)
    - CV_WARP_INVERSE_MAP(使用 map_matrix 的逆变换)
- fillval:用来填充在输入图像边界外的像素。

【说明】

- 如果没有指定 CV_WARP_INVERSE_MAP,该函数进行 map_matrix 的正变换,否则,进行 map_matrix 的逆变换。
- 插值方法通常选用 CV_INTER_NN(最近邻插值)或 CV_INTER_LINEAR(双线性插值),默认为最近邻插值。

4. 构造变换矩阵

【函数原型】　CvMat *cvGetAffineTransform(CvPoint2D32f *src,CvPoint2D32f *dst,CvMat *map_matrix);

【功能】　由三对点计算仿射变换。

【参数】
- src 和 dst：输入图像和输出图像中对应的三角形顶点坐标。
- map_matrix：指向 2×3 变换矩阵的指针。

【返回值】　map_matrix。

【说明】　该函数计算满足以下关系的仿射变换矩阵。

$$\begin{bmatrix} x'_0 & x'_1 & x'_2 \\ y'_0 & y'_1 & y'_2 \\ 1 & 1 & 1 \end{bmatrix} = \begin{bmatrix} a_{11} & a_{12} & a_{13} \\ a_{21} & a_{22} & a_{23} \\ 0 & 0 & 1 \end{bmatrix} \begin{bmatrix} x_0 & x_1 & x_2 \\ y_0 & y_1 & y_2 \\ 1 & 1 & 1 \end{bmatrix}$$

5. 构造旋转矩阵

【函数原型】　CvMat *cv2DRotationMatrix (CvPoint2D32f center,double angle,
double scale,CvMat *map_matrix);

【功能】　计算二维旋转（含一致缩放）的仿射变换矩阵。

【参数】
- center：旋转中心。
- angle：旋转角度，逆时针方向为正方向，单位是度。
- scale：一致缩放的缩放系数。
- map_matrix：记录获得的变换矩阵（2×3）。

【返回值】　map_matrix

【说明】　该函数计算下列变换矩阵。

$$\begin{bmatrix} s\cos\theta & -s\sin\theta & x_r(1-s\cos\theta)+y_r s\sin\theta \\ s\sin\theta & s\cos\theta & -x_r s\sin\theta+y_r(1-s\cos\theta) \\ 0 & 0 & 1 \end{bmatrix}$$

【注】　仿射变换的实现是首先使旋转中心与坐标原点重合，再进行旋转和缩放变换，最后使旋转中心回到原处。该变换矩阵的具体构造过程留作练习（第 4 章）。

13.2.4　举例说明

这里给出了 2 个演示程序，分别用于演示平移、旋转和缩放的效果。这 2 个程序都使用给定变换对源图像进行正变换，每隔 1 毫秒变换一次。

1. 平移

程序运行结果某一时刻的图像如图 13-3 所示。

图 13-3　某一时刻的平移效果

```c
// WarpAffine.c
#include <opencv/cv.h>
#include <opencv/highgui.h>
int main()
{   CvMat *X=cvLoadImageM("lena.jpg",0); // 载入灰度图像
    if(X==0) return -1; // 载入图像失败
```

```
CvMat *Y=cvCreateMat(X->rows,X->cols,X->type); // 结果图像
float tx=0,ty=0,delta=1; // 平移量,增量
while(cvWaitKey(1)!=27) // Not ESC
{   CvMat map=cvMat(2,3,CV_32F,(float[])
    {   1,0,tx,
        0,1,ty
    }); // 变换矩阵
    // 使用最近邻插值,填充外部,填充颜色为黑色
    int flags=CV_WARP_FILL_OUTLIERS;
    cvWarpAffine(X,Y,&map,flags,CV_RGB(0,0,0));
    cvShowImage("Translation",Y); // 显示结果图像
    if(abs(tx)>=X->cols)delta=-delta;
    tx+=delta,ty+=delta/4; // 修改平移量
}
cvReleaseMat(&X),cvReleaseMat(&Y); // 释放图像
cvDestroyAllWindows(); // 释放窗口
}
```

2. 缩放与旋转

程序运行结果某一时刻的图像如图 13-4 所示。

图 13-4　某一时刻的旋转效果

```
// RotationMatrix.c
#include <opencv/cv.h>
#include <opencv/highgui.h>
int main()
{   CvMat *X=cvLoadImageM("lena.jpg",0); // 载入灰度图像
    if(X==0) return -1; // 载入图像失败
    CvMat *Y=cvCreateMat(X->rows,X->cols,X->type); // 结果图像
    CvMat *map=cvCreateMat(2,3,CV_32F); // 变换矩阵
```

```
int angle=0,delta=1; // 旋转角度,增量
while(cvWaitKey(1)!=27) // Not ESC
{   CvPoint2D32f center={X->cols *0.5,X->rows *0.5};
    // 构造变换矩阵,旋转中心,角度,缩放比例
    cv2DRotationMatrix(center,angle,0.75,map); // 旋转变换
    // 使用线性插值,填充外部,填充颜色为黑色
    int flags=CV_INTER_LINEAR | CV_WARP_FILL_OUTLIERS;
    cvWarpAffine(X,Y,map,flags,CV_RGB(0,0,0));
    cvShowImage("RotationMatrix",Y); // 显示结果图像
    angle= (angle+delta)%360; // 旋转角度增加
}
cvReleaseMat(&X),cvReleaseMat(&Y); // 释放图像
cvReleaseMat(&map); // 回收变换矩阵
cvDestroyAllWindows(); // 销毁窗口
}
```

13.3　傅立叶变换

　　傅立叶变换与前述各种图像处理技术不同,它以图像中灰度的变化频率为处理对象,是一种重要的图像处理技术。

　　在图像处理中使用傅立叶变换的思想来源于阿贝二次成像理论。该理论表明,物函数的一次傅立叶变换(正变换)反映了物函数在系统频谱面上的频率分布。如果在频谱面上做某些处理(如滤波),再做第二次傅立叶变换(逆变换)就能改变物函数的某些特征,以达到人们要求的结果。图 13-5 给出了一个例子(噪声降低了)。

图 13-5　阿贝二次成像的例子

13.3.1 相关原理和方法

因为数字图像是离散函数,所以这里只考虑离散傅立叶变换。

1. 离散傅立叶变换

离散傅立叶变换的表达式为

$$F(u) = \sum_{x=0}^{N-1} f(x) \, (\mathrm{e}^{-2\pi j/N})^{ux}, u \in \mathbf{Z}$$

离散傅立叶变换的逆变换为

$$f(x) = \frac{1}{N} \sum_{u=0}^{N-1} F(u) \, (\mathrm{e}^{2\pi j/N})^{ux}, x \in \mathbf{Z}$$

【注】

- 在数字图像处理中,通常使用 $j = \sqrt{-1}$。
- 在数字图像处理中,通常规定 $u = 0, 1, \cdots, N-1, x = 0, 1, \cdots, N-1$。
- 系数 $1/N$ 可用于正变换或逆变换,在 OpenCV 中通常用于逆变换。

2. 单位根

给定复数 ω 和正整数 n,若 n 是使得 $\omega^n = 1$ 的最小正整数,则称 ω 为一个 n 次单位根。显然,$\omega = \mathrm{e}^{2\pi j/n}$ 和 $\omega = \mathrm{e}^{-2\pi j/n}$ 都是一个 n 次单位根。n 次单位根 ω 有下列性质(证明留作练习)。

- 序列 $\omega^0, \omega^1, \omega^2, \cdots$ 的周期是 n;
- $\omega^0, \omega^1, \cdots, \omega^{n-1}$ 各不相同;
- $\omega^{n-i} = \mathrm{conj}(\omega^i)$,$i$ 是整数。
- 当 n 是偶数时,$\omega^{n/2} = -1$,从而 $\omega^{k+n/2} = -\omega^k$。
- 当 n 是偶数时,ω^2 是一个 $n/2$ 次单位根。

3. 离散傅立叶变换的性质

为了将离散傅立叶变换的正变换和逆变换统一考虑,这里讨论变换 $F(u) = \sum_{x=0}^{N-1} f(x)\omega^{ux}$,其中 $u \in \mathbf{Z}$,ω 是一个 N 次单位根。显然,若 $\omega = \mathrm{e}^{-2\pi j/N}$,则 $F(u)$ 为离散傅立叶正变换,若 $\omega = \mathrm{e}^{2\pi j/N}$,则 $F(u)/N$ 为离散傅立叶逆变换。变换 $F(u) = \sum_{x=0}^{N-1} f(x)\omega^{ux}$ 具有下列性质。

① 周期性。$F(u+N) = F(u)$。

② 共轭对称性。如果 $f(x)$ 是实数函数,则 $F(N-u) = \mathrm{conj}(F(u))$。

③ 线性组合性。$g(x) = \alpha f_1(x) + \beta f_2(x) \Rightarrow G(u) = \alpha F_1(u) + \beta F_2(u)$。

④ 平均值。$\overline{f(x)} = F(0)/N$。

⑤ 平移性。$g(x) = f(x - x_0) \Rightarrow G(u) = \omega^{ux_0} F(u)$。

4. 快速傅立叶变换

① 直接计算的耗时。容易说明,若直接使用 $F(u) = \sum_{x=0}^{N-1} f(x)\omega^{ux}$ 计算 $F(0), F(1), \cdots, F(N-1)$,则耗时正比于 N^2(参见下列参考程序)。

```
# pragma once
```

```c
#include <complex.h>  // 复数函数,需 C99 支持
#include <math.h>
typedef double _Complex Complex;
#define PI_I 3.14159265358979323846i
void _DFT_(Complex X[],int n,Complex w,Complex Y[])
{   // X 表示 f(x),w 是 n 次单位根,Y 表示 F[u],X!=Y
    Complex wp[n]; // w ^ p
    wp[0]=1; // w ^ 0
    for(int i=1;i<n;++i)
    wp[i]=wp[i-1] * w;
    for(int u=0;u<n;++u)
    {   Y[u]=X[0];
        for(int i=1; i<n;++i)
            Y[u]+=X[i]*wp[(u*i)%n];
    }
}
```

这里介绍一种耗时正比于 $N\log_2 N$ 的快速方法。

② 快速算法推导。假定 N 是 2 的正整数幂,$M=N/2$。

$$F(u) = \sum_{x=0}^{N-1} f(x)\omega^{ux} = \sum_{x=0}^{M-1} f(2x)\omega^{u(2x)} + \sum_{x=0}^{M-1} f(2x+1)\omega^{u(2x+1)}$$

$$= \sum_{x=0}^{M-1} f(2x)(\omega^2)^{ux} + \omega^u \sum_{x=0}^{M-1} f(2x+1)(\omega^2)^{ux}$$

设 $f_0(x) = f(2x), f_1(x) = f(2x+1), F_0(u) = \sum_{x=0}^{M-1} f_0(x)(\omega^2)^{ux}, F_1(u) = \sum_{x=0}^{M-1} f_1(x)(\omega^2)^{ux}$,

则 $F(u) = F_0(u) + \omega^u F_1(u), F(u+M) = F_0(u+M) + \omega^{u+M} F_1(u+M) = F_0(u) - \omega^u F_1(u)$。

③ 快速算法的实现。可以使用下列 C 程序实现。

```c
// 快速计算,n 为 2 的整数次幂
void _FFT_(Complex X[],int n,Complex w,Complex Y[])
{   // X 表示 f(x),w 是 n 次单位根,Y 表示 F[u],允许 X==Y
    if(n<=1) return (void)(Y[0]=X[0]);
    int m=n/2;
    Complex X0[m],X1[m]; // f(2x)和 f(2x+1)的值
    for(int i=0; i<m;++i)
        X0[i]=X[2 *i],X1[i]=X[2 *i+1];
    Complex Y0[m],Y1[m]; // F0,F1
    _FFT_(X0,m,w *w,Y0),_FFT_(X1,m,w *w,Y1);
    Complex wp=1; // w^u,u=0
    for(int u=0;u<m;++u)
    {   Y[u]=Y0[u]+wp *Y1[u];
```

```
        Y[u+m]=Y0[u]-wp *Y1[u];
        wp *= w; // w^(u+1)=w^u *w
    }

}
```

④ 快速算法的耗时。设 $T(N)$ 是当输入规模为 N（假定 $N=2^m$）时的耗时，则存在 $C_1>0$，使得 $T(N)\leqslant 2T(N/2)+C_1 N$。

$$
\begin{aligned}
T(2^m) &\leqslant 2T(2^{m-1})+C_1 N \\
&\leqslant 2(2T(2^{m-2})+C_1 N/2)+C_1 N \\
&\leqslant 2^2 T(2^{m-2})+2C_1 N \\
&\qquad\vdots \\
&\leqslant 2^{m-1}T(1)+(m-1)C_1 N
\end{aligned}
$$

选取 $C\geqslant \max(T(1),C_1)$，则

$$T(N)=T(2^m)\leqslant 2^{m-1}C+(m-1)CN\leqslant CN+(m-1)CN=mCN=CN\log_2 N$$

⑤ 最佳 DFT 大小。对于 $f(x)$ 为实数函数的情况，如果 N 不是 2 的正整数幂，则最佳 DFT 大小为 $M=2^{\lfloor \log_2 N\rfloor}$。此时，对于正变换，可将 $f(x)$ 扩充为

$$
f_e(x)=\begin{cases} f(x) & x=1,2,\cdots,N-1 \\ f(x-N) & x=N,\cdots M-1 \end{cases}
$$

对于逆变换，可将 $F(u)$ 扩充为

$$
F_e(u)=\begin{cases} F(u) & u=1,2,\cdots,N-1 \\ \mathrm{conj}(F(M-u)) & u=N,\cdots M-1 \end{cases}
$$

5. 二维离散傅立叶变换

因为数字图像是二维离散函数，所以需要考虑二维离散傅立叶变换。二维离散傅立叶变换的表达式为

$$F(u,v)=\sum_{x=0}^{M-1}\sum_{y=0}^{N-1}f(x,y)(\mathrm{e}^{-2\pi\mathrm{j}/M})^{ux}(\mathrm{e}^{-2\pi\mathrm{j}/N})^{vy},u,v\in \mathbf{Z}$$

二维离散傅立叶变换的逆变换为

$$f(x,y)=\frac{1}{MN}\sum_{u=0}^{M-1}\sum_{v=0}^{N-1}F(u,v)(\mathrm{e}^{2\pi\mathrm{j}/M})^{ux}(\mathrm{e}^{2\pi\mathrm{j}/N})^{vy},x,y\in \mathbf{Z}$$

【注】 在数字图像处理中，通常规定 $u=0,1,\cdots,M-1,v=0,1,\cdots,N-1,x=0,1,\cdots,M-1,y=0,1,\cdots,N-1$。

实际上，二维离散傅立叶变换可以通过两次一维离散傅立叶变换计算得到。对应地，二维离散傅立叶逆变换也可以通过两次一维离散傅立叶逆变换计算得到。

【证明】 设 $g_v(x)=\sum_{y=0}^{N-1}f(x,y)\omega_2^{vy}$，则

$$F(u,v)=\sum_{x=0}^{M-1}\sum_{y=0}^{N-1}f(x,y)\omega_1^{ux}\omega_2^{vy}=\sum_{x=0}^{M-1}\left(\sum_{y=0}^{N-1}f(x,y)\omega_2^{vy}\right)\omega_1^{ux}=\sum_{x=0}^{M-1}g_v(x)\omega_1^{ux}$$

显然，若 $\omega_1=\mathrm{e}^{-2\pi\mathrm{j}/M}$，$\omega_2=\mathrm{e}^{-2\pi\mathrm{j}/N}$，则 $F(u,v)$ 为二维离散傅立叶正变换，若 $\omega_1=\mathrm{e}^{2\pi\mathrm{j}/M}$，$\omega_2=\mathrm{e}^{2\pi\mathrm{j}/N}$，则 $F(u,v)/MN$ 为二维离散傅立叶逆变换。

13.3.2　OpenCV 对傅立叶变换的支持

这里只介绍 cvDFT() 函数。

【函数原型】

- void cvDFT(CvArr *src,CvArr *dst,int flags,int nonzero_rows);
- #define cvFFT cvDFT

【功能】　执行一维或二维浮点数组的离散傅立叶变换(正或逆)。

【参数】

- src:输入数组,实数或者复数数组,即单通道或双通道数组。
- dst:输出数组,类型和大小与输入数组相同。
- flags:变换标志,通常为下列值的组合。
    - CV_DXT_FORWARD(正变换,结果不缩放)
    - CV_DXT_INVERSE(逆变换,结果不缩放)
    - CV_DXT_SCALE(缩放结果,结果除以数组元素数目)
    - CV_DXT_INV_SCALE(逆变换,缩放结果)
    - CV_DXT_ROWS(每行单独变换)
    - nonzero_rows:非 0 行数,即待变换行数,0 和负数表示所有行都参与变换。

【说明】　当二维离散傅立叶变换的输入是实数数据时,变换结果可以使用从 IPL 借鉴过来的压缩格式存储(依据是离散傅立叶变换的共轭对称性),通常用于表示一个傅立叶正变换的变换结果或者一个傅立叶逆变换的输入。

13.3.3　举例说明

1. 中心化函数

这里首先构造一个中心化函数 cvvFFTShift(),保存在文件 cvv.h 中(MATLAB 提供了该函数)。该函数的实现如下。

```
// 中心化,分成四块进行对角交换
void cvvFFTShift(CvArr *im)
{   CvMat LT,RT,RB,LB; // 代表 4 块
    int w=cvvGetCols(im) / 2,h= cvvGetRows(im) / 2; // 各块大小
    cvGetSubRect(im,&LT,cvRect(0,0,w,h)); // 左上
    cvGetSubRect(im,&RT,cvRect(w,0,w,h)); // 右上
    cvGetSubRect(im,&RB,cvRect(w,h,w,h)); // 右下
    cvGetSubRect(im,&LB,cvRect(0,h,w,h)); // 左下
    cvvSwap(&LT,&RB),cvvSwap(&RT,&LB); // 对角交换
}
```

2. 傅立叶变换的简单使用

这里使用一个简单的例子说明离散傅立叶变换的简单使用。

```
// DFT_S.c
#include <opencv/cv.h>
#include "cvv.h" // cvvShow2D
int main()
{   CvMat *X=cvCreateMat(2,3,CV_64FC2);
    for(int i=0;i<X->rows;++i)
```

```
        for(int j=0;j<X->cols;++j)
            cvSet2D(X,i,j,cvRealScalar(rand()%10));
    cvvShow2D(X);
    cvDFT(X,X,CV_DXT_FORWARD,0),cvvShow2D(X);
    cvDFT(X,X,CV_DXT_INV_SCALE,0),cvvShow2D(X);
    cvReleaseMat(&X);
}
```

```
(1,0) (7,0) (4,0)
(0,0) (9,0) (4,0)
(25,0) (-11,-6.9282) (-11,6.9282)
(-1,0) (2,1.73205) (2,-1.73205)
(1,-0) (7,-0) (4,0)
(0,-0) (9,-0) (4,-0)
```

3. 图像的傅立叶变换

下列程序给出了对一幅灰度图像进行傅立叶正变换后得到的结果和对正变换结果进行逆变换后得到的结果。在显示正变换的结果图像时对正变换结果进行了计算振幅、中心化和对数变换等处理。程序运行结果如图 13-6 所示。

图 13-6　灰度图像的傅立叶变换

```
// DFT.c
#include <opencv/cv.h>
#include <opencv/highgui.h>
#include "cvv.h" // cvvRelease,cvvFFTShift
int main()
{   CvMat *src=cvLoadImageM("lena.jpg",0); // 载入灰度图像
    if(src==0) return-1; // 载入图像失败
    // 源图像转换为复数图像 X
    int rows=src->rows,cols=src->cols; // 源图像行数和列数
    CvMat *Re=cvCreateMat(rows,cols,CV_64F); // 实部
```

```
    CvMat *X=cvCreateMat(rows,cols,CV_64FC2); // 复数图像
    // 实部为源图像对应的浮点数图像(y=x/255)
    cvScale(src,Re,(double)1 / 255,0);
    cvMerge(Re,NULL,NULL,NULL,X); // 合并实部和虚部(虚部为 0)
    cvDFT(X,X,CV_DXT_FORWARD,0); // DFT 正变换
    CvMat *Im=cvCreateMat(rows,cols,CV_64F); // 虚部
    cvSplit(X,Re,Im,0,0); // 将 DFT 图像分为实部和虚部
    CvMat *Mag=cvCreateMat(rows,cols,CV_64F); // 频谱振幅
    cvCartToPolar(Re,Im,Mag,0,0); // Mag= (Re^2+Im^2)^0.5
    // 对数变换以增强灰度级细节,窄带输入映射为宽带输出
    cvScale(Mag,Mag,1,1); // Mag=Mag+1
    cvLog(Mag,Mag); // Mag=log(Mag)
    cvvFFTShift(Mag); // 中心化
    // 归一化,元素值变换到[0,1]
    cvNormalize(Mag,Mag,0,1,CV_MINMAX,NULL);
    cvShowImage("振幅",Mag); // 显示结果
    cvDFT(X,X,CV_DXT_INV_SCALE,0); // DFT 逆变换,缩放结果
    cvSplit(X,Re,0,0,0); // 从逆变换图像中提取实部
    cvShowImage("逆变换",Re); // 显示结果
    while(cvWaitKey(0)!=27) {} // 等待按 Esc 键
    cvvRelease(&src,&Re,&Im,&X); // 释放图像
    cvDestroyAllWindows(); // 释放窗口
}
```

13.4 离散余弦变换

同傅立叶变换一样,余弦变换也是以图像中灰度的变化频率为处理对象,是另一种重要的图像处理技术。

13.4.1 相关原理和方法

因为数字图像是离散函数,所以这里也只考虑离散余弦变换。

1. 离散余弦变换

离散余弦变换的表达式为 $F(u) = K(u) \sum\limits_{x=0}^{N-1} f(x)\cos \dfrac{(2x+1)u\pi}{2N}, u \in \mathbf{Z}$。其中 $K(u) = ((u=0)\ \sqrt{1/N} : \sqrt{2/N}), u \in \mathbf{Z}$。

离散余弦变换的逆变换为 $f(x) = \sum\limits_{u=0}^{N-1} K(u)F(u)\cos \dfrac{(2x+1)u\pi}{2N}, x \in \mathbf{Z}$。

2. 二维离散余弦变换

因为数字图像是二维离散函数,所以需要考虑二维离散傅立叶变换。二维离散余弦变

换的表达式为

$$F(u,v) = K(u)K(v)\sum_{x=0}^{M-1}\sum_{y=0}^{N-1}f(x,y)\cos\frac{(2x+1)u\pi}{2M}\cos\frac{(2y+1)v\pi}{2N}$$

二维离散傅立叶变换的逆变换为

$$f(x,y) = \sum_{u=0}^{M-1}\sum_{v=0}^{N-1}K(u)K(v)F(u,v)\cos\frac{(2x+1)u\pi}{2M}\cos\frac{(2y+1)v\pi}{2N}$$

【注】 在数字图像处理中,通常规定 $u=0,1,\cdots,M-1,v=0,1,\cdots,N-1,x=0,1,\cdots,$ $M-1,y=0,1,\cdots,N-1$。

13.4.2　OpenCV 对离散余弦变换的支持

1. 相关函数

【函数原型】 void cvDCT(CvArr *src,CvArr *dst,int flags);

【功能】 执行一维或二维浮点数组的离散余弦变换(正或逆)。

【参数】

• src 和 dst:源数组和结果数组,单通道实数数组,类型和大小相同。

• flags:变换标志,通常选用 CV_DXT_FORWARD(正变换)、CV_DXT_INVERSE(逆变换)或 CV_DXT_ROWS(每行单独变换)。

【说明】 该函数暂未实现奇数大小的 DCT。

2. 离散余弦变换的简单使用

这里使用一个简单的例子说明离散余弦变换的简单使用。

```
// DCT_S.c
#include <opencv/cv.h>
#include "cvv.h" // cvvShow2D
int main()
{   CvMat *X=cvCreateMat(2,6,CV_64F);
    for(int i=0;i<X->rows;++i)
    for(int j=0;j<X->cols;++j)
        cvmSet(X,i,j,rand()%10);
    cvvShow2D(X);
    cvDCT(X,X,CV_DXT_FORWARD),cvvShow2D(X);
    cvDCT(X,X,CV_DXT_INVERSE),cvvShow2D(X);
    cvReleaseMat(&X);
}
```

```
1 7 4 0 9 4
8 8 2 4 5 5
16.4545   0.5   2.82843   -0.866025   -6.12372   0.5
-2.02073   -3.17543   -2.12132   -2.02073   -3.26599   3.17543
1 7 4 0 9 4
8 8 2 4 5 5
```

3. 图像的离散余弦变换

下列程序首先对一幅灰度图像进行离散余弦正变换后,然后在正变换的结果中将靠近原点的元素改为0,最后对得到的结果进行离散余弦逆变换。程序运行结果如图13-7所示。

图 13-7 灰度图像的离散余弦变换

```c
// DCT.c
#include <opencv/cv.h>
#include <opencv/highgui.h>
int main()
{   CvMat *src=cvLoadImageM("lena.jpg",0); // 载入灰度图像
    if(src==0) return-1; // 载入图像失败
    int rows=src->rows,cols=src->cols; // 源图像行数和列数
    CvMat *X=cvCreateMat(rows,cols,CV_64F); // 浮点数图像
    // 源图像对应的浮点数图像(y=x/255)
    cvScale(src,X,(double)1/255,0);
    cvShowImage("源图像",X);
    cvDCT(X,X,CV_DXT_FORWARD); // 正 DCT
    // 将靠近原点的元素改为 0
    for(int u=0;u<cols;++u)
        for(int v=0;v<rows;++v)
            if(sqrt(u *u+v *v)<75) cvmSet(X,v,u,0);
    cvDCT(X,X,CV_DXT_INVERSE); // 逆 DCT
    cvNormalize(X,X,1,0,CV_C,0); // 增强对比度
    cvShowImage("结果图像",X);
    while(cvWaitKey(0)!=27) {} // 等待按 Esc 键
    cvReleaseMat(&src),cvReleaseMat(&X); // 释放图像
    cvDestroyAllWindows(); // 释放窗口
}
```

13.5 练习题

13.5.1 基础训练

13-1 分别使用最近邻和双线性插值将一幅彩色图像变换成另一幅大小不同的图像。例如,结果图像的宽度和高度分别是源图像的 1.25 倍和 0.75 倍。

13-2 使用 OpenCV 编写一个演示对源图像进行缩放变换的程序。该程序首先装入一幅真彩色图像并显示该图像,然后对该图像进行缩放变换,显示得到的结果。其中旋转中心位于图像中心,缩放系数为(0.707,0.707),旋转角度为 45°。

13-3 证明 n 次单位根 ω 具有下列性质。

① 序列 $\omega^0, \omega^1, \omega^2 \cdots$ 的周期是 n。

② $\omega^0, \omega^1, \cdots, \omega^{n-1}$ 各不相同。

③ $\omega^{n-i} = \text{conj}(\omega^i)$,$i$ 是整数。

④ 当 n 是偶数时,$\omega^{n/2} = -1$,从而 $\omega^{k+n/2} = -\omega^k$。

⑤ 当 n 是偶数时,ω^2 是一个 $n/2$ 次单位根。

13-4 使用 OpenCV 编写一个演示傅立叶变换和逆变换的程序。该程序首先装入一幅灰度图像并显示该图像,然后对该图像进行傅立叶正变换,对得到的结果进行傅立叶逆变换,显示得到的结果以便与源图像进行比对。

13-5 使用 OpenCV 编写一个演示离散余弦变换和逆变换的程序。该程序首先装入一幅灰度图像并显示该图像,然后对该图像进行离散余弦正变换,对得到的结果进行离散余弦逆变换,显示得到的结果以便与源图像进行比对。

13.5.2 阶段实习

13-6 使用 OpenCV 编写一个演示傅立叶变换和逆变换的程序。该程序首先装入一幅灰度图像,并创建一个滑块(初始值为 0,最大值为 16),然后对该图像进行傅立叶正变换,在正变换的结果中将小于 value(value=滑块位置×250-2 500)的元素改为 value,最后对得到的结果进行傅立叶逆变换,并显示得到的结果图像。

13-7 使用 OpenCV 编写一个演示离散余弦变换和逆变换的程序。该程序首先装入一幅灰度图像,并创建一个滑块(初始值为 0,最大值为 16),然后对该图像进行离散余弦正变换,在正变换的结果中将大于 value(value=250-滑块位置×25)的元素改为 value,最后对得到的结果进行离散余弦逆变换,并显示得到的结果图像。

13-8 智能修复的实现。使用 OpenCV 编写一个智能修复程序。在一幅彩色图像上有一小块污损,用鼠标选定污损区域,然后使用该程序修复。可以首先考虑污损区域是一个矩形区域,然后考虑污损区域位于一个斜的矩形区域内,最后考虑污损区域位于一个一般的多边形区域内。实现方法是污损区域的像素用周围像素的加权平均或插值代替。

第14章 图 像 增 强

图像增强是图像处理的基础,它是对图像施加的数学变换,其目的通常是为了除去图像中的噪音,强调或抽取图像的轮廓特征等。

图像增强有两类不同的技术,一类是直接对像素的灰度值进行演算的灰度空间变换,另一类是对图像的频谱域实行变换的频谱变换技术。

14.1 灰度空间变换

14.1.1 灰度空间变换的基本方法

灰度空间变换的基本方法是空域滤波,是一种对各像素的灰度值进行演算的变换。

1. 空域滤波的基本原理

假设待变换图像的尺寸为 $W \times H$,坐标原点位于图像左上角像素位置,横轴为 x 轴,纵轴为 y 轴。图像上任意像素的坐标用 (x,y) 表示($0 \leqslant x < W, 0 \leqslant y < H$),像素的灰度值用 $f(x,y)$ 表示,变换后像素的灰度值用 $g(x,y)$ 表示。

图像的空域滤波可以借助一个称为模板(也称为核、内核)的局部像素域来完成。设当前待处理的像素为 (x,y),模板一般定义为以像素 (x,y) 为中心的一个 $n_x \times n_y$ 像素域及与之匹配的系数矩阵 C(n_y 行 n_x 列,n_x 和 n_y 都是奇数)。令 $k_x = \lfloor n_x/2 \rfloor$,$k_y = \lfloor n_y/2 \rfloor$,用 $C(u,v)$ 表示系数矩阵 C 中第 v 行第 u 列的元素($-k_x \leqslant u \leqslant k_x, -k_y \leqslant v \leqslant k_y$),则空域滤波

一般可以表示为 $g(x,y) = \sum\limits_{u=-k_x}^{k_x} \sum\limits_{v=-k_y}^{k_y} C(u,v) f(x+u, y+v)$,即对模板系数与对应像素的乘积求和。

将上式针对图像中所有像素 (x,y) 进行演算(将模板从图像的左上角依次向右下角移动),即可实现对图像的空域滤波。对于图像周围 k_x 或 k_y 像素宽的部分,可以通过"在读取边界外元素时直接使用边界元素值,在修改元素时不修改边界外元素"来解决。上式是空域滤波的通式,如何决定系数矩阵 C,取决于不同的空间处理。

2. 空域滤波的分类

(1) 根据滤波方法的特点分类

根据滤波方法的特点可以将滤波分为线性滤波和非线性滤波。

• 线性滤波。对模板系数与对应像素的乘积求和。常用的线性滤波有均值滤波、高斯滤波、Sobel 滤波、Laplace 滤波和方向滤波等。

• 非线性滤波。对模板系数与对应像素的乘积进行其他运算，如求最大值、最小值和中值等。常用的非线性滤波有中值滤波、膨胀滤波和腐蚀滤波等。

（2）根据滤波的目的或功能分类

根据滤波的目的或功能可以将滤波分为平滑滤波和锐化滤波。

• 平滑滤波。平滑滤波的目的是模糊和降低噪声，模糊的主要目的是在提取较大目标之前去除太小的细节或将目标内的小间断连接起来。

• 锐化滤波。锐化滤波的目的是增强被模糊了的细节边缘。

14.1.2　线性滤波的实现方法

实际上，线性滤波的通式 $g(x,y) = \sum\limits_{u=-k_x}^{k_x} \sum\limits_{v=-k_y}^{k_y} C(u,v) f(x+u, y+v)$ 可以修改为 $g(x,y) = \sum\limits_{u=0}^{n_x-1} \sum\limits_{v=0}^{n_y-1} C(u,v) f(x-k_x+u, y-k_y+v)$。

修改后的通式更具一般性，模板大小可以允许是偶数，并且可以指定 k_x 和 k_y（锚点位置，即当前像素 (x,y) 在模板中的对应位置，其中，模板的起始行列号为 0）。这里依据修改后的通式给出线性滤波的实现方法，适用于单通道数组。其中文件 cvv. h 中的函数 cvvGetRows()和 cvvGetCols()分别用于获得二维数组的行数和列数，cvvGetReal2D()用于读取数组元素，边界外元素用边界元素代替。

```
double Convolution(CvArr *F,int x,int y,CvArr *C,CvPoint K)
{    x-=K.x,y-=K.y; // 锚点位置(K.x,K.y)
    int rows=cvvGetRows(C),cols=cvvGetCols(C);
    double w=0;
    for(int v=0; v<rows;++v)
        for(int u=0; u<cols;++u)
            w+=cvGetReal2D(C,v,u) *cvvGetReal2D(F,y+v,x+u);
    return w;
}
void MyFilter(CvArr *F,CvArr *G,CvArr *C,CvPoint K)
{    int rows=cvvGetRows(F),cols=cvvGetCols(F);
    for(int y=0; y<rows;++y)
        for(int x=0; x<cols;++x)
            cvSetReal2D(G,y,x,Convolution(F,x,y,C,K));
}
```

对于单通道数组，这里给出的函数 MyFilter()可以得到与 OpenCV 函数 cvFilter2D()同样的效果。

14.1.3　OpenCV 中的自定义线性滤波器

1. 相关函数

【函数原型】　void cvFilter2D(CvArr *src,CvArr *dst,CvMat *kernel,CvPoint anchor);

【功能】　对图像做卷积。

【参数】

• src：输入图像。

• dst：输出图像。大小和通道数与输入图像一致。

• kernel：核，单通道浮点数矩阵。

• anchor：核的锚点表示被滤波的点在核内的位置，锚点应该处于核内部。(-1,-1)表示锚点在核中心。

【说明】　该函数对图像进行线性滤波。当核运算部分超出输入图像时，函数从最近邻的内部像素插值得到边界外面的像素值。

2. 举例说明

下列程序演示了对一幅灰度图像使用指定模板进行线性滤波的效果。程序运行结果如图 14-1 所示。

图 14-1　自定义线性滤波

```c
// Filter2D.c
# include <opencv/cv.h>
# include <opencv/highgui.h>
int main()
{   CvMat *X=cvLoadImageM("lena.jpg",0); // 读入灰度图像
    if(X==0) return-1; // 读取图像失败
    cvShowImage("Source",X); // 显示源图像
    CvMat *Y=cvCreateMat(X->rows,X->cols,X->type); // 结果图像
    CvMat kern=cvMat(3,3,CV_32F,(float[]) // 模板
        {   0,-1,0,
            -1,0,1,
            0,1,0
        });
    CvPoint anchor={-1,-1}; // 锚点,位于块中心
    cvFilter2D(X,Y,&kern,anchor); // 使用滤波器
    cvShowImage("Filter2D",Y); // 显示图像
```

```
while(cvWaitKey(0)!=27) {} // 等待按 Esc 键
cvReleaseMat(&X),cvReleaseMat(&Y); // 销毁图像
cvDestroyAllWindows(); // 释放窗口
}
```

14.2　图像平滑处理方法

平滑处理是一种简单且使用频率很高的图像处理方法,是除去图像中点状噪音的一个有效方法。所谓平滑化,是指使图像上任何一个像素与其相邻像素的灰度值的大小不会出现陡变的一种处理方法。这种处理会使得图像变模糊,所以图像的平滑化也称为图像的模糊化。

常用的图像平滑处理方法有使用归一化块滤波器的平滑、使用高斯滤波器的平滑和使用中值滤波方法的平滑等。

14.2.1　归一化块滤波器

归一化块滤波器的特点是模板系数之和为 1。模板系数全相同的归一化块滤波器称为均值模糊器或简单模糊器,是最简单的滤波器。设在一个 3×3 的模板中,其系数为

$$C=\frac{1}{9}\begin{bmatrix}1 & 1 & 1\\ 1 & 1 & 1\\ 1 & 1 & 1\end{bmatrix}$$

很明显,这意味着将图像上每个像素用它近旁(包括它本身)的 9 个像素的平均值取代。

这样处理的结果在除噪的同时,也将降低图像的对比度,使图像的轮廓模糊,为了避免这一缺陷,可用下列模板系数。

$$C=\frac{1}{10}\begin{bmatrix}1 & 1 & 1\\ 1 & 2 & 1\\ 1 & 1 & 1\end{bmatrix}$$

用该模板系数可一方面除去点状噪音,同时能较好地保留源图像的对比度。

14.2.2　高斯滤波器

高斯滤波器是一种通过指定参数计算模板系数的归一化块滤波器,是最有用的滤波器(尽管不是最快的)。为了构造高斯内核,首先观察一下高斯函数的图像(如图 14-2 所示)。

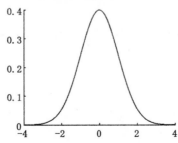

图 14-2　高斯函数的图像

通过观察高斯函数的图像不难发现,如果图像是一维的,则中间像素的加权系数是最大的,周边像素的加权系数随着它们远离中间像素的距离增大而逐渐减小。根据高斯函数的这个特点,可以通过将高斯函数的表达式离散化的方法构造出高斯内核的计算方法。

中间位置为 0 的高斯函数的表达式为 $f(x) = \dfrac{1}{\sqrt{2\pi}\sigma} e^{-\frac{x^2}{2\sigma^2}}$,其中,$\sigma$ 为变量 x 的标准差。

将上述表达式离散化,可以得到 $X_i = K e^{-\frac{i^2}{2\sigma^2}}$,$-k \leqslant i \leqslant k$。其中,$K$ 是归一化系数,保证 $\sum\limits_{i=-k}^{k} X_i = 1$。显然

$$K = \left(\sum_{i=-k}^{k} e^{-\frac{i^2}{2\sigma^2}} \right)^{-1}$$

为了构造高斯内核,首先构造出变量 x 和 y 的离散高斯函数 X 和 Y,然后通过如下方法得到高斯内核中第 v 行第 u 列的元素。

$$C(u,v) = X_u Y_v, \quad -k_x \leqslant u \leqslant k_x, \quad -k_y \leqslant v \leqslant k_y$$

例如,在一个 3×3 的模板中,当 $\sigma_x = \sigma_y = 0.95$ 时,其系数矩阵为(保留 4 位小数)

$$\begin{bmatrix} 0.071\,5 & 0.124\,4 & 0.071\,5 \\ 0.124\,4 & 0.216\,5 & 0.124\,4 \\ 0.071\,5 & 0.124\,4 & 0.071\,5 \end{bmatrix}$$

在一个 5×3 的模板中,当 $\sigma_x = 1.25$,$\sigma_y = 0.95$ 时,其系数矩阵为(保留 4 位小数)

$$\begin{bmatrix} 0.024\,7 & 0.064\,5 & 0.088\,9 & 0.064\,5 & 0.024\,7 \\ 0.043\,0 & 0.112\,3 & 0.154\,7 & 0.112\,3 & 0.043\,0 \\ 0.024\,7 & 0.064\,5 & 0.088\,9 & 0.064\,5 & 0.024\,7 \end{bmatrix}$$

14.2.3 中值滤波

中值滤波是一种非线性处理技术,可用来抑制图像中的噪音而且保持轮廓的清晰。中值滤波使用当前像素近旁 $n_x \times n_y$ 个像素的灰度值的中值(不是平均值)作为当前像素的新灰度值,即 $g(x,y) = \text{Med}\{f(x+u, y+v) \mid -k_x \leqslant u \leqslant k_x, -k_y \leqslant v \leqslant k_y\}$。例如,$\text{Med}\{2, 0, 5, 9, 0, 0, 18, 1, 29\} = 2$。$\{2, 0, 5, 9, 0, 0, 18, 1, 29\}$ 排序后变成 $\{0, 0, 0, 1, 2, 5, 9, 18, 29\}$,容易看出,中值是第 5 号元素 2。

14.2.4 OpenCV 中的平滑处理

1. 相关函数

【函数原型】 void cvSmooth (CvArr *src, CvArr *dst, int smoothtype, int param1, int param2, double param3, double param4);

【功能】 各种方法的图像平滑。

【参数】

- src 和 dst:输入图像和输出图像大小和类型一致。
- smoothtype:平滑方法。常用的选择有:
  - CV_BLUR(简单模糊,对像素的 param1×param2 邻域求平均)。
  - CV_GAUSSIAN(对像素的 param1×param2 邻域做高斯卷积)。
  - CV_MEDIAN(对像素的 param1×param1 邻域进行中值滤波)。

- param1:内核 x 方向的大小,必须是正奇数。
- param2:内核 y 方向的大小,必须是 0(使用 param1)或正奇数。
- param3 和 param4:高斯内核中变量 x 和 y 的标准差 σ_1 和 σ_2。

【说明】

- 如果标准差为零,则标准差由内核尺寸计算。

$$\sigma = 0.3(0.5n-1) + 0.8, n = \text{param1 或 param2}$$

- 当内核大小为 1,3,5,7 时,高斯模糊使用固定内核。

2. 举例说明

下列程序演示了对一幅灰度图像进行简单模糊、高斯模糊和中值滤波的效果。程序运行结果如图 14-3 所示。

图 14-3　灰度图像的简单模糊、高斯模糊和中值滤波

```
// cvSmooth.c
#include <opencv/cv.h>
#include <opencv/highgui.h>
int main()
{   CvMat *X=cvLoadImageM("lena-n.jpg",0); // 载入灰度图像
    cvShowImage("Source",X); // 显示源图像
    CvMat *Y=cvCreateMat(X->rows,X->cols,X->type); // 结果图像
    cvSmooth(X,Y,CV_BLUR,5,5,0,0); // 简单,5×5 模板
    cvShowImage("CV_BLUR",Y);
```

```
cvSmooth(X,Y,CV_GAUSSIAN,7,7,0,0); // 高斯,7×7 模板
cvShowImage("CV_GAUSSIAN",Y);
cvSmooth(X,Y,CV_MEDIAN,3,3,0,0); // 中值,3×3 模板
cvShowImage("CV_MEDIAN",Y);
while(cvWaitKey(0)!=27) {} // 等待按 Esc 键
cvReleaseMat(&X),cvReleaseMat(&Y); // 销毁图像
cvDestroyAllWindows(); // 销毁窗口
}
```

14.3 图像锐化处理方法

图像锐化处理的主要目的是突出图像中的细节或者增强被模糊化了的细节,一般情况下图像的锐化被用于景物边界的检测与提取,把景物的结构轮廓清晰地表现出来。使用锐化方法处理后的图像,轮廓线条将明显得到增强。轮廓线以外的部分将变得较暗,而轮廓线部分将变得比较明亮。

常用的锐化方法有使用 Sobel 算子的锐化、使用 Laplace 算子的锐化和使用方向模板的锐化等。

14.3.1 离散型差分

Sobel 算子和 Laplace 算子都是使用离散型差分的算子。离散型 1 阶差分有下列 3 种定义方式。

① $\nabla f(x) = f(x+1) - f(x)$

② $\nabla f(x) = f(x) - f(x-1)$

③ $\nabla f(x) = f(x+1) - f(x-1)$

Sobel 算子使用第 3 种方式定义的离散型 1 阶差分。

Laplace 算子使用离散型 2 阶差分,该 2 阶差分定义为

$$\nabla^2 f(x) = \nabla f(x) - \nabla f(x-1)$$
$$= [f(x+1) - f(x)] - [f(x) - f(x-1)]$$
$$= f(x+1) - 2f(x) + f(x-1)$$

14.3.2 Sobel 算子

1. 基本原理

考虑使用 3×3 模板,分三种情况讨论。

① 使用 1 阶 x 差分。此时 Sobel 算子计算新灰度值的方法为

$$g = \nabla_x f(x,y-1) + 2\nabla_x f(x,y) + \nabla_x f(x,y+1)$$
$$= (f_{x+1,y-1} - f_{x-1,y-1}) + 2(f_{x+1,y} - f_{x-1,y}) + (f_{x+1,y+1} - f_{x-1,y+1})$$

因此,Sobel 算子的模板为

$$\boldsymbol{C}_x = \begin{pmatrix} -1 & 0 & 1 \\ -2 & 0 & 2 \\ -1 & 0 & 1 \end{pmatrix}$$

OpenCV 中的调用形式为"cvSobel(src,dst,1,0,3);"。

② 使用 1 阶 y 差分。此时 Sobel 算子计算新灰度值的方法为

$$g = \nabla_y f(x-1,y) + 2\,\nabla_y f(x,y) + \nabla_y f(x+1,y)$$
$$= (f_{x-1,y+1} - f_{x-1,y-1}) + 2(f_{x,y+1} - f_{x,y-1}) + (f_{x+1,y+1} - f_{x+1,y-1})$$

因此,Sobel 算子的模板为

$$\boldsymbol{C}_y = \begin{bmatrix} -1 & -2 & -1 \\ 0 & 0 & 0 \\ 1 & 2 & 1 \end{bmatrix}$$

OpenCV 中的调用形式为"cvSobel(src,dst,0,1,3);"。

③ 使用 1 阶混合差分。此时,Sobel 算子计算新灰度值的方法为

$$g = \nabla_{xy}^2 f(x,y)$$
$$= \nabla_x f(x,y+1) - \nabla_x f(x,y-1)$$
$$= (f_{x+1,y+1} - f_{x-1,y+1}) - (f_{x+1,y-1} - f_{x-1,y-1})$$

因此,Sobel 算子的模板为

$$\boldsymbol{C} = \begin{bmatrix} 1 & 0 & -1 \\ 0 & 0 & 0 \\ -1 & 0 & 1 \end{bmatrix}$$

OpenCV 中的调用形式为"cvSobel(src,dst,1,1,3);"或"cvSobel(src,dst,1,1,1);"。

2. OpenCV 中的相关函数

【函数原型】　void cvSobel(CvArr *src,CvArr *dst,int xorder,int yorder, int aperture_size);

【功能】　使用扩展 Sobel 算子计算图像的 x 差分、y 差分或混合差分。

【参数】

• src 和 dst:输入图像和输出图像,大小和通道数一致。

• xorder 和 yorder:x 差分阶数和 y 差分阶数,必须小于 aperture_size,且不能都是 0。

• aperture_size:扩展 Sobel 内核的大小,必须是不超过 31 的奇数或负数。

【说明】

• Sobel 算子结合了 Gaussian 平滑和差分,结果有一定的抵抗噪声的能力。

• 该函数不调整输出元素的取值范围,为防止溢出,当输入 8 位图像时,必须输出 16 位图像或浮点数图像。

• 3×3 的 1 阶差分使用基本原理中介绍的内核。

• 当 aperture_size＝1 时,使用 3×3 内核的第一行或第一列(对应 x 或 y 差分)作为内核。

• 当 aperture_size ＜ 0 时,使用 Scharr 内核(要求 xorder ＋ yorder＝1)

$$\boldsymbol{S}_x = \begin{bmatrix} -3 & 0 & 3 \\ -10 & 0 & 10 \\ -3 & 0 & 3 \end{bmatrix}, \boldsymbol{S}_y = \begin{bmatrix} -3 & -10 & -3 \\ 0 & 0 & 0 \\ 3 & 10 & 3 \end{bmatrix}$$

• 其他情况由该函数自动计算相应的内核。

3. 应用举例

下列程序演示了对一幅灰度图像使用 Sobel 算子的效果。程序运行结果如图 14-4 所示。

图 14-4 Sobel 锐化

```
// Sobel.c
#include <opencv/cv.h>
#include <opencv/highgui.h>
int main()
{   CvMat *X=cvLoadImageM("lena.jpg",0); // 读入灰度图像
    if(X==0) return-1;
    cvShowImage("Source",X); // 显示源图像
    CvMat *tmp=cvCreateMat(X->rows,X->cols,CV_32F);
    cvSobel(X,tmp,1,1,3); // 使用 Sobel,1 阶混合差分,3 *3 内核
    CvMat *Y=cvCreateMat(X->rows,X->cols,CV_8U); // 字节图像
    cvConvert(tmp,Y); // 输出图像转为字节图像
    cvShowImage("Sobel",Y); // 显示结果
    while(cvWaitKey(0)!=27) {} // 等待按 Esc 键
    cvReleaseMat(&X),cvReleaseMat(&tmp),cvReleaseMat(&Y);
    cvDestroyAllWindows();
}
```

14.3.3 Laplace 算子

1. 基本原理

Laplace 算子计算新灰度值的方法为

$$\nabla^2 f(x,y)=\nabla_x^2 f(x,y)+\nabla_y^2 f(x,y)$$
$$=(f_{x+1,y}-2f_{x,y}+f_{x-1,y})+(f_{x,y+1}-2f_{x,y}+f_{x,y-1})$$
$$=(f_{x+1,y}+f_{x-1,y}+f_{x,y+1}+f_{x,y-1})-4f_{x,y}$$

因此,二阶差分的模板为

$$\boldsymbol{C}=\begin{pmatrix} 0 & 1 & 0 \\ 1 & -4 & 1 \\ 0 & 1 & 0 \end{pmatrix}$$

OpenCV 中的调用形式为"cvLaplace(src,dst,1);"。

观察二阶差分模板可以发现,其元素数字具有以下 2 个特点。

- 模板中各元素之和等于 0。
- 中心元素与邻域元素异号。

根据这 2 个特点,可以对二阶差分的模板略加扩展,得到自行设计的模板,如:

$$\begin{pmatrix} 0 & -1 & 0 \\ -1 & 4 & -1 \\ 0 & -1 & 0 \end{pmatrix} \quad \begin{pmatrix} 0 & 2 & 0 \\ 2 & -8 & 2 \\ 0 & 2 & 0 \end{pmatrix}① \quad \begin{pmatrix} 0 & -2 & 0 \\ -2 & 8 & -2 \\ 0 & -2 & 0 \end{pmatrix}$$

$$\begin{pmatrix} -1 & -1 & -1 \\ -1 & 8 & -1 \\ -1 & -1 & -1 \end{pmatrix} \quad \begin{pmatrix} 1 & -2 & 1 \\ -2 & 4 & -2 \\ 1 & -2 & 1 \end{pmatrix} \quad \begin{pmatrix} 1 & 4 & 1 \\ 4 & -20 & 4 \\ 1 & 4 & 1 \end{pmatrix}$$

2. OpenCV 中的相关函数

【函数原型】 void cvLaplace(CvArr *src,CvArr *dst,int aperture_size);

【功能】 计算图像的 Laplace 变换。

【参数】

- src 和 dst:输入图像和输出图像,大小和通道数一致。
- aperture_size:内核大小,是不超过 31 的奇数。

【说明】

- 该函数计算源图像的 Laplace 变换,方法是先计算二阶 x 差分和 y 差分,再求和。
- 当 aperture_size=1 时,使用基本原理中介绍的内核。
- 若 aperture_size=3,则内核系数是 aperture_size=1 时内核系数的 2 倍。
- 该函数不调整输出元素的取值范围,输出图像类型的要求和 cvSobel 一致。

3. 应用举例

下列程序演示了对一幅灰度图像使用 Laplace 算子的效果。程序运行结果如图 14-5 所示。

图 14-5 Laplace 锐化

---

① OpenCV 中的调用"cvLaplace(src,dst,3);"使用该内核。

```
// Laplace.c
#include <opencv/cv.h>
#include <opencv/highgui.h>
int main()
{   CvMat *X=cvLoadImageM("lena.jpg",0); // 读入灰度图像
    if(X==0) return-1;
    cvShowImage("Source",X); // 显示源图像
    CvMat *tmp=cvCreateMat(X->rows,X->cols,CV_32F);
    cvLaplace(X,tmp,3); // 使用 Laplace,3* 3 内核
    CvMat *Y=cvCreateMat(X->rows,X->cols,CV_8U);
    cvConvert(tmp,Y); // 输出图像转为字节图像
    cvShowImage("Laplace",Y); // 显示结果
    while(cvWaitKey(0)!=27) {} // 等待按键
    cvReleaseMat(&X),cvReleaseMat(&tmp),cvReleaseMat(&Y);
    cvDestroyAllWindows();
}
```

4. Sobel 与 Laplace 算子的边缘提取效果比较

• Sobel 算子获得比较粗略的边界。反映的边界信息较少,但是反映的边界比较清晰。如图 14-6(b)所示。

• Laplace 算子获得比较细致的边界。反映的边界信息包含许多细节信息,但是反映的边界不太清晰。如图 14-6(c)所示。

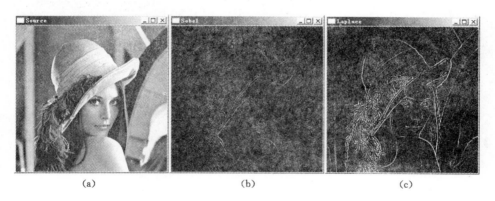

图 14-6　Sobel 与 Laplace 算子的边缘提取效果

14.3.4　方向模板

有时需要在图像中抽取某一特定方向的轮廓线,这时可以使用方向模板来达到这一目的。根据所需的方向,可从下列 8 种模板中选取合适的模板。

$$\begin{pmatrix} -1 & -1 & 0 \\ -1 & 0 & 1 \\ 0 & 1 & 1 \end{pmatrix} \qquad \begin{pmatrix} -1 & -1 & -1 \\ 0 & 0 & 0 \\ 1 & 1 & 1 \end{pmatrix} \qquad \begin{pmatrix} 0 & -1 & -1 \\ 1 & 0 & -1 \\ 1 & 1 & 0 \end{pmatrix}$$

左上　　　　　　　　　上　　　　　　　　　右上

$$\begin{pmatrix} -1 & 0 & 1 \\ -1 & 0 & 1 \\ -1 & 0 & 1 \end{pmatrix} \qquad\qquad\qquad \begin{pmatrix} 1 & 0 & -1 \\ 1 & 0 & -1 \\ 1 & 0 & -1 \end{pmatrix}$$

左　　　　　　　　　　　　　　　　右

$$\begin{pmatrix} 0 & 1 & 1 \\ -1 & 0 & 1 \\ -1 & -1 & 0 \end{pmatrix} \qquad \begin{pmatrix} 1 & 1 & 1 \\ 0 & 0 & 0 \\ -1 & -1 & -1 \end{pmatrix} \qquad \begin{pmatrix} 1 & 1 & 0 \\ 1 & 0 & -1 \\ 0 & -1 & -1 \end{pmatrix}$$

左下　　　　　　　　　下　　　　　　　　　右下

OpenCV 没有提供专门针对方向模板的函数,需要使用自定义的线性滤波器。图 14-7 给出了使用方向模板(左上模板和右下模板)进行线性滤波的效果。

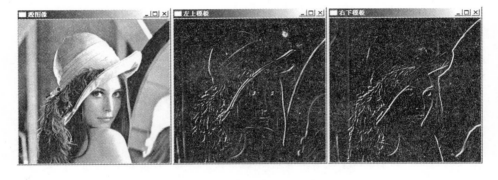

图 14-7　方向模板滤波

14.4　形态学操作

14.4.1　什么是形态学操作

形态学操作也是一种非线性处理技术。简单来讲,形态学操作就是基于形状的一系列图像处理操作。通过将结构元素(矩形、椭圆等形状的模板)作用于输入图像来产生输出图像。最基本的形态学操作有腐蚀与膨胀 2 种。它们运用广泛,如

- 消除噪声。
- 分割独立的图像元素以及连接相邻的元素。
- 寻找图像中明显的极大值区域或极小值区域。

14.4.2　腐蚀与膨胀

1. 膨胀

此操作将图像与任意形状的内核(通常为正方形或圆形)进行卷积。内核有一个可定义的锚点,通常定义为内核中心。进行膨胀操作时,将内核滑过图像,用内核覆盖区域的最大像素值代替锚点位置的像素。显然,这一最大化操作会导致图像的亮区"扩展"。

2. 腐蚀

腐蚀在形态学操作家族里是膨胀操作的孪生姐妹,它提取内核覆盖区域的最小像素值。进行腐蚀操作时,将内核滑过图像,用内核覆盖区域的最小像素值代替锚点位置的像素。显然,这一最小化操作会导致图像的亮区"缩小"。

14.4.3　OpenCV 中的相关函数

1. 内核的创建与销毁

【函数原型】

• IplConvKernel *cvCreateStructuringElementEx(int cols,int rows,int anchor_x,int anchor_y,int shape,int *values);

• void cvReleaseStructuringElement(IplConvKernel **element);

【功能】　创建结构元素,删除结构元素。

【参数】

• cols 和 rows。结构元素的列数目和行数目。

• anchor_x 和 anchor_y。锚点在结构元素中的列号和行号。

• shape。结构元素的形状,可以是 CV_SHAPE_RECT(长方形元素)、CV_SHAPE_CROSS(交错元素)、CV_SHAPE_ELLIPSE(椭圆元素)、CV_SHAPE_CUSTOM(用户自定义元素,由 values 定义)。

• values。指向结构元素数据的指针,是一个平面数组,表示对元素矩阵逐行扫描(非 0 值代表结构元素中的点)。只有当 shape 是 CV_SHAPE_CUSTOM 时才考虑该参数。

2. 腐蚀和膨胀

【函数原型】

• void cvDilate(CvArr *src,CvArr *dst,IplConvKernel *element,int iterations);

• void cvErode(CvArr *src,CvArr *dst,IplConvKernel *element,int iterations);

【功能】　使用指定的结构元素对图像进行膨胀(cvDilate)或腐蚀(cvErode)操作。

【参数】

• src 和 dst:输入图像和输出图像,大小和类型一致。

• element:用于膨胀或腐蚀的结构元素。NULL 表示使用 3×3 的矩形结构元素。

• iterations:膨胀或腐蚀的次数。

【说明】　彩色图像对每个通道单独处理。

14.4.4　应用举例

使用大小为 3 的正方形模板对源图像进行膨胀和腐蚀操作,程序运行结果如图 14-8 所示。

```
// Dilation.c
# include <opencv/cv.h>
# include <opencv/highgui.h>
```

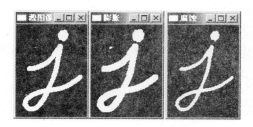

图 14-8 膨胀和腐蚀

```
int main()
{    CvMat *X=cvLoadImageM("image-j.bmp",0); // 载入灰度图像
     if(X==0) return-1; // 图像载入失败
     cvShowImage("源图像",X); // 显示源图像
     CvMat *Y=cvCreateMat(X->rows,X->cols,X->type); // 结果图像
     IplConvKernel *kern=  // 创建模板
         cvCreateStructuringElementEx(3,3,1,1,CV_SHAPE_RECT,0);
     cvDilate(X,Y,kern,1),cvShowImage("膨胀",Y);
     cvErode(X,Y,kern,1),cvShowImage("腐蚀",Y);
     while(cvWaitKey(0)!=27) {} // 等待按 Esc 键
     cvReleaseMat(&X),cvReleaseMat(&Y); // 释放图像
     cvReleaseStructuringElement(&kern); // 释放模板
     cvDestroyAllWindows(); // 释放窗口
}
```

14.5　频谱变换

频谱变换的基本方法是频域滤波,是一种对图像的频谱域进行演算的变换,主要包括低通频域滤波和高通频域滤波。低通频域滤波通常用于滤除噪声,高通频域滤波通常用于提升图像的边缘和轮廓等特征。

14.5.1 基本方法

1. 基本公式

进行频域滤波的使用的数学表达式为 $G(u,v)=H(u,v)F(u,v)$。其中,$F(u,v)$ 是原始图像的频谱,$G(u,v)$ 是变换后图像的频谱,$H(u,v)$ 是滤波器的转移函数或传递函数,也称为频谱响应。

2. 基本步骤

对一幅灰度图像进行频域滤波的基本步骤如下。

① 对源图像 $f(x,y)$ 进行傅立叶正变换,得到源图像的频谱 $F(u,v)$。

② 用指定的转移函数 $H(u,v)$ 对 $F(u,v)$ 进行频域滤波,得到结果图像的频谱 $G(u,v)$。

③ 对 $G(u,v)$ 进行傅立叶逆变换,得到结果图像 $g(x,y)$。

14.5.2 低通频域滤波

对低通滤波器来说,$H(u,v)$应该对高频成分有衰减作用而又不影响低频分量。常用的低通滤波器有以下几种,它们都是零相移滤波器(即频谱响应对实分量和虚分量的衰减相同),而且对频率平面的原点是圆对称的。

1. 理想低通滤波器

理想低通滤波器的转移函数为

$$H(u,v)=\begin{cases}1 & d(u,v)\leqslant d_0 \\ 0 & d(u,v)>d_0\end{cases}$$

其中,非负数 d_0 是截止频率;$d(u,v)=\sqrt{u^2+v^2}$ 是频率平面的原点到点(u,v)的距离。

理想低通滤波器过滤了高频成分,高频成分的滤除使图像变模糊,但过滤后的图像往往含有"抖动"或"振铃"现象。

2. ButterWorth 低通滤波器

又称为最大平坦滤波器,n 阶 ButterWorth 低通滤波器的转移函数为

$$H(u,v)=\frac{1}{1+(\sqrt{2}-1)\left[d(u,v)/d_0\right]^{2n}}$$

其中,非负数 d_0 是截止频率;$d(u,v)=\sqrt{u^2+v^2}$ 是频率平面的原点到点(u,v)的距离,正整数 n 是 ButterWorth 低通滤波器的阶数。

与理想低通滤波器相比,经 ButterWorth 低通滤波器处理的图像模糊程度会大大减少,并且过滤后的图像没有"抖动"或"振铃"现象。

3. 指数低通滤波器

指数低通滤波器是图像处理中常用的一种平滑滤波器,n 阶指数低通滤波器的转移函数为

$$H(u,v)=\exp\left(\ln\left(1/\sqrt{2}\right)\left(d(u,v)/d_0\right)^n\right)$$

其中,非负数 d_0 是截止频率;$d(u,v)=\sqrt{u^2+v^2}$ 是频率平面的原点到点(u,v)的距离,正整数 n 是指数低通滤波器的阶数。

指数低通滤波器的平滑效果与 ButterWorth 低通滤波器大致相同。

14.5.3 高通频域滤波

高通频域滤波是加强高频成分的方法,它使高频成分相对突出,低频成分相对抑制,从而实现图像锐化。常用的高通频域滤波器有以下几种。

1. 理想高通滤波器

理想高通滤波器的转移函数为

$$H(u,v)=\begin{cases}1 & d(u,v)\geqslant d_0 \\ 0 & d(u,v)<d_0\end{cases}$$

其中,非负数 d_0 是截止频率;$d(u,v)=\sqrt{u^2+v^2}$ 是频率平面的原点到点(u,v)的距离。

理想高通滤波器只保留了高频成分。

2. ButterWorth 高通滤波器

n 阶 ButterWorth 高通滤波器的转移函数为

$$H(u,v) = \frac{1}{1 + (\sqrt{2} - 1)[d_0/d(u,v)]^{2n}}$$

其中，非负数 d_0 是截止频率；$d(u,v) = \sqrt{u^2 + v^2}$ 是频率平面的原点到点 (u,v) 的距离；正整数 n 是 ButterWorth 低通滤波器的阶数。

与理想高通滤波器相比，经 ButterWorth 高通滤波器处理的图像会更平滑。

3. 指数高通滤波器

n 阶指数高通滤波器的转移函数为

$$H(u,v) = \exp\left(ln(1/\sqrt{2})(d_0/d(u,v))^n\right)$$

其中，非负数 d_0 是截止频率；$d(u,v) = \sqrt{u^2 + v^2}$ 是频率平面的原点到点 (u,v) 的距离；正整数 n 是指数高通滤波器的阶数。

指数高通滤波器的锐化效果与 ButterWorth 高通滤波器大致相同。

14.5.4　OpenCV 实现

这里实现了单通道实数图像的上述 6 种频谱变换，保存在文件 cvv.h 中。

1. 相关常数

```
enum
{   CVV_IDEAL_L=0,CVV_IDEAL_H=1, // 理想滤波器
    CVV_BUTTER_L=2,CVV_BUTTER_H=3, // ButterWorth 滤波器
    CVV_EXP_L=4,CVV_EXP_H=5 // 指数滤波器
};
```

2. 转移函数

```
static void _hand_(CvMat *H,double d0,int type,int n)
{   // 仅适用于单通道实数图像
    int w=H->cols,h=H->rows; // 列数,行数
    for(int u=0; u<w;++u)
        for(int v=0; v<h;++v)
        {   int x=u-w/2,y=v-h/2; // 原点定为中心
            double d=sqrt(x *x+y *y);
            double val;
            switch(type)
            {   case CVV_EXP_H: // 指数高通
                    val= exp(-0.346574 *pow(d0 / d,n));
                    break; // ln(1/sqrt(2))=-0.346574
                case CVV_EXP_L: // 指数低通
                    val=exp(-0.346574 *pow(d / d0,n));
                    break;
                case CVV_BUTTER_H: // ButterWorth 高通
                    val=1/(1+0.414214 *pow(d0/d,2 *n));
                    break;
```

```
        case CVV_BUTTER_L: // ButterWorth 低通
            val= 1/(1+0.414214 *pow(d/d0,2 *n));
            break; // 1/sqrt(2)-1=0.414214
        case CVV_IDEAL_H: // 理想高通
            val= (d>=d0);
            break;
        default: // 理想低通
            val= (d<=d0);
            break;
        }
        cvmSet(H,v,u,val); // H(u,v)=val
    }
}
```

3. 滤波器

可以按照频域滤波的基本步骤来构造滤波器。因为源图像进行傅立叶变换后,低频成分位于频谱图像的四角,所以需要在滤波前后进行两次对频谱图像的中心化。实际上,这两次中心化可以替换成一次对频谱响应的中心化。

```
void cvvFilter2D(CvArr *X,CvArr *Y,double d,int type,int n)
{   // 仅适用于单通道实数图像
    int cols=cvvGetCols(X),rows=cvvGetRows(X); // 列数,行数
    int depth=cvvGetDepth(X); // 单通道类型
    int elemtype=CV_MAKETYPE(depth,2); // 双通道类型
    CvMat *H=cvCreateMat(rows,cols,depth); // H
    _hand_(H,d,type,n); // 转移函数
    CvMat *H2=cvCreateMat(rows,cols,elemtype); // 零相移滤波器
    cvMerge(H,H,0,0,H2);
    cvvFFTShift(H2); // 中心化
    CvMat *G=cvCreateMat(rows,cols,elemtype); // F(u,v)和 G(u,v)
    cvMerge(X,0,0,0,G);
    cvDFT(G,G,CV_DXT_FORWARD,0); // 正 DFT
    cvMul(G,H2,G,1); // 滤波,G(i)=G(i) *H2(i) *1
    cvDFT(G,G,CV_DXT_INV_SCALE,0); // 逆 DFT
    cvSplit(G,Y,0,0,0); // 结果图像
    cvvRelease(&G,&H,&H2);
}
```

14.5.5 应用举例

1. 平滑

使用 ButterWorth 低通滤波对一幅含噪声的图像进行平滑操作,程序运行结果如图 14-9所示。

图 14-9　ButterWorth 低通滤波

```
// Abbe_L.c
#include <math.h>
#include <opencv/cv.h>
#include <opencv/highgui.h>
#include "cvv.h"
int main()
{    CvMat *X=cvLoadImageM("cat.jpg",0);
     cvShowImage("源图像",X);
     CvMat *Y=cvCreateMat(X->rows,X->cols,CV_64F);
     cvScale(X,Y,(double)1 / 255,0); // 转换为浮点数图像
     cvvFilter2D(Y,Y,20,CVV_BUTTER_L,2); // ButterWorth 低通滤波
     cvShowImage("结果图像",Y);
     while(cvWaitKey(0)!=27) {}
     cvvRelease(&X,&Y);
     cvDestroyAllWindows();
}
```

2. 锐化

使用 ButterWorth 高通滤波对一幅灰度图像的图像进行锐化操作，程序运行结果如图 14-10 所示。

```
// Abbe_H.c
#include <math.h>
#include <opencv/cv.h>
#include <opencv/highgui.h>
#include "cvv.h"
int main()
```

图 14-10 ButterWorth 高通滤波

```
{   CvMat *X=cvLoadImageM("lena.jpg",0);
    cvShowImage("源图像",X);
    CvMat *Y=cvCreateMat(X->rows,X->cols,CV_32F);
    cvScale(X,Y,(double)1/255,0); // 转换为浮点数图像
    cvvFilter2D(Y,Y,45,CVV_BUTTER_H,2); // ButterWorth 高通滤波
    cvNormalize(Y,Y,1,0,CV_C,0); // 增强对比度
    cvShowImage("结果图像",Y);
    while(cvWaitKey(0)!=27) {}
    cvvRelease(&X,&Y);
    cvDestroyAllWindows();
}
```

14.6　练习题

14.6.1　基础训练

14-1　使用 OpenCV 编写一个程序,该程序对一幅彩色图像进行一次中值模糊,要求分别显示源图像和模糊化以后的图像。其中内核大小为 5×5。

14-2　使用 OpenCV 编写一个程序,该程序对一幅灰度图像进行 Sobel 锐化,要求显示锐化以后的图像。其中内核大小为 3×3,x 和 y 方向均使用 1 阶差分。

14-3　使用 OpenCV 编写一个程序,该程序对一幅灰度图像进行 Laplace 锐化,要求显示锐化以后的图像。其中内核大小为 3×3。

14-4　使用 OpenCV 编写一个程序,该程序使用大小为 3 的正方形模板(锚点位于模板中心)对源图像进行 2 次腐蚀操作,要求显示源图像和腐蚀以后的图像。

14-5　使用 OpenCV 编写一个程序,该程序对一幅灰度图像进行一次 2 阶指数低通滤波,其中截止频率为 20,要求分别显示源图像和滤波以后的图像。

14-6　使用 OpenCV 编写一个程序,该程序对一幅灰度图像进行一次 2 阶指数高通滤波,其中截止频率为 45,要求分别显示源图像和滤波以后的图像。

14-7　给出下列灰度图像采用 3×3 模板进行中值滤波的结果。

1	1	1	1	1	1	1	1
1	5	5	5	5	5	5	1
1	5	7	5	5	5	5	1
1	5	5	9	8	5	5	1
1	5	5	8	9	5	5	1
1	5	5	5	5	5	7	1
1	5	5	5	5	5	5	1
1	1	1	1	1	1	1	1

14.6.2　阶段实习

14-8　首先参阅《OpenCV 手册》，掌握 cvMorphologyEx 函数的使用。然后编写一个程序，该程序使用大小为 3 的正方形模板对源图像进行 5 种高级形态学变换，并显示源图像和变换后的图像。

14-9　使用 OpenCV 编写一个程序，用于演示使用 Laplace 算子一节中给出的几种扩展二阶差分模板对源图像进行变换的结果。

14-10　请使用 OpenCV 编写一个 C 函数 void Filter2D(CvMat *src,CvMat *dst,CvMat *K,CvPoint anchor)。该函数根据指定的模板 K 创建一个针对灰度图像的线性滤波器。其中，src 是源图像，dst 是结果图像，anchor 是锚点位置。实现该函数时，可以直接将超出图像边界的像素规定为边界像素值。实现该函数后，请对比该函数和 cvFilter2D 使用方向模板的效果。注意，实现该函数时不得直接调用 cvFilter2D 之类的函数。

14-11　请使用 OpenCV 编写一个非常简单的将灰度图像转换成伪彩色图像的程序，该程序首先对一幅灰度图像进行 3 种不同的增强，然后将这 3 种增强结果分别用作蓝绿红通道合并成一幅伪彩色图像。要求可以提供几种结果供程序使用者选择。

第 15 章 图 像 分 析

图像分析的目的是从图像数据中找到某些有用的东西,包括特征提取、符号描述、景物匹配和识别等几个部分。而图像分割是进一步进行图像识别、分析和理解的基础,主要任务是将图像中有意义的特征部分(如图像中的边缘和区域等)提取出来。

15.1 图像的灰度直方图

所谓"图像处理",无非就是对各个像素的灰度值进行或增或减的计算处理。因此,在对图像进行处理前,对图像整体(当然也可以是局部)的灰度分布情况作一些分析了解是很有必要的。对图像的灰度分布进行分析的重要手段就是建立灰度直方图。灰度直方图是对图像的所有像素的灰度分布按灰度值的大小显示灰度值出现频度的统计图。

15.1.1 直方图的表示

通常,灰度直方图的横轴表示灰度值,纵轴用来表示频度。频度是具有某一灰度值(或灰度值属于某一子区域)的像素在图像中出现的次数。例如,有一幅 4×4 的 8 灰度级图像,图像数据及其灰度直方图分别如图 15-1 和图 15-2 所示。

图 15-1 图像数据

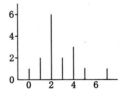

图 15-2 灰度直方图

根据图像数据,灰度值为 0,1,2,3,4,5,6,7 的像素的频度分别是 1,2,6,2,3,1,0,1,在灰度刻度的 0~7 处分别作一条以该灰度值对应频度值为长度的直线即可完成该图像的灰度直方图。

15.1.2 OpenCV 中的直方图操作

在 OpenCV 中,直方图是对数据集合的统计,并将统计结果分布于一系列预定义的子区域中。这里的数据不仅仅是灰度值,也可以是其他能有效描述图像特征的数据(如梯度、方向等),还可以是多个特征空间中的数据(例如多通道图像)。

1. 统计方法

假设有一个矩阵包含一张图像的灰度值[如图 15-3(a)所示]。

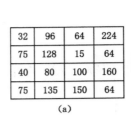
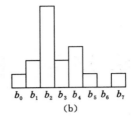

(a)   (b)

图 15-3   一个数字矩阵及其直方图

灰度值的范围包含 256 个值,可以将这个范围分割成若干子区域,如 8 个均匀子区域,即 $[0,256)=[0,32)\cup[32,64)\cup\cdots\cup[224,256)$。将灰度值范围分割成若干子区域以后,统计灰度值属于每一个子区域的像素数目。

采用这一方法来统计上面的数字矩阵,可以得到如图 15-3(b)所示的直方图(x 轴表示子区域,y 轴表示属于各个子区域的像素个数)。

2. 一些细节

• dims:指定需要统计的特征数目。在上例中,因为只统计灰度值,所以 dims=1。

• sizes:指定每个特征空间子区域的数目。在上例中,sizes={8},即 sizes[0]=8。

• ranges(均匀直方图):指定每个特征空间的取值范围,即 ranges[i]表示第 i 维的下界和上界。此时,第 i 维的整个区域均匀分割成 sizes[i]个子区域。例如,若 sizes={8,4},且 ranges={{0,256},{10,70}},则 ranges[0]表示范围[0,256),且均匀分割成 8 个子区域,ranges[1]表示范围[10,70),且均匀分割成 4 个子区域。

• ranges(非均匀直方图):各特征空间取值范围的分割。例如,若 sizes={4,3},且 ranges={{0,56,129,233,256},{10,20,50,70}},则 ranges[0]表示子区域[0,56)、[56,129)、[129,223)和[233,256),ranges[1]表示子区域[10,20)、[20,50)和[50,70)。

• 在 OpenCV 中,ranges 统称为直方块范围数组。

15.1.3   OpenCV 中的相关类型和函数

1. CvHistogram

```
typedef struct
{   int type; // 直方图的表示格式
    CvArr *bins; // 实际存储直方图数据的数组
    float thresh[CV_MAX_DIM][2]; // 均匀直方图的各维取值范围
    float **thresh2; // 非均匀直方图的各维子区域(分割)
    CvMatND mat; // 内部使用的直方图数组矩阵头
}CvHistogram;
```

【说明】

• type=CV_HIST_ARRAY 表示用密集数组存储直方图数据;type=CV_HIST_SPARSE 表示用稀疏数组存储直方图数据。

- 对于均匀直方图,使用 thresh 数组存储方块范围,否则,使用 thresh2 存储。
- mat 是内部使用的直方图数组矩阵头,表示直方图数据是如何组织的。

2. cvCreateHist

【函数原型】　CvHistogram *cvCreateHist(int dims, int *sizes, int type, float **ranges, int uniform);

【功能】　创建一个指定尺寸的直方图,返回新直方图的地址。

【参数】

- dims:直方图的维数,即待统计特征的数目。
- sizes:直方图各维的大小。
- type:直方图的表示格式,可选 CV_HIST_ARRAY(密集数组)或 CV_HIST_SPARSE(稀疏数组)。
- ranges:直方图中各维的取值范围(均匀直方图)或各维取值范围的分割(非均匀直方图)。
- uniform:均匀标识,0 表示非均匀直方图,非 0 表示均匀直方图。

3. cvCalcHist

【函数原型】　void cvCalcHist(IplImage **image, CvHistogram *hist, int accumulate, CvArr *mask);

【功能】　计算图像的直方图。

【参数】

- image:输入图像数组(可以使用 CvMat ** 和 CvArr ** ,可能有编译警告)。
- hist:直方图指针。
- accumulate:累计标识。如果设置,则直方图在开始时不清零,从而可以为多个图像计算一个单独的直方图,或者在线更新直方图。
- mask:操作掩码。

【说明】　该函数计算单通道或多通道图像的直方图。

15.1.4　OpenCV 绘制直方图举例

1. 用线段方式绘制直方图

下列程序是一个较通用的绘制直方图的程序,保存在文件 cvv.h 中。该程序使用线段方式绘制一幅灰度图像(单通道字节图像)的灰度直方图。

```
// 用尺寸为 512 *256 的黑白图像绘制灰度图像的直方图
// 参数为:源图像(单通道字节图像),直方图线段数
void cvvDrawHist1D(const CvArr *src, int size)
{   float *ranges[]= {(float[]) {0,256}}; // 取值范围数组
    CvHistogram *hist=  // 1维,用密集矩阵存储,均匀直方图
    cvCreateHist(1,&size,CV_HIST_ARRAY,ranges,1);
    // 计算直方图,不累计,使用全部像素
    cvCalcHist((IplImage **)&src,hist,0,0);
    CvArr *bins=hist->bins; // 直方图数据
    int w=512,h=256; // 结果图像大小
```

```
// 使直方图高度和结果图像高度一致
cvNormalize(bins,bins,0,h-1,CV_MINMAX,NULL);
// 绘制直方图(线段)
CvMat *dst=cvCreateMat(h,w,CV_8U); // 结果图像是黑白的
cvSet(dst,cvScalarAll(255),0); // 结果图像使用白色背景
int dx=w/size; // 子区域宽度
// 绘制时假设原点在下方,完成后垂直翻转图像即可
for(int i=0;i<size;++i)
{   int x=i *dx+dx/2,y=cvGetReal1D(bins,i);
    CvPoint pt1={x,0},pt2={x,y}; // 下、上端点
    // 线段:黑色,线宽=1,8 邻接线,不移位
    cvLine(dst,pt1,pt2,cvScalarAll(0),1,8,0);
}
cvFlip(dst,dst,0); // 结果图像垂直翻转
char title[256]; // 生成窗口名
static int index=0;
sprintf(title,"Histogram(Lines)-%d",++index);
cvShowImage(title,dst); // 显示结果图像
cvvRelease(&hist,&dst); // 释放资源
}
```

2. 使用示例

程序运行结果如图 15-4 所示。

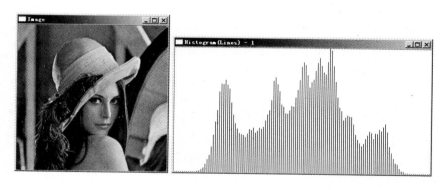

图 15-4　灰度图像的直方图

```
// hist.c
#include <opencv/cv.h>
#include <opencv/highgui.h>
#include"cvv.h" // cvvRelease
int main()
{   CvMat *X=cvLoadImageM("lena.jpg",0); // 载入灰度图像
```

```
    if(X==0) return-1; // 载入图像失败
    cvShowImage("Image",X); // 显示源图像
    cvvDrawHist1D(X,128);
    while(cvWaitKey(0)!=27) {} // 等待按 Esc 键
    cvvRelease(&X); // 释放图像
    cvDestroyAllWindows(); // 释放窗口
}
```

15.1.5 直方图均衡化

1. 直方图均衡化的目的

直方图均衡化也是一种对于灰度的变换,但它与前述章节介绍的线性变换有所不同。线性变换是把像素的灰度分布扩展到较大灰度域去的一种灰度变换,而直方图均衡化则一方面要求尽量扩展灰度的分布域;另一方面更重要的是,要努力使每一个灰度级上的频度尽可能一致。这种力求使灰度分布域上的频度趋近一致化的努力是有道理的。因为频度趋于一致的图像使人感觉色调沉稳、安定,在许多情况下这意味着图像质量"好"。

2. 直方图均衡化的处理

直方图均衡化的处理是按照下列方法完成的。

· 计算源图像的总像素数 G。

· 计算源图像的直方图 H。

· 计算直方图积分:$H'(i) = \sum_{j=0}^{i} H(j)$。

· 直方图积分规范化:将直方图积分从区间 $[0,G]$ 变换到整数区间 $[0,255]$(计算公式为 $y=255x/G$,使用舍入取整)。

· 采用 H' 作为查询表对图像灰度进行变换($d_i = H'(s_i)$)。

【注】 直方图均衡化后灰度等级数很可能会减少。例如,对于图 15-1 所示的图像数据,实际操作如图 15-5 所示(注意,这里只有 8 个灰度级,所以直方图积分使用公式 $y=7x/16$ 进行规范化)。容易看出,直方图均衡化后灰度等级由 7 个变成了 6 个。

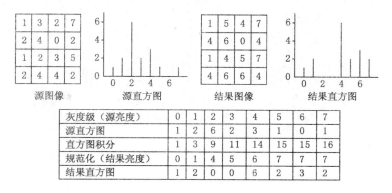

灰度级(源亮度)	0	1	2	3	4	5	6	7
源直方图	1	2	6	2	3	1	0	1
直方图积分	1	3	9	11	14	15	15	16
规范化(结果亮度)	0	1	4	5	6	7	7	7
结果直方图	1	2	0	0	6	2	3	2

图 15-5 直方图均衡化的实际操作

3. OpenCV 中的相关函数

【函数原型】　void cvEqualizeHist(CvArr *src,CvArr *dst);

【功能】　对灰度图像进行直方图均衡化。

【参数】　src 和 dst 分别是输入图像和输出图像,均为单通道字节图像,大小和类型相同。

【说明】　该函数不是通过计算直方图的相关函数实现的,而是直接按照直方图均衡化的处理步骤实现的(源程序共 35 行)。

4. 应用举例

下列程序演示了直方图均衡化对图像的影响。运行结果如图 15-6 所示。

```c
// equalizeHist.c
#include <opencv/cv.h>
#include <opencv/highgui.h>
#include "cvv.h"
int main()
{   CvMat *X=cvLoadImageM("lena.jpg",0); // 加载源图像
    if(X==0) return-1;
    cvShowImage("Source image",X);
    cvvDrawHist1D(X,128); // 显示灰度直方图
    cvEqualizeHist(X,X); // 应用直方图均衡化
    cvShowImage("Equalized Image",X);
    cvvDrawHist1D(X,128); // 显示灰度直方图
    while(cvWaitKey(0)!=27) {} // 等待按 Esc 键
    cvvRelease(&X),cvDestroyAllWindows(); // 释放图像和窗口
}
```

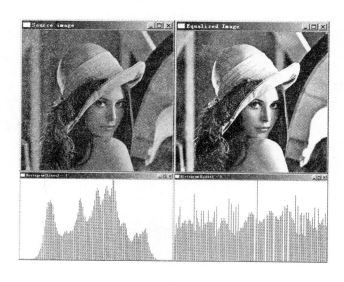

图 15-6　直方图均衡化

15.2　图像的二值化

15.2.1　二值图像

- 多值图像是指具有多个灰度级的单色图像,例如一张黑白照片。
- 二值图像是指只有黑白两个灰度级的图像。
- 图像的二值化是指将一幅多值图像转换成一幅二值图像。
- 为了达到压缩图像数据,突出图像特征,便于进行图形识别等目标,需要进行图像的二值化。

15.2.2　二值化变换

1. 二值化变换处理的方法

图像的二值化变换处理的方法很简单。在源图像的灰度区间 $[I_{min}, I_{max}]$ 设定一个阈值 $t(I_{min} \leqslant t \leqslant I_{max})$,然后将图像中所有灰度值大于 t 的像素的灰度值都改为 1,其余像素的灰度值都改为 0。

2. 自适应阈值

自适应阈值使用非固定阈值,计算方法比较简单。首先将源图像使用 $n \times n$ 的模板进行平滑处理(通常是均值模糊或高斯模糊,n 是奇数),得到新数组 T。然后将数组 T 中的每个元素都减去一个预先指定的值 $v(T(x,y) = T(x,y) - v)$,将新的 $T(x,y)$ 作为源像素 (x,y) 的阈值。

在进行二值化时,如果源像素 (x,y) 的灰度值大于 $T(x,y)$,则将该像素的灰度值改为 1,否则,将该像素的灰度值改为 0。

3. 正确选择阈值的重要性

必须注意,多值图像经二值化处理后会丢失源图像中的许多信息,处理得不好的图像有可能使源图像面目全非,这样就完全失去了图像二值化的意义。因为图像二值化的目标是要在尽可能多地保留源图像特征的前提下舍弃冗余信息。实现这一目标的关键在于正确选择阈值。

15.2.3　直方图对选择阈值的帮助

灰度直方图可以对正确选择阈值提供帮助。

1. 二值倾向比较明显的情况

对于那些原本具有二值倾向的灰度图像来说,问题比较容易解决。所谓具有二值倾向的图像是指图像的背景色与前景色截然不同,轮廓非常分明的图像,例如用扫描仪扫描得到的一幅工程图图像,灰白色的背景上深色的线条和文字很容易区分。这种图像的灰度直方图呈现出两峰一谷的特征,如图 15-7 所示。这时若取谷底处的灰度值作为阈值,一般可以得到较好的结果。

2. 二值倾向不明显的情况

① 先进行预处理。对于二值倾向不明显的图像,在需要进行二值化处理时,应先对图像进行预处理,以增强图像的轮廓等特征,这样可保证在二值化处理后能更多地保留源图像的特征。

图 15-7　具有二值倾向的灰度直方图

　　② 选取、调整阈值。预处理后,在灰度直方图的谷底处(尽管此时峰与谷可能不太明显)取一个值作为阈值,如果用此阈值生成的二值图像效果不佳,可以适当修改阈值,重新进行二值处理。

　　③ 阈值调整的原则。若二值图像失去的特征过多(如轮廓严重残缺等),则适当增大阈值;若二值图像有较多的冗余信息(如轮廓线太粗,噪音点较多等),则应适当减小阈值。经过两、三次调整后一般便能获得较满意的二值化结果。

　　④ 消除噪音。二值化的预处理中通常还包括除噪音的处理。图像中的"噪音"是指在图像生成、保存和传递过程中由外部干扰加进图像中的冗余信息。电视画面上常常可以见到的"雪花点",就是一种典型的噪音。消除噪音的方法有多种,对于不同类型的噪音需用不同的方法处理。

15.2.4　OpenCV 中的阈值种类

　　如表 15-1 所示。

表 15-1　　　　　　　　　　　　　　OpenCV 中的阈值种类

阈值类型	计算公式	操作结果
二值化阈值 CV_THRESH_BINARY	$d_i = \begin{cases} v & s_i > t \\ 0 & \text{else} \end{cases}$	二值图像,高亮度改为指定值 v
反二值化阈值 CV_THRESH_BINARY_INV	$d_i = \begin{cases} 0 & s_i > t \\ v & \text{else} \end{cases}$	反二值图像,低亮度改为指定值 v
截断阈值 CV_THRESH_TRUNC	$d_i = \begin{cases} t & s_i > t \\ 0 & \text{else} \end{cases}$	二值图像,高亮度改为阈值 t
0 阈值 CV_THRESH_TOZERO	$d_i = \begin{cases} s_i & s_i > t \\ 0 & \text{else} \end{cases}$	灰度图像,过滤低亮度像素(过滤噪声)
反 0 阈值 CV_THRESH_TOZERO_INV	$d_i = \begin{cases} 0 & s_i > t \\ s_i & \text{else} \end{cases}$	灰度图像,过滤高亮度像素(过滤噪声)

15.2.5　相关函数与应用举例

　　1. 固定阈值

　　【函数原型】　void cvThreshold(CvArr *src,CvArr *dst,double threshold,
double value,int threshold_type);

　　【功能】　对数组元素进行固定阈值操作。

【参数】

- src：源数组。
- dst：输出数组，大小和通道数与 src 一致，位深度与 src 一致或为 CV_8U。
- threshold：阈值。
- value：指定二值化和反二值化使用的替代值。
- threshold_type：阈值类型，如表 15-1 所示。

2. 自适应阈值

【函数原型】　void cvAdaptiveThreshold(const CvArr *src,CvArr *dst,double value, int adaptive_method, int threshold_type, int block_size, double param1);

【功能】　对数组元素进行自适应阈值操作。

【参数】

- src：源数组。
- dst：输出数组，大小和通道数与 src 一致，位深度与 src 一致或为 CV_8U。
- value：指定二值化和反二值化使用的替代值。
- adaptive_method：计算自适应阈值时使用的模糊方法，只能是 CV_ADAPTIVE_THRESH_MEAN_C（均值模糊）或 CV_ADAPTIVE_THRESH_GAUSSIAN_C（高斯模糊）。
- threshold_type：阈值类型，只能是 CV_THRESH_BINARY（二值化）或 CV_THRESH_BINARY_INV（反二值化）。
- block_size：模板大小，不超过 31 的奇数。
- param1：预先指定的减数。

3. 应用举例

下列程序用于演示灰度图像的二值化，给出了使用固定阈值和自适应阈值以及不同阈值对二值化效果的影响。程序运行结果如图 15-8 所示。

```
// Threshold.c
#include <opencv/cv.h>
#include <opencv/highgui.h>
int main()
{   CvMat *X=cvLoadImageM("lena.jpg",0); // 载入灰度图像
    CvMat *Y=cvCreateMat(X->rows,X->cols,CV_8U); // 结果图像
    // 二值化，阈值 128，替代值 192
    cvThreshold(X,Y,128,192,CV_THRESH_BINARY);
    cvShowImage("固定阈值(128)",Y);
    cvThreshold(X,Y,192,192,CV_THRESH_BINARY);
    cvShowImage("固定阈值(192)",Y);
    cvAdaptiveThreshold(X,Y,255,CV_ADAPTIVE_THRESH_MEAN_C,
                        CV_THRESH_BINARY,3,5);
    cvShowImage("自适应阈值(5)",Y); // 显示结果图像
```

图 15-8　不同阈值对二值化效果的影响

```
cvAdaptiveThreshold(X,Y,255,CV_ADAPTIVE_THRESH_MEAN_C,
                    CV_THRESH_BINARY,3,7.5);
cvShowImage("自适应阈值(7.5)",Y); // 显示结果图像
while(cvWaitKey(0)!=27) {} // 等待按 Esc 键
cvReleaseMat(&X),cvReleaseMat(&Y); // 释放图像
cvDestroyAllWindows(); // 释放窗口
}
```

15.3　边缘检测

图像的边缘点是指图像中周围像素灰度有阶跃变化或屋顶变化的那些像素点,即灰度值导数较大或极大的地方。

边缘检测可以大幅度减少数据量,并且剔除不相关信息,保留图像的重要结构属性。

15.3.1　二值图像的边缘检测

这里介绍一种比较简单的针对二值图像的边缘检测方法。约定背景像素为黑色,图形像素为白色。

1. 几个基本术语

① 白像素。灰度值大于 0 的像素为白像素,否则为黑像素。

② 孤立点。周围 8 个像素都是黑像素的白像素。

③ 内部点。周围 8 个像素都是白像素的白像素。

④ 边缘像素。不是内部点的白像素。

2. 二值图像边缘检测的基本方法

首先将边缘图像的所有像素初始化为黑像素,然后在源图像中沿图像扫描方向搜索,检查像素是否是边缘像素。将检测到的边缘像素记录到边缘图像中,即将边缘图像中的相应像素改为白像素。这就是对二值图像进行边缘检测的基本方法。

15.3.2　Canny 边缘检测算法

Canny 边缘检测算法是 John F. Canny 于 1986 年开发出来的一个多级边缘检测算法,被很多人认为是边缘检测的最优算法,适用于灰度图像。

Canny 边缘检测算法的主要步骤如下。

① 消除噪声。通常使用高斯平滑(可选)。

② 计算梯度幅值和方向。此处,使用 Sobel 滤波器的一阶差分模板。

- 运用一对卷积(用 $*$ 表示)。假设被作用图像为 I,则

$$g_x = \begin{pmatrix} -1 & 0 & 1 \\ -2 & 0 & 2 \\ -1 & 0 & 1 \end{pmatrix} * I, g_y = \begin{pmatrix} -1 & -2 & -1 \\ 0 & 0 & 0 \\ 1 & 2 & 1 \end{pmatrix} * I$$

- 使用下列公式计算梯度幅值和方向。

$$g = \sqrt{g_x^2 + g_y^2}, \theta = \arctan(g_y / g_x)$$

③ 非极大值抑制。这一步排除非边缘像素,仅保留一些细线条(候选边缘)。方法是首先将梯度方向近似到四个可能角度之一(一般是 $0°, 45°, 90°, 135°$),然后检查当前像素的梯度幅值是否是近似梯度方向上的极大值,如果不是,则不保留该像素。例如,假设当前像素 (x, y) 近似梯度方向为 $45°$,使用 3×3 模板,如果 (x, y) 的梯度幅值不是 $(x+1, y-1)$、(x, y) 和 $(x-1, y+1)$ 中最大的,则不保留 (x, y)。

④ 滞后阈值。最后一步,Canny 使用了滞后阈值,滞后阈值需要两个阈值(高阈值和低阈值,也称大阈值和小阈值)。

- 若像素位置的梯度幅值小于低阈值,则排除该像素。
- 若像素位置的梯度幅值大于高阈值,则保留该像素。
- 若像素位置的梯度幅值在两个阈值之间,则该像素只有在连接(注意,不是邻接)到一个梯度幅值大于高阈值的像素时才保留[①]。
- Canny 推荐的高低阈值比在 2：1 到 3：1 之间。

【说明】　上述 Canny 算法得到的结果与 OpenCV 中的 cvCanny()函数得到的结果稍有差异,cvCanny()函数做了更细致的处理。

15.3.3　相关函数

【函数原型】　void cvCanny(CvArr *image,CvArr *edges,double threshold1, double threshold2,int aperture_size);

【功能】　采用 Canny 算法做边缘检测。

---

① 也可以理解为,若像素位置的梯度幅值在两个阈值之间,则该像素只有在邻接到一个已经保留的像素时才保留。这样理解需要多次检测。

【参数】

- image 和 edges：输入图像和边缘图像，均为灰度图像，大小相同。
- threshold1 和 threshold2：两个阈值，通常为小阈值和大阈值。
- aperture_size：扩展 Sobel 算子内核的大小，必须是 3,5,7,通常选用 3。

15.3.4 举例说明

下列程序用于演示 Canny 边缘检测，给出了使用不同阈值的边缘检测效果（高低阈值比为 3∶1）。程序运行结果如图 15-9 所示。

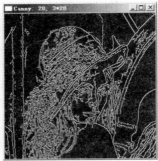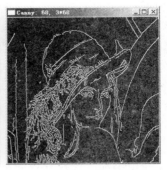

图 15-9　Canny 边缘检测

```
// Canny.c
#include <opencv/cv.h>
#include <opencv/highgui.h>
int main()
{    CvMat *X=cvLoadImageM("lena.jpg",0); // 载入灰度图像
     if(X==0) return-1; // 载入图像失败
     cvShowImage("Source",X); // 显示源图像
     CvMat *Y=cvCreateMat(X->rows,X->cols,CV_8U); // 结果图像
     // 边缘检测，阈值1=28,阈值2=3 *28,3 *3 内核
     cvCanny(X,Y,28,3 *28,3);
     cvShowImage("Canny: 28,3* 28",Y); // 显示结果图像
     cvCanny(X,Y,68,3 *68,3);
     cvShowImage("Canny: 68,3 *68",Y); // 显示结果图像
     while(cvWaitKey(0)!=27) {} // 等待按 Esc 键
     cvReleaseMat(&X),cvReleaseMat(&Y); // 销毁图像
     cvDestroyAllWindows(); // 销毁窗口
}
```

15.4 轮廓检测

轮廓是一种非常有用的图像分析工具，主要用于形状分析和对象的检测与识别。虽然

边缘检测算法能够获得边缘像素,但是不能检测出图像中有哪些轮廓线条以及每个轮廓具体有哪些组成部分,所以需要有专门的轮廓检测方法。

轮廓检测算法能够检测出图像中的轮廓以及每个轮廓的组成部分,并将这些轮廓按照某种方式组织,便于遍历每个轮廓以及了解轮廓之间的关系。

15.4.1 一种简单的轮廓线追踪方法

轮廓线追踪是点阵图形的矢量化,它是模式识别等领域中常用的一种方法,其目的是沿着图形的等色区域的边界搜索,将搜索到的边界线(轮廓线)上的点记录在点列中,是用一个点列表示一条轮廓线。

这里介绍一种思路比较简单的轮廓线追踪方法,该方法使用 3×3 模板,约定背景像素为黑色,图形像素为白色,适用于二值图像的轮廓线追踪,该方法的基本步骤如下:

① 从源图像中获得边缘图像。可以使用对二值图像进行边缘检测的基本方法。

② 寻找轮廓线追踪的起点。在边缘图像中沿图像扫描方向搜索,检查像素为白还是黑。把最先检测到的白像素 P_1 作为轮廓线追踪的起点。该起点像素是全画面中最左上位置的白像素。将 P_1 加入到轮廓线的顶点序列中,并在边缘图像中将 P_1 改为黑像素。

③ 寻找下一像素。使用以 P_1 为中心的 3×3 模板。将模板内各像素按图 15-10 所示指定序号 $1 \sim 8$,从 1 号像素开始按顺序检查各像素是否是白像素,将最初遇到的白像素设为 P_2 并加入到轮廓线的顶点序列中,在边缘图像中将 P_2 改为黑像素。

7	6	5
8	P_1	4
1	2	3

图 15-10 轮廓线追踪使用的模板

④ 完成一条轮廓线的追踪。如果已经检测出 P_{n-1},则将 P_{n-1} 作为模板中心像素,按同样的方法搜索 P_n,直到不能搜索到白像素为止。点列 $P_1, P_2, \cdots, P_n$ 就是一条轮廓线(P_n 和 P_1 相邻表示追踪到一条封闭的轮廓线)。

⑤ 下一轮廓线的追踪。在边缘图像中继续寻找搜索起始点,进行下一条轮廓线的追踪,直到边缘图像扫描完毕为止。

15.4.2 OpenCV 中的相关函数

1. cvFindContours

【函数原型】 int cvFindContours (CvArr * image, CvMemStorage * storage, CvSeq **first_contour, int header_size, int mode, int method, CvPoint offset);

【功能】 从二值图像中提取轮廓,返回提取到轮廓数目。

【参数】

• image:单通道二值图像,即将非 0 元素当成 1,0 像素值保留为 0。可以使用 cvThreshold()、cvAdaptiveThreshold() 或 cvCanny() 等函数得到二值图像。

• storage:存储器对象的地址,该对象用于保存每个输出轮廓。

• first_contour:*first_contour 用于保存第一个输出轮廓的地址。

• header_size:序列头的大小,通常选用 sizeof(CvContour)。

• mode:轮廓的提取和组织方式,结果保存在 CvSeq 对象中,可以通过 CvSeq 对象遍历每个轮廓。该参数可选

• CV_RETR_EXTERNAL(只提取最外层的轮廓)

- CV_RETR_LIST（提取所有轮廓，放在列表中）
- CV_RETR_CCOMP（提取所有轮廓，并组织成双层结构，上层是外围边界，下层是洞的边界）
- CV_RETR_TREE（提取所有轮廓，并重构轮廓等级组织成树结构，用儿子兄弟的方式组织）
- method：近似方法，可选
- CV_CHAIN_CODE（Freeman 链码输出轮廓，其他方法输出顶点序列）
- CV_CHAIN_APPROX_NONE（将链码中的点转化为点序列）
- CV_CHAIN_APPROX_SIMPLE（压缩水平、垂直和对角部分，只保留末端像素）
- CV_CHAIN_APPROX_TC89_L1，CV_CHAIN_APPROX_TC89_KCOS（应用 Teh-Chin 链逼近算法）
- CV_LINK_RUNS（连接所有水平层次的轮廓，只能与 CV_RETR_LIST 搭配使用）
- offset：每一个轮廓点的偏移量。

【说明】

- CvMemStorage 对象是可以动态增长的存储器对象（相当于一个栈）。在使用函数 cvFindContours（）时，用户通常只需按照形如"CvMemStorage ＊mem＝cvCreateMemStorage(0);"的形式创建一个默认大小的存储器对象，然后将该对象的地址传（如 mem）递给参数 storage 即可。

- CvSeq 对象是用来表示可以动态增长的元素序列的对象（相当于一个 4 方向的链表）。在使用函数 cvFindContours()时，用户通常只需按照形如"CvSeq ＊cont;"的方式定义一个 CvSeq 类型的指针变量，然后将该变量的地址（如 &cont）传递给参数 first_contour 即可。函数返回后，该变量保存了第一个最外层轮廓的地址。如果该变量的值为 NULL，则表示没有检测到轮廓（比如图像是全黑的）。

- 近似方法（method）通常选用 CV_CHAIN_APPROX_SIMPLE（压缩水平、垂直和对角部分，只保留末端像素）。

- 【注】 本函数通常会修改输入图像的内容。

2. cvDrawContours

【函数原型】 void cvDrawContours (CvArr ＊img, CvSeq ＊contour, CvScalar external_color,CvScalar hole_color,int max_level,int thickness,int line_type, CvPoint offset);

【功能】 在图像中绘制外部和内部的轮廓。

【参数】

- img：用于绘制轮廓的图像。
- contour：第一个轮廓的地址。
- external_color 和 hole_color：外层轮廓的颜色和内层轮廓的颜色。
- max_level：绘制轮廓的最大等级。
- thickness：轮廓线条的粗细程度，如果是负数，则用外层轮廓颜色绘制外层轮廓并填充内外层轮廓之间的区域。

• line_type：线条的类型或绘制方法，通常可选 8 或 0(8 邻接连接线)、4(4 邻接连接线)、CV_AA(反走样线条)。

• offset：按照给出的偏移量移动每一个轮廓点坐标。

【说明】 如果最大等级为 0，则绘制第一个轮廓。如果为 1，绘制第一个轮廓及其同级轮廓。如果为 2，绘制所有同级轮廓和所有低一级轮廓，以此类推。

15.4.3 举例说明

下列程序演示了对一幅二值图像进行轮廓检测的效果，该程序绘制出了所有检测到的轮廓，并演示了填充效果。程序运行结果如图 15-11 所示。

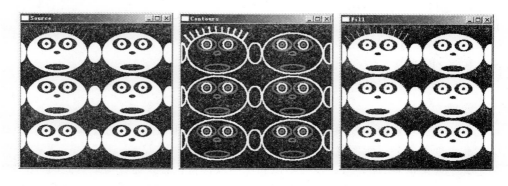

图 15-11 绘制所有轮廓

```c
// Contours.c
#include <opencv/cv.h>
#include <opencv/highgui.h>
int main()
{    CvMat *X=cvLoadImageM("Contours.bmp",0); // 载入二值图像
    if(X==0) return-1; // 载入图像失败
    cvShowImage("Source",X); // 显示源图像
    // 查找轮廓
    // 创建存储轮廓序列的存储器
    CvMemStorage *mem=cvCreateMemStorage(0);
    CvSeq *cont; // 指向第一个输出轮廓的指针
    int hSize=sizeof(CvContour); // 轮廓序列头部大小
    int mode=CV_RETR_LIST; // 提取所有轮廓,并放在列表中
    int method=CV_CHAIN_APPROX_SIMPLE;// 压缩水平、垂直和对角部分
    CvPoint offset={0,0}; // 每一轮廓点的偏移量
    cvFindContours(X,mem,&cont,hSize,mode,method,offset);
    // 创建显示轮廓的图像(灰度图像)
    CvMat *Y=cvCreateMat(X->rows,X->cols,CV_32F);
    CvScalar ext={1},hole={0.5}; // 外层轮廓为白色,内层轮廓为灰色
    // 绘制轮廓:等级=1,线宽=2,线型=8。本例最大等级为 1
```

```
cvDrawContours(Y,cont,ext,hole,1,2,8,offset);
cvShowImage("Contours",Y); // 显示结果图像
cvZero(Y); // 重新绘制(填充)
cvDrawContours(Y,cont,ext,hole,1,-2,8,offset);
cvShowImage("Fill",Y); // 显示结果图像
while(cvWaitKey(0)!=27) {} // 等待按 Esc 键
cvReleaseMat(&X),cvReleaseMat(&Y); // 销毁图像
cvReleaseMemStorage(&mem); // 销毁容器
cvDestroyAllWindows(); // 销毁窗口
}
```

15.5 模板匹配

15.5.1 原理

模板匹配是一项在源图像中寻找与模板图像最匹配(相似)部分的技术。当然,模板图像的宽度和高度都不超过源图像。

为了确定匹配区域,需要滑动模板图像和源图像进行比较。通过滑动,即模板图像块一次移动一个像素(自上而下、从左往右从上往下)。在每一个位置都进行一次度量计算(通过匹配算法计算)来表明模板图像和源图像的特定区域的相似程度。计算出匹配结果后,从源图像中选取最匹配或最相似的区域。

15.5.2 OpenCV 支持的匹配算法

用 I 表示源图像,宽度和高度分别是 W 和 H,用 T 表示模板图像,宽度和高度分别是 w 和 h,用 R 表示匹配结果,是一个实数矩阵,宽度和高度分别是 $W-w+1$ 和 $H-h+1$,$R(x,y)$ 表示模板图像与源图像的 $[x,x+w)\times[y,y+h)$ 区域的匹配或相似程度。

为了方便,用 $(u,v)\in T$ 表示 $(u,v)\in[0,w)\times[0,h)$。

1. 差平方匹配

$$R(x,y) = \sum_{(u,v)\in T} (T(u,v) - I(x+u,y+v))^2$$

$R(x,y)$ 越小,则模板图像与源图像的相应区域越匹配。

2. 归一化的差平方匹配

$$R(x,y) = \frac{\sum_{(u,v)\in T} (T(u,v) - I(x+u,y+v))^2}{\sqrt{\sum_{(u,v)\in T} (T(u,v))^2 \sum_{(u,v)\in T} (I(x+u,y+v))^2}}$$

$R(x,y)$ 越小,则模板图像与源图像的相应区域越匹配。

3. 相关匹配

这类方法采用模板和图像间的乘法操作,所以较大的数表示匹配程度较高,0 表示最坏的匹配效果。

$$R(x,y) = \sum_{(u,v)\in T} T(u,v) I(x+u,y+v)$$

$R(x,y)$越大,则模板图像与源图像的相应区域越匹配。

4. 归 一 化 的 相 关 匹 配

$$R(x,y) = \frac{\sum\limits_{(u,v) \in T} T(u,v)I(x+u,y+v)}{\sqrt{\sum\limits_{(u,v) \in T}(T(u,v))^2 \sum\limits_{(u,v) \in T}(I(x+u,y+v))^2}}$$

$R(x,y)$越大,则模板图像与源图像的相应区域越匹配。

5. 相 关 系 数 匹 配

这类方法将模版对其均值的相对值与图像对其均值的相关值进行匹配,1 表示完美匹配,-1 表示糟糕的匹配,0 表示没有任何相关性(随机序列)。

$$R(x,y) = \sum\limits_{(u,v) \in T} T'(u,v)I'(x+u,y+v)$$

其中

$$T'(u,v) = T(u,v) - \frac{1}{wh}\sum\limits_{(s,t) \in T} T(s,t)$$

$$I'(x+u,y+v) = I(x+u,y+v) - \frac{1}{wh}\sum\limits_{(s,t) \in T} I(x+s,y+t)$$

$R(x,y)$越大,则模板图像与源图像的相应区域越匹配。

6. 归 一 化 的 相 关 系 数 匹 配

$$R(x,y) = \frac{\sum\limits_{(u,v) \in T} T'(u,v)I'(x+u,y+v)}{\sqrt{\sum\limits_{(u,v) \in T}(T'(u,v))^2 \sum\limits_{(u,v) \in T}(I'(x+u,y+v))^2}}$$

其中

$$T'(u,v) = T(u,v) - \frac{1}{wh}\sum\limits_{(s,t) \in T} T(s,t)$$

$$I'(x+u,y+v) = I(x+u,y+v) - \frac{1}{wh}\sum\limits_{(s,t) \in T} I(x+s,y+t)$$

$R(x,y)$越大,则模板图像与源图像的相应区域越匹配。

15.5.3 OpenCV 中的模板匹配函数

【函数原型】 void cvMatchTemplate (const CvArr *image, const CvArr *templ, CvArr *result, int method);

【功能】 比较模板和重叠的图像区域。

【参数】

• image:源图像。8 比特或 32 比特浮点数图像。

• templ:模板图像,不大于源图像,且数据类型与源图像一致。

• result:结果矩阵。单通道 32 比特浮点数矩阵。如果源图像大小是 $W \times H$ 而模板图像大小是 $w \times h$,则结果矩阵的大小一定是$(W-w+1) \times (H-h+1)$。

• method:匹配方法。可选 CV_TM_SQDIFF(差平方匹配)、CV_TM_SQDIFF_NORMED(归一化的差平方匹配)、CV_TM_CCORR(相关匹配)、CV_TM_CCORR_NORMED(归一化的相关匹配)、CV_TM_CCOEFF(相关系数匹配)和 CV_TM_CCOEFF_

NORMED(归一化的相关系数匹配)。

【说明】 函数完成比较后,通过使用 cvMinMaxLoc 找全局最小值(差平方匹配)或者最大值(相关匹配和相关系数匹配)。

15.5.4 举例说明

下列程序演示了对一幅灰度图像进行模板匹配的效果。该程序使用差平方匹配算法进行模板匹配,源图像中与模板匹配的区域用一个矩形框标记。程序运行结果如图 15-12 所示。

图 15-12 模板匹配

```c
// MatchTemplate.c
#include<opencv/cv.h>
#include<opencv/highgui.h>
int main()
{   CvMat *I=cvLoadImageM("lena.jpg",0); // 源图像
    CvMat *T=cvLoadImageM("Template.jpg",0); // 模板图像
    cvShowImage("Template",T); // 显示模板图像
    int iRows=I->rows,iCols=I->cols; // 源图像大小
    int tRows=T->rows,tCols=T->cols; // 模板图像大小
    CvMat *R=  // 结果矩阵
        cvCreateMat(iRows-tRows+1,iCols-tCols+1,CV_32F);
    cvMatchTemplate(I,T,R,CV_TM_SQDIFF); // 模板匹配
    CvPoint minLoc; // 最小值位置,即矩形起点
    // 寻找最小值位置(数组,最小/最大值,最小/最大值位置,掩码)
    cvMinMaxLoc(R,NULL,NULL,&minLoc,NULL,NULL);
    CvPoint point2={minLoc.x+tCols,minLoc.y+tRows}; // 矩形终点
    // 绘制矩形
    cvRectangle(I,minLoc,point2,cvScalarAll(0),1,8,0);
    cvShowImage("MatchTemplate",I); // 显示匹配结果
    while(cvWaitKey(0)!=27) {} // 等待按 Esc 键
    cvDestroyAllWindows();
```

```
cvReleaseMat(&I),cvReleaseMat(&T),cvReleaseMat(&R);
}
```

15.6 练习题

15.6.1 基础训练

15-1 使用 OpenCV 编写一个程序,该程序对一幅灰度图像进行直方图均衡化,要求分别显示源图像和均衡化以后的图像。

15-2 使用 OpenCV 编写一个程序,该程序对一幅灰度图像进行二值化变换,要求分别显示源图像和二值化以后的图像。其中二值化阈值为 127,高亮度改为 255。

15-3 使用 OpenCV 编写一个程序,该程序对一幅灰度图像进行 Canny 边缘检测,要求分别显示源图像和检测到的边缘。其中小阈值为 50,大阈值为 150,内核大小为 3。

15-4 使用 OpenCV 编写一个程序,该程序首先使用 Canny 算法检测边缘,然后从源图像中复制出边缘像素。注意,源图像是彩色图像,边缘检测时需转换成灰度图像,结果图像也是彩色图像。

15-5 假设在一幅 10×10 的 8 灰度级图像中,各灰度级的频度如下表所示,请对该图像进行直方图均衡化。

灰度级	0	1	2	3	4	5	6	7
频度	12	24	26	15	12	5	3	3

15.6.2 阶段实习

15-6 将函数 cvvDrawHist1D 改写成用直方块方式绘制直方图,该方式绘制的直方图如图 15-4 所示。

15-7 将函数 cvvDrawHist1D 改写成用折线方式绘制直方图,方法是将线段方式中每条线段的上端点连接起来。该方式绘制的直方图如图 15-7 所示。

15-8 使用 OpenCV 编写一个程序,该程序完成在源图像中使用特殊颜色直接标记出轮廓的任务。

15-9 对于一幅二值倾向比较明显的图像,请借助直方图找到比较合适的阈值完成该图像的二值化。相关函数的使用请参阅 OpenCV 手册。

15-10 首先读入一幅灰度图像,然后通过一幅或几幅彩色图像作为参考图像将读入的灰度图像变换成彩色图像,可以提供几种结果供程序使用者选择。相关的变换方法请到互联网上查阅。

参 考 文 献

[1] DONALD HEARN,PAULINE BAKER M,WARREN CARITHERS R. 计算机图形学[M].第 4 版.蔡士杰,杨若瑜,译.北京:电子工业出版社,2014.

[2] RAFAEL GONZALEZ,RICHARD WOODS.数字图像处理[M].第 3 版.阮秋琦,阮宇智,译.北京:电子工业出版社,2017.

[3] GARY BRADSKI,ADRIAN KAEHLER. 学习 OpenCV(中文版)[M].于仕琪,刘瑞祯,译.北京:清华大学出版社,2009.

[4] 成思源,张群瞻.计算机图形学[M].北京:冶金工业出版社,2003.

[5] 龚声蓉,刘纯平,赵勋杰,等.数字图像处理与分析[M].第 2 版.北京:清华大学出版社,2014.

[6] 李颖.OpenGL 函数与范例解析手册[M].北京:国防工业出版社,2002.

[7] 刘瑞祯,于仕琪.OpenCV 教程(基础篇)[M].北京:北京航空航天大学出版社,2008.

[8] 孙家广.计算机图形学[M].第三版.北京:清华大学出版社,1998.

[9] 王润云,王志喜,李白雅.计数器画线算法及其三维推广[J].湖南科技大学学报(自然科学版),2004,19(4):74-77.

[10] 王润云,王志喜.一种快速准确的画圆算法[J].四川工业学院学报,2004,23(3):43-44.

[11] 王志喜.分形与测量尺度[C].自动化理论、技术与应用(第 8 卷).北京:解放军出版社,2001.

[12] 王志喜,何勇.计算机图形学[M].北京:中国矿业大学出版社,2013.

[13] 王志喜,王润云.Bresenham 画圆算法的改进[J].计算机工程,2004,30(12):178-180.

[14] 王志喜,王润云.中点画线算法的三维推广[J].计算机仿真,2004,21(4):40-42.

[15] 张广渊,王爱侠,王超.数字图像处理基础及 OpenCV 实现[M].北京:知识产权出版社,2014.

[16] 张远鹏,董海,周文灵.计算机图像处理技术基础[M].北京:北京大学出版社,1996.